個性書店×經典老書×重度書迷的癡狂記事

日本古書店的手繪旅行

神保町からチャリング・クロス街まで
古本虫がゆく

池谷伊佐夫　著
高詹燦　譯

目次

日本古書店的手繪旅行

個性書店×經典老書×重度書迷的癡狂記事

1

在東京古書會館，看出珍本奇書的投標門路

我曾在某個與讀書有關的廣播節目中，被主持人問道：「新書早晚也會成為舊書對吧？」當時我不經意地回答道：「沒錯。」

如今回頭細想，真是大錯特錯。

日本全年有七萬本新書，全國有兩萬數千家新書書店，無法應付所有新書。舊書店只有約莫六千家之多，不可能照單全收。

其中有些書出版後，連擺在店頭販售的機會都沒有，便被退回經銷商，經裁切後，做成回收紙。而另一方面，有些書則是成了舊書，保有漫長的壽命。換言之，以新書的姿態來到這世上，之後在新主人手中度過第二、第三「人生」的書，可說是再幸福不過了。

本書想造訪形形色色的古書、古本（嚴格來說，兩者有所區分）的風貌，及其相關的人物。書是裝載文化的器具，相信一定能邂逅難得一見的光景、發現文化、聽聞許多和書有關的趣聞。

古典會——特選書市

日、漢的古書，此次尤以佛書最為顯眼。有不少珍品，像是《三教指歸注》7冊、《摧邪輪》3冊、《先哲叢談》7綑（多人投標）、《蝦夷漫畫》（安政6年）附書衣，書況極美（多人投標）、《天變地異》小型本1冊、《聖德太子傳曆備講》30冊、《即身義》3冊、《笑府》13冊、《吾妻鏡》15冊、《東海道名所圖會》6冊，書況佳、縐紋紙本、《名所腰掛八景》2張（多人投標）、《簠簋》（向神供奉穀物所用的器具之書，外方內圓→簠，外圓內方→簋）等等。

牆上掛著畫軸
下標處
下標處
還沒傳過來這邊
回收人員
「東京古典會」木盤
「迴轉下標」從這裡開始
會員坐的位置，幾乎每次都固定，所以下次會從左側開始，以求公平。

舊書誕生的場所

前些日子，我造訪了古書市場——東京古書會館現場。這裡平時只有會員才能進場，但我取得採訪許可，得以到星期五的「明治古典會」（明治以後的書籍、資料書市）、星期二的「古典會」（日本書、書畫、卷軸書等，只收集古董品的書市）、「洋書會」、星期三的「資料會」（基本文獻、地圖、圖畫明信片、紙類收藏等資料的書市）這四個會場參觀。我連日和編輯M先生連袂出席，一名熟識的舊書店老闆對我說：「感覺你愈來愈像我們的同業了。」

本週與平時一件兩千日圓

（起標價格）的一般拍賣不同，而是一件五千日圓起跳的特選書市。想必會發現不少好貨。

東京古書會館的書市，不是採競標，而是用投標的方式。上頁的插畫，是「古典會」採用的「迴轉下標」，相當難得一見。

會員在ㄇ字形的桌子前就座後，展示品便從最外邊開始輪流傳閱。會員逐一拿起展示品看過後，朝隨附的信封中下標。展示品以古文典籍這類的古書為主，所以很多專賣店或是預算闊綽的店家會參加。當然了，市街裡的舊書店老闆也能參加。

這裡登場的書籍種類，大多是舊書店的展示架或書目清單上列的內容，都由研究人員、大學圖書館，或是部分的愛書人士收購。話說回來，聽說這些舊書原本大多是擱置在老家、遺留在店內倉庫，或是一些

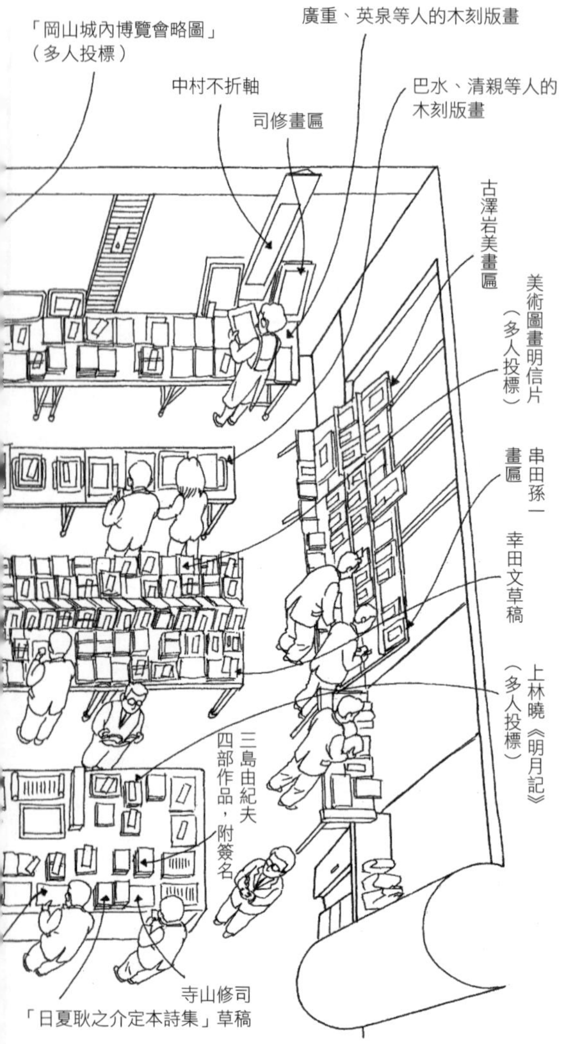

「岡山城內博覽會略圖」（多人投標）
廣重、英泉等人的木刻版畫
中村不折軸
巴水、清親等人的木刻版畫
司修書區
古澤岩美書區
美術圖畫明信片（多人投標）
串田孫一書區
幸田文草稿
上林曉《明月記》（多人投標）
三島由紀夫四部作品，附簽名
寺山修司「日夏耿之介定本詩集」草稿

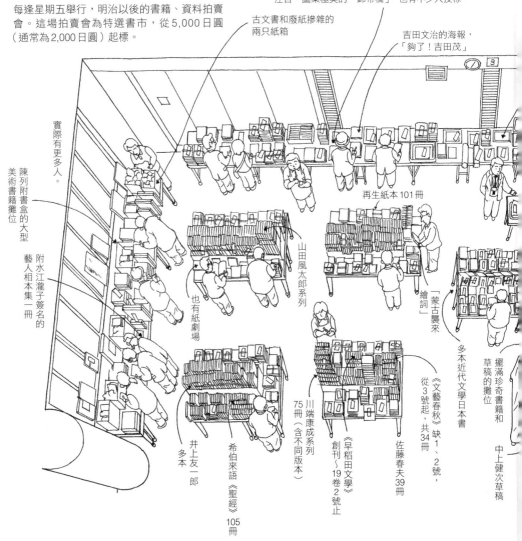

明治古典會——特選書市

每逢星期五舉行，明治以後的書籍、資料拍賣會。這場拍賣會為特選書市，從5,000日圓（通常為2,000日圓）起標。

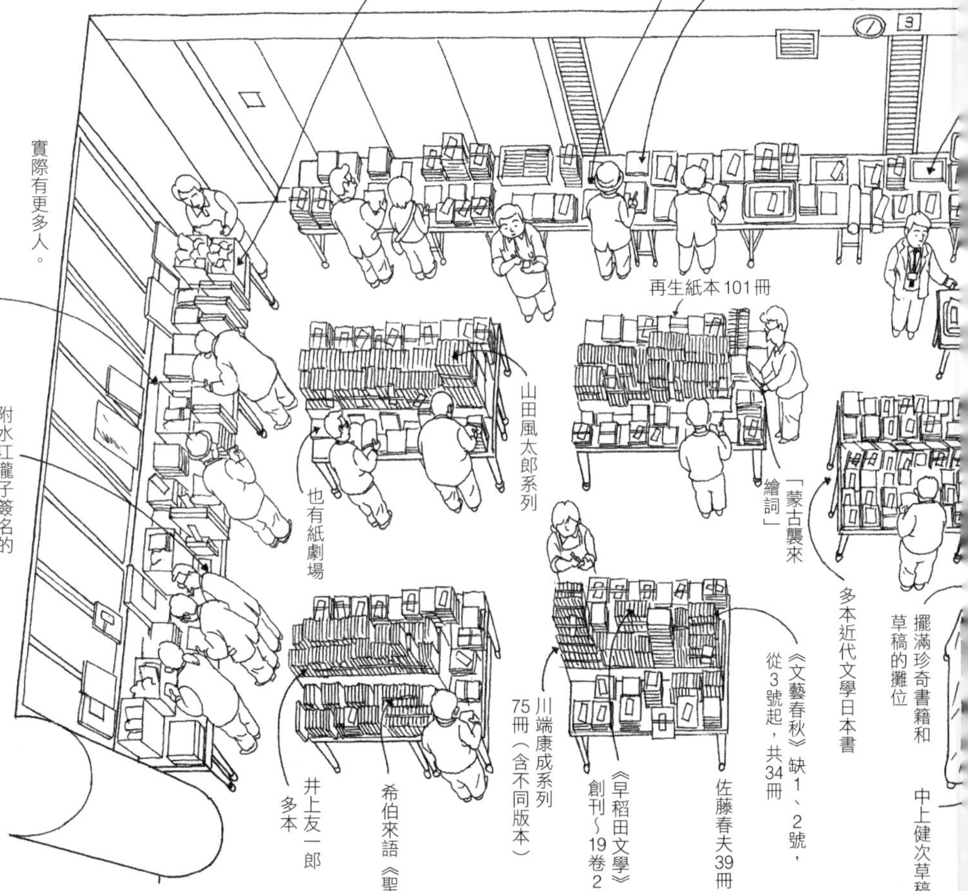

這天包含畫集在內，以川瀨巴水的木刻版畫最引人注目。圖案極美的「錦帶橋」，也有不少人投標。
古文書和廢紙摻雜的兩只紙箱
吉田文治的海報，「夠了！吉田茂」
實際有更多人。
陳列附書盒的大型美術書籍攤位
附水江瀧子簽名的藝人相本集一冊
再生紙本101冊
山田風太郎系列
也有紙劇場
「蒙古襲來繪詞」
多本近代文學日本書
擺滿珍奇書籍和草稿的攤位
中上健次草稿
《文藝春秋》缺1、2號，從3號起，共34冊
佐藤春夫39冊
《早稻田文學》創刊～19卷2號止
川端康成系列75冊（含不同版本）
希伯來語《聖經》105冊
井上友一郎多本

學者和收藏家過世後，由家屬處理掉的結果。

透過書市，決定新的接手人，古書就會轉往另一個持有人手中，想必也會就此邁向第三、第四個「人生」。就出身來說，這和退位後，輾轉於民間企業間的政府官員大相逕庭。不過，由圖書館收購的古書典籍，在貼上標籤後，就此收藏在箱底，不見天日，鮮少有機會在一般人面前露面。圖書館，可說是書籍的黑洞啊！

要是得標可就傷腦筋了，但還是要投標

平時在店面裡頭笑容可掬、談笑風生的店家老闆，在拍賣會場上卻是個個臉色凝重。當真是全力相搏的場面。

面對勢在必得的商品，發現某家大書店也投標時，有人馬上鬥志全無，「甘拜下風」，但也有人全力展開纏鬥。

此外，有人是一直在看上眼的商品旁打轉，緊盯著看有誰投標，以此決定投標價格。大家都全力進貨。因為要穩定提供好的商品，端看店主在書市上如何巧妙地進貨，這和店家的興衰息息相關。

每次遇見熟識的古書店老闆，我總不忘問一句：

「打擊率幾成啊？」

「不到一成吧。」

「我沒有一一細數，不過進了不少貨。應該還沒一朗的打擊率高吧。」

「有五成以上。因為想要的書，我一定要弄到手。」

回答各式各樣。

聽過之後可以發現，得標率低的人，店內的售價較便宜。因為是以亂槍打鳥的方式投標，所以各家店內都有幾套沒人投標的書，或是書況不佳、沒人要買的書，他們便能意外以便宜的價格取得。

不過，當中也有人們口中「○○先生真厲害，以拖網方式搜刮一空」的厲害人物。這位○○先生，是近代文學的知名人物，但售價相當便宜。很不可思議。

此外，有些店主明明不想要，卻也跟著投標。經詢問之下得知——

「我擺在店裡賣的書，如果被別人以更便宜的價格標下，那我可就傷腦筋了，所以我打算稍微拉抬一下價格。因為大家都在看。不過，要是誤判價格，就此得標，那可就慘啦。」當真是虛虛實實，爾虞我詐。

寫好價格的紙條，得放進隨附的信封中，嚴禁偷看裡頭的內容。據說得從信封鼓起的程度，或是手摸的觸感，來判斷有多少人投標。凡事講究的都是經驗。

標下自己展出的商品

我在採訪書市時，發現一本有趣的書。人在附近的K書店老闆正陸續進行投標，於是我便向他拜託道：「要是你標下這本書，可否轉賣給我？」他當場回答我沒問題。但我沒料到它的價格竟然如此昂貴，事後從K老闆那裡得知詳情，我大為震驚。因為實際的得標價格遠遠高出許多，約莫是K老闆開價的十倍，我的七倍。怎麼看都貴得離譜。「應該是套好招的。自己展出的商品，自己買回。」

「如果不想被人便宜標下，只要一開始附上底標價格，不就只要花少許調貨的費用就行了嗎？」我提出心中的疑問。

「想必對方認為就算花高額的得標手續費也划算。設底標價格的業者，大家容易避而遠之。因為透過記號，大致可以猜出是哪位業者。」K老闆如此解釋，又補上一句。「這在書市裡是常有的事。為了炒熱

展出的各種商品

只有一小部分

◀海報「夠了!!」美帝　日本洲知事　吉田茂　社會黨顧問　吉田文治　「既不是吉田，也不是他親戚」（字右側附點），這句話很有意思。（明治古典會）

小林清親　木刻版畫「五本松雨月」明治13年一幅（明治古典會）

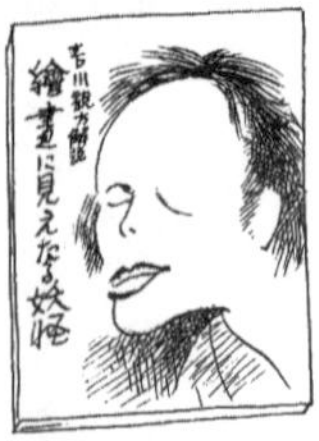

《從繪畫中可以看見的妖怪》吉川觀方解說（資料會）

川端康成75冊。《淺草紅團》《水晶幻想》等。《班長偵探》不同版本3冊。（明治古典會）

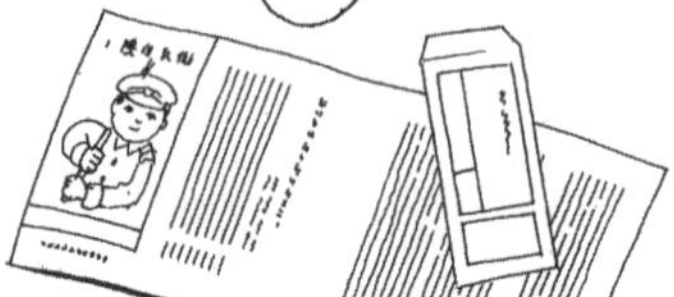

「徵兵保險證」，上面還寫有「孩童專屬」幾個字。富國徵兵保險相互會社（資料會）

《花團錦簇的森林》初版　三島由紀夫（明治古典會）

《和蘭藥鏡》及其他（古典會）

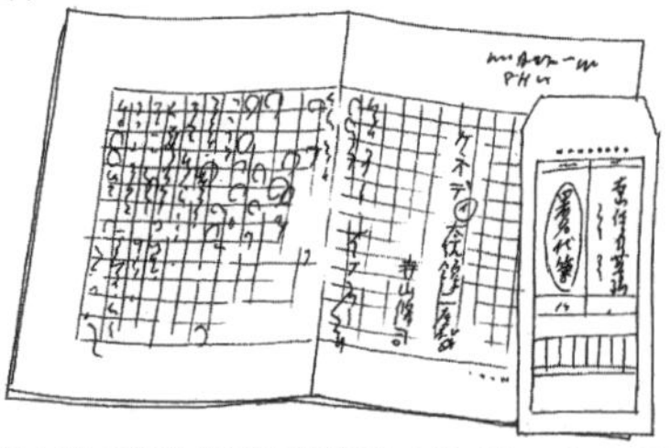

寺山修司草稿「甘迺迪總統不會死第二次」5張完。上頭寫有「簽名為代筆」（明治古典會）

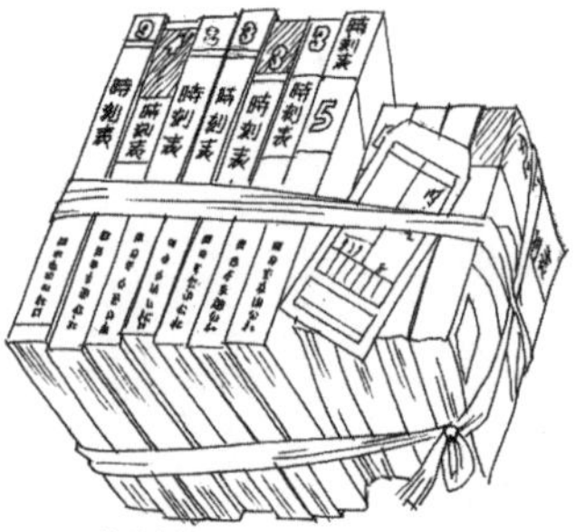

「時刻表」11冊　從昭和30年代起（資料會）

M−C=?

說到M−C……並非與物理質量或速度有關。在外文書的封面，這表示900年。右邊的《大英百科全書》是從1875年開始發行，但扉頁卻寫著MDCCCLXXV。外文書的發行年份，一般是以數字標示，但其中也有以羅馬字記載者。

M（million）為1000，C（century）為100，D=500，L=50，X=10，V=5，I=1，就是這樣的組合。大的數字左邊若出現小的數字，則為減數，若小的數字出現在右邊，則是加數，原理和時鐘一樣。附帶一提，今年（2005）為MMV。

《大英百科全書》全35冊，頗引人注目。1875年（9版）～1930年的發行版。（洋書會）

地圖篇與索引略微大些。

書市的買氣，花上百萬單位的手續費買回自己商品的例子，也不是沒有。」嗯，聽了之後，不禁讓人覺得，書市說來容易，但當中卻也需要各種策略和經驗呢。我喜歡古書店，但這種生意我絕對做不來，經過這次採訪，更加深了我這個念頭。

進入會場約一個半小時後，開始宣布競標結果。現場廣播誰以多少金額得標。我們不便繼續留在現場旁觀，於是我和編輯M先生便早早離開會場。

書市（又稱交換會）是採購重要商品的場所，也是將自己從客人那裡買來的書拿出來販售的場所。不過，要能在書市裡大顯身手，不用說也知道，需要足夠的財力和經驗。

有些店家雖然也加入會員，但在書市裡無法隨心標下想要的商品，所以進貨的方式，大部分還是採取到其他店家或古書市場收購的作法。也有些店家總是以些微的價格差距，被同一家店奪走自己想要的商品，無比懊惱。

不過，這個世界形形色色的人都有，有些老前輩會在書市裡看著商品，向晚輩說出它的價值，甚至透露自己投標的價格。之所以這麼做，似乎是因為栽培後進也相當重要。

沒親手把書拿在手中，便不懂它的價值

舊書店老闆不論是在書市中進貨，還是向客人收購，都是看過商品之後才買。不過，就客人的立場來看，則必須從書目清單上得到的資料，或是網路上的記載，來判斷一本書的價值。

以我的經驗來說，已知的書姑且不論，若是單從書名或作者來判斷「好像很有趣」、「可能派得上用場」，而就此訂購的未知書籍，泰半都和自己原本的想像有所出入。書況也是。有時以為是自己四處找尋的書，結果卻是裝幀與初版和再版都完全不同的另一個版本。

如果想遇上好書，最重要的是時時造訪舊書店或書展，直接拿在手中一看究竟。在書市裡，能邂逅不少珍奇的書、有價值的書，以及讓人難以評斷好壞的書籍和資料。這些書想必會讓店面和書目清單變得熱鬧不少（本稿在執筆時，有些已在書目清單中登場）。

在網路的全盛時期，買舊書方便不少。書目清單若不能展現出它與網路在便利性方面的決定性差異，或許再過不久便會被淘汰，不過，「會不會有什麼有趣的書呢？」像這種找書的樂趣，還是得親自拿在手中確認才會明白。

網路和書目清單只是找書的方法。反觀我自己，拿在手中大呼過癮的好書，都是在舊書店或書展中當場發現得來。

從下一章起，我想盡可能探尋一些能邂逅好書的場所以及商品，介紹給各位，敬請期待。

（補充）東京古書會館幾乎都是採投標的方式，但偶爾也會舉辦競標。

聽說有時會舉辦競標，作為炒熱會場氣氛的活動。在競標會中，會出現近年來蔚為話題的書籍。號稱夢幻古書，據說至今仍沒人親眼見過，敢拍胸脯說「這是真品」的，便是堀辰雄的《魯本斯的偽畫》（江川書房版）。這本書共有兩冊，分別附有古賀春江與東鄉青兒的親筆玫瑰畫，其中，附古賀春江玫瑰畫的那本，於競標會中登場。會場從出聲喊價前，便一直籠罩著一股緊張感，等到競標開始，更是喊價聲此起彼落，激戰的結果，由某近代文學珍奇書店得標。參加競標的業者向我透露，當時許多業者都不相信它是真品，但是看那家店如此投入競標，心想也許確實是真品也說不定，這股氣氛登時瀰漫了整個會場。競標有一種投標所沒有的獨特氛圍，當目標是難得一見的舊書時，會場似乎會瀰漫一股異樣的氣氛。

日後，我向那家舊書店老闆的兒子詢問，他告訴我：「家父在得標時，滿臉通紅呢。」我很想親眼瞧瞧這樣的競標會，但適合的會場主持人愈來愈少，而且耗費時間，所以目前都採用投標制。

夢幻舊書伴隨著「愛書狂引領期盼的逸品，魯本斯夢幻畫作」的文句，在廣告中華麗登場。價格五百五十萬日圓。想必得標價格同樣是天價。

據說有人到店裡發現那本舊書，當場便掏錢買下。

2

在岡山的巨大舊書店裡迷路

一家得走上一萬步的舊書店

可以一面看舊書店的書架，一面走上一萬步當運動，而且光只是一家店而已……如果有這樣一家店，古書迷一定額手稱慶。以前我便聽說有家如此巨大的書店，所以我立刻和編輯M先生一同啟程前往岡山縣。

兩側為外國文學、小說。
早川文庫是照日文五十音排序。
、珍貴的書擺在玻璃書櫃內。
這一區塊是詩集、俳句、短歌等作品集專區
作家的隨筆
藤澤桓夫留下許多文風端正的小說，這是他的再生紙本。裝幀林唯一的畫相當棒。

在縣內共有九家店的「萬步書店」總店，比想像中還來得寬廣。賣場面積為二百二十坪，所以占地超過七百平方公尺。二十、二十一頁的一樓平面圖，因頁面空間的緣故，我在作畫時多少將它縮小了些，所以店內的實際深度還要更長。雖然排列得井

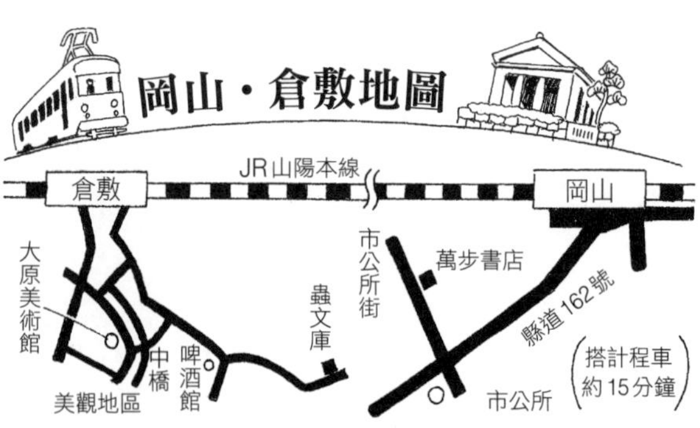

岡山・倉敷地圖
JR山陽本線

大原美術館

縣道162號

搭計程車約15分鐘

萬步書店 2樓文藝書層

造訪2樓文藝書層的人很少，但這裡有許多便宜又罕見的書，絕對值得一看。

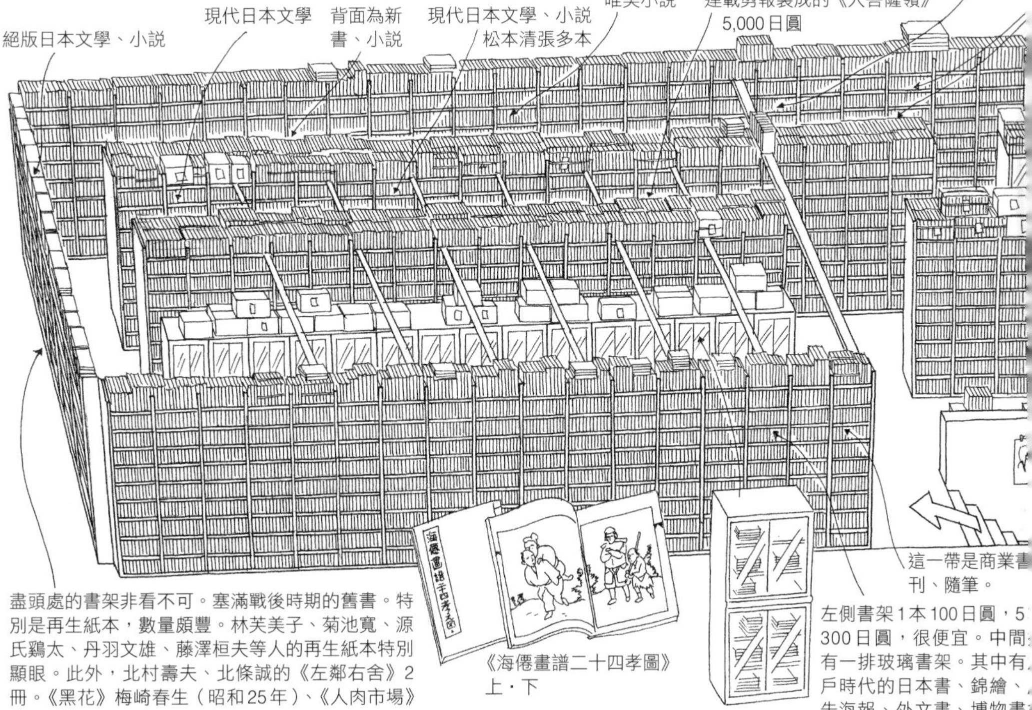

特別值得一提的，是15個收藏時代小說的書架。昭和20年代後半出版的講談社版「講談全集」附書衣，書況佳，共28冊，各300日圓。
塞滿Harleq
出版社的書
唯美小說
連載剪報製成的《大菩薩嶺》5,000日圓
現代日本文學
背面為新書、小說
現代日本文學、小說 松本清張多本
絕版日本文學、小說
這一帶是商業書
刊、隨筆。
盡頭處的書架非看不可。塞滿戰後時期的舊書。特別是再生紙本，數量頗豐。林芙美子、菊池寬、源氏鷄太、丹羽文雄、藤澤桓夫等人的再生紙本特別顯眼。此外，北村壽夫、北條誠的《左鄰右舍》2冊。《黑花》梅崎春生（昭和25年）、《人肉市場》有560版。
《海僊畫譜二十四孝圖》上・下
左側書架1本100日圓，5
300日圓，很便宜。中間
有一排玻璃書架。其中有
戶時代的日本書、錦繪、
告海報、外文書、博物畫
等古書典籍。

井有條，但通路狹窄，有時還會走進死胡同，在店內也會迷路。

此外，店家自己做的書架有些歪斜，通道上的木板地也放滿了書，感覺彷如走進一座舊書的大迷宮。

說到占地遼闊的舊書店，一般人會想像成Book Off二手書店，不過，我希望各位能將它想像成比一般的Book Off更大、更昏暗、舊書更多，而且沒那麼漂亮（我可沒說它髒哦）。

萬步書店的店名，是本著金本社長「沉醉在找書的過程中，不自覺地走了一萬步」的理念，以此命名。在此說個題外話，這家舊書店在開張前，原本好像是一家園藝店。店名叫「貧乏園」，很怪的名稱。怪人所做的事，果然與眾不同。

紐約的曼哈頓有家知名的舊書店，名叫「海濱書店」（Strand Book Store），別名「十八英里長的書」

童書
文庫本（日本文學、小說）
文庫本（外國文學、小說）
文庫本（外國文學、小說）
卡通雜誌
漫畫雜誌《宇宙船》
珍藏本、漫畫合集
漫畫雜誌、同人誌
摔角、鐵道、飛機
嗜好、音響、釣魚
旅行、登山、紀行、運動

⑰恐怖漫畫
⑱四格漫畫、大開本漫畫
⑲收藏類漫畫
⑳音樂雜誌
㉑音樂
㉒《*Gamelabo*》《廣播生活》《寶島》
㉓電腦雜誌、遊戲攻略本
㉔藝人寫真集
㉕音樂、電影、卡通影帶
㉖繪本、雜誌

岡山萬步書店（總店）

岡山市久米 415-1 TEL 086 (246) 1110 10:00~23:00

⑩新童書
⑪玩具
⑫文庫本（日本文學，作者照五十音排序）
⑬文庫本（外國文學、小說）
⑭絕版岩波文庫
⑮新書（各出版社）
⑯文庫本（漫畫）

❶珍奇書書櫃（《*Kinder Book*》、《商業美術全集》5冊，各3,000日圓）
❷、❸大開本少女漫畫
❹人偶模型（食品附贈玩具）
❺CD（西洋音樂）
❻CD（日本傳統音樂）
❼DVD、遊戲軟體、主機
❽玩具、比例模型
❾電腦軟體、人偶模型

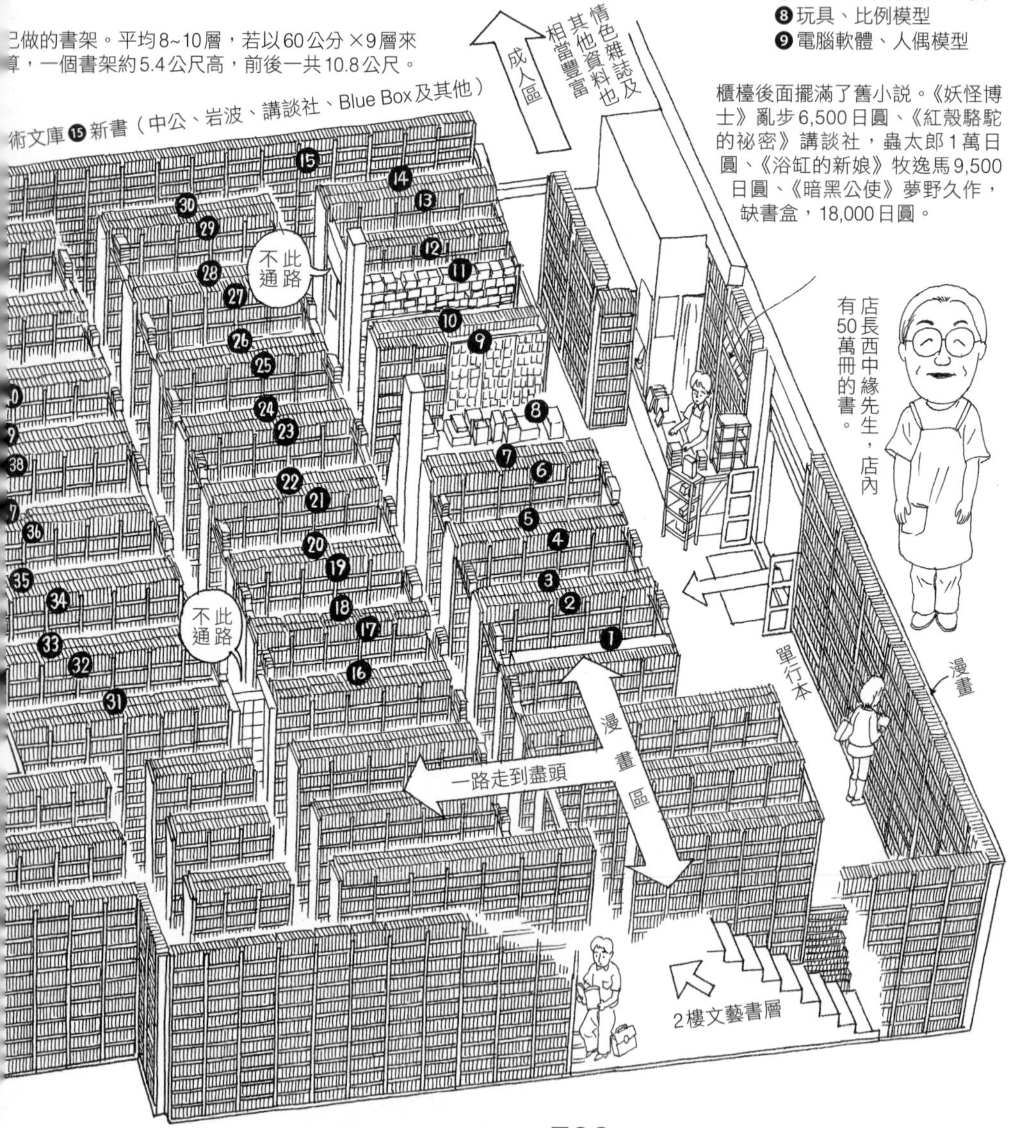

已做的書架。平均8~10層，若以60公分×9層來
算，一個書架約5.4公尺高，前後一共10.8公尺。
成人區
情色雜誌及其他資料也相當豐富
術文庫 ⑮新書（中公、岩波、講談社、Blue Box及其他）
櫃檯後面擺滿了舊小說。《妖怪博士》亂步6,500日圓、《紅殼駱駝的祕密》講談社，蟲太郎1萬日圓、《浴缸的新娘》牧逸馬9,500日圓、《暗黑公使》夢野久作，缺書盒，18,000日圓。
不此通路
不此通路
店長西中緣先生，店內有50萬冊的書。
單行本
漫畫
漫畫區
一路走到盡頭
2樓文藝書層

賣場面積約220坪。面積超過700平方公尺。

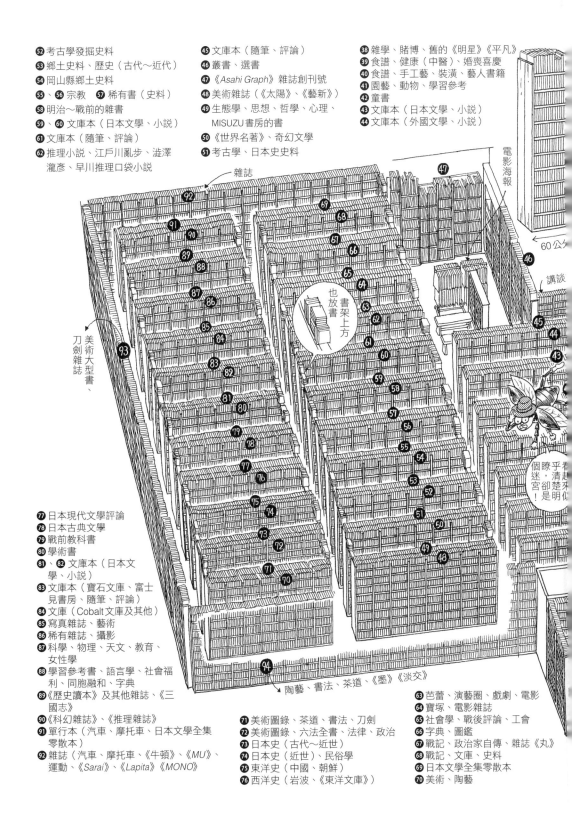

52 考古學發掘史料
53 鄉土史料、歷史（古代～近代）
54 岡山縣鄉土史料
55、56 宗教　57 稀有書（史料）
58 明治～戰前的雜書
59、60 文庫本（日本文學、小說）
61 文庫本（隨筆、評論）
62 推理小說、江戶川亂步、澁澤龍彥、早川推理口袋小說

45 文庫本（隨筆、評論）
46 叢書、選書
47《Asahi Graph》雜誌創刊號
48 美術雜誌（《太陽》、《藝新》）
49 生態學、思想、哲學、心理、MISUZU書房的書
50《世界名著》、奇幻文學
51 考古學、日本史史料

38 雜學、賭博、舊的《明星》《平凡》
39 食譜、健康（中醫）、婚喪喜慶
40 食譜、手工藝、裝潢、藝人書籍
41 園藝、動物、學習參考
42 童書
43 文庫本（日本文學、小說）
44 文庫本（外國文學、小說）

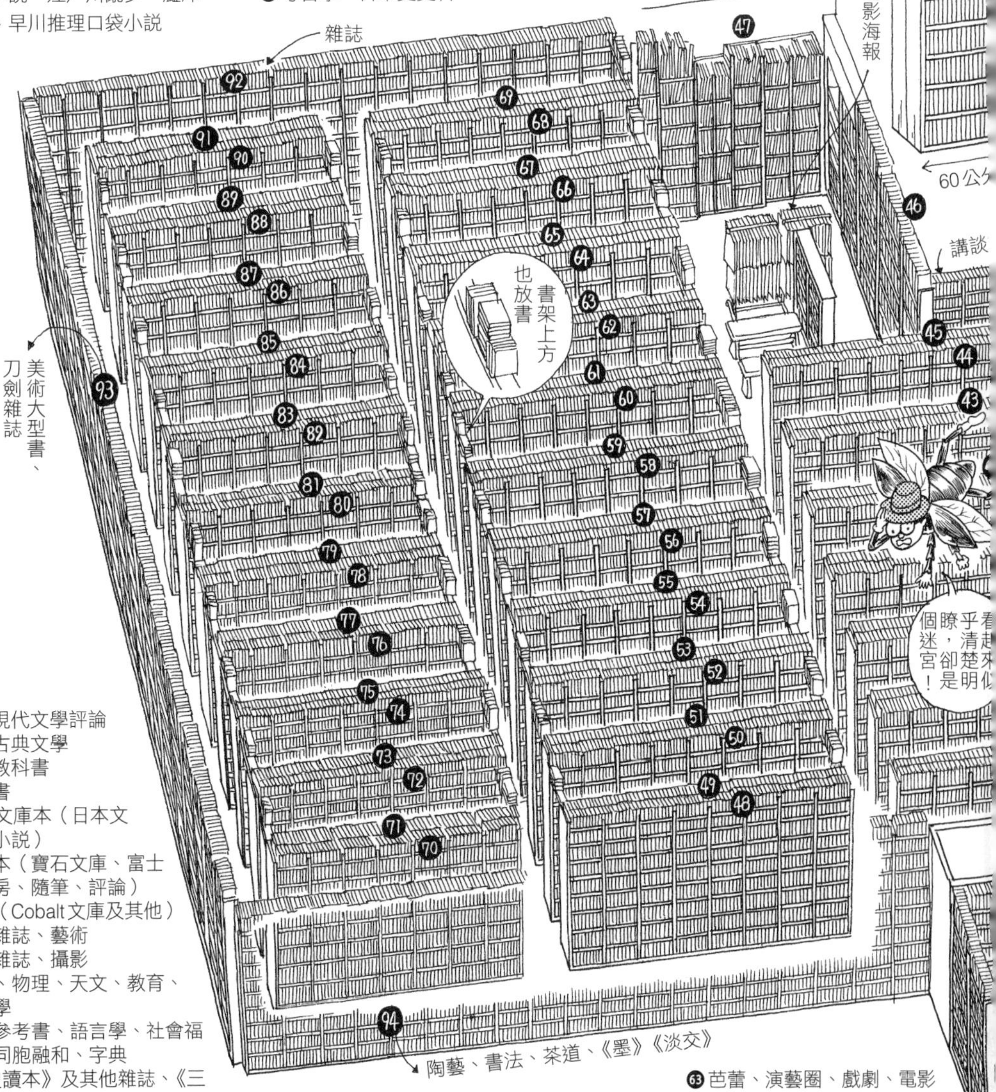
雜誌
電影海報
60公分
講談
書架上方也放書
美術大型書、刀劍雜誌
陶藝、書法、茶道、《墨》《淡交》

77 日本現代文學評論
78 日本古典文學
79 戰前教科書
80 學術書
81、82 文庫本（日本文學、小說）
83 文庫本（寶石文庫、富士見書房、隨筆、評論）
84 文庫（Cobalt文庫及其他）
85 寫真雜誌、藝術
86 稀有雜誌、攝影
87 科學、物理、天文、教育、女性學
88 學習參考書、語言學、社會福利、同胞融和、字典
89《歷史讀本》及其他雜誌、《三國志》
90《科幻雜誌》、《推理雜誌》
91 單行本（汽車、摩托車、日本文學全集零散本）
92 雜誌（汽車、摩托車、《牛頓》、《MU》、運動、《Sarai》、《Lapita》《MONO》

71 美術圖錄、茶道、書法、刀劍
72 美術圖錄、六法全書、法律、政治
73 日本史（古代～近世）
74 日本史（近世）、民俗學
75 東洋史（中國、朝鮮）
76 西洋史（岩波、《東洋文庫》）

63 芭蕾、演藝圈、戲劇、電影
64 寶塚、電影雜誌
65 社會學、戰後評論、工會
66 字典、圖鑑
67 戰記、政治家自傳、雜誌《丸》
68 戰記、文庫、史料
69 日本文學全集零散本
70 美術、陶藝

（18 Miles of Books）。好像是因為這裡的書架、平台的總長為十八英里。換言之，倘若將「海濱書店」的書立起來排成一列，將長達二十九公里長。若以傳言來看，一個書架平均五點四公尺，店內有上千個書架的「萬步書店」，其書架總長為五千四百公尺。若以五十公分的步伐寬度行走，走一萬步就能看完這些舊書。從此可以斷言，看板所言不假。

雖然還差「海濱書店」一小步（正確來說，是差四萬七千步左右），但它在岡山市中心有九家店面，所以要逛完每一家萬步書店，那可不是散步就能辦到。而且從較新的書，到江戶時代的日本書、錦繪、廣告海報、百年前的外文書、博物畫板（從動植物、鳥類等圖鑑類書籍剪下，作為裱框用的零星圖版），應有盡有。

十八、十九頁的圖，是店內二樓的「文藝書層」。我看到這裡，大吃一驚。排滿了大量的書籍，從近代文學，到現代日本文學、外國文學、自傳、隨筆、詩歌、連句俳句合集、推理小說、時代小說、戰後的再生紙本，全部都有。雖是在古書會館的展覽中常見的書，但我還是第一次見識如此完備的豐富藏書。

「現代小說採作家的五十音順序排列，不過松本清張先生的作品已差不多賣光了。」店長西中緣先生如此說道。清張的書並不貴，但他初期未成名時的時代小說，有的售價高達十萬日圓以上。我總覺得它就擺在這些書架中。要是能早點來就好了。

有件事忘了提，我光是要畫一樓的店內擺設和書架，便已竭盡全力，對於書籍的陳列，實在沒餘力細看。平時用素描本當中的一頁便可解決的平面圖，這次用雙面還不夠畫，馬上再貼上一張，以三頁相連，這才得以畫完。雖然無法看清楚有哪些藏書，不過，我猜它應該是各種領域都有。編輯M先生看裡頭有許多絕版的文庫本，高興得抓耳搔腮。

《英語百科店》800日圓，植草甚一唯一的英語讀本

買了幾十本工作用的資料（？）。

雖然有如此規模，但聽說收購舊書都還是在市場內進行。似乎有時也會到大阪進貨。為了穩定供應好書，市場內的採購絕不可或缺。他們也常向客人買書，也常看到客人到店裡賣書。交易是採像Book Off的方式，客人先將商品寄放在櫃檯，等到審查結束廣播後，再進行確認，收取費用。不像一般市街的舊書店那樣，在其他客人面前被論斤秤兩。不會有像上當舖般的不安感。依我個人所見，Book Off經營成功的原因之一，就在於它進貨的方便性。而「萬步書店」也具有來自書市和顧客這兩條管道的完善進貨機制。讓人很期待下次的造訪。

《奈落殺人事件》2,800日圓。戶板康二，中村雅樂偵探故事，昭和35年，文藝春秋新社

連菓子麵包海膽都有的蟲文庫

離倉敷美觀街不遠處，有家古意盎然、風格獨具的書店。「蟲文庫」，是最適合書蟲造訪的店。我向老闆田中美穗小姐詢問後，得到的答案是：「並沒有什麼特別的意思。因為字面和蟲這個字聽起來不錯，所以就決定以它當店名。」老闆高中時代曾參加生物俱樂部，對自然科學情有獨鍾。

店內以植物為主的自然科學書籍、黏菌、苔蘚、棘皮動物（海膽、海星類）、昆蟲、礦物等標本，隨處可見，確實相當獨特。

我心目中的「好舊書店」，必須要書量豐富、價格便宜、有專業領域、店內氣氛良好。「蟲文庫」除了有專門領域外，更重要的是店面給人舒服的感覺，刺激我想作畫的心。也有不少觀光客被別具情趣的店面所吸引，而前來造訪。

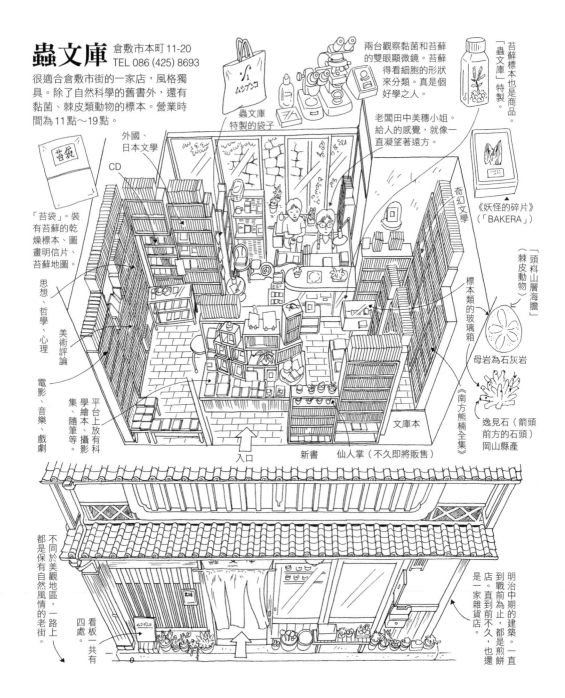

蟲文庫

倉敷市本町11-20
TEL 086 (425) 8693

很適合倉敷市街的一家店，風格獨具。除了自然科學的舊書外，還有黏菌、棘皮類動物的標本。營業時間為11點～19點。

ムシブンコ
蟲文庫
特製的袋子
兩台觀察黏菌和苔蘚的雙眼顯微鏡。苔蘚得看細胞的形狀來分類。真是個好學之人。
苔蘚標本也是商品。「蟲文庫」特製。

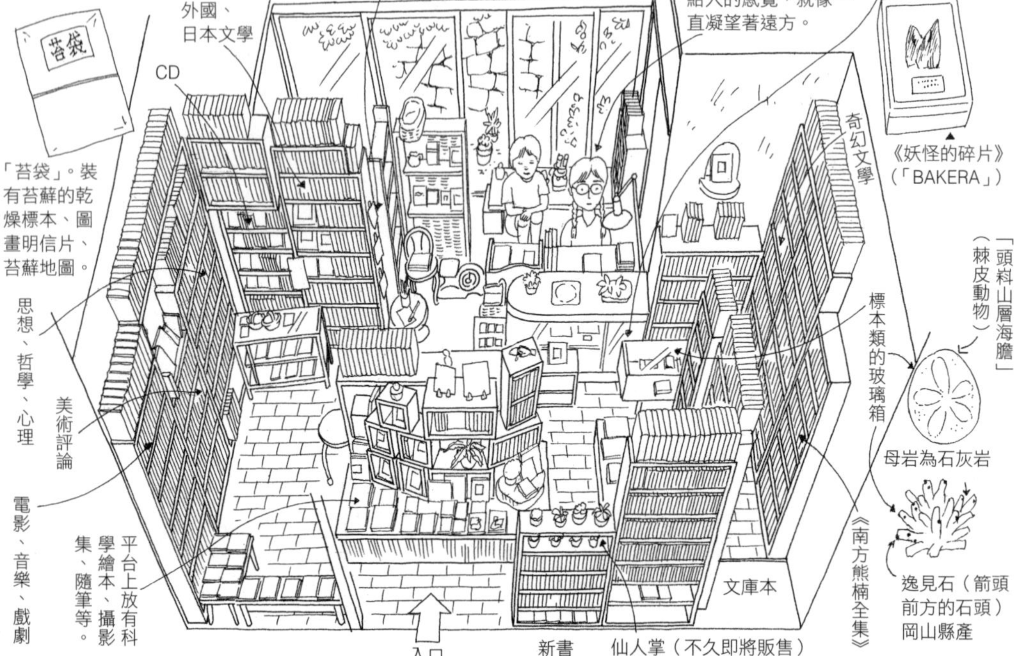

苔袋
「苔袋」。裝有苔蘚的乾燥標本、圖畫明信片、苔蘚地圖。
外國、日本文學
CD
老闆田中美穗小姐。給人的感覺，就像一直凝望著遠方。
《妖怪的碎片》（「BAKERA」）
奇幻文學
「頭䊵山層海膽」（棘皮動物）
思想、哲學、心理
美術評論
標本類的玻璃箱
母岩為石灰岩
電影、音樂、戲劇
平台上放有科學繪本、攝影集、隨筆等。
《南方熊楠全集》
逸見石（箭頭前方的石頭）岡山縣產
文庫本
入口
新書
仙人掌（不久即將販售）

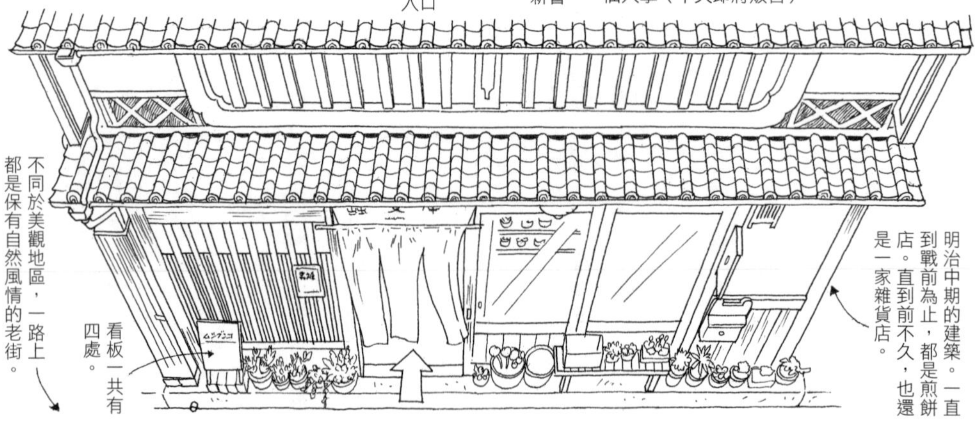

不同於美觀地區，一路上都是保有自然風情的老街。
看板一共有四處。
ムシブンコ
明治中期的建築。一直到戰前為止，都是煎餅店。直到前不久，也還是一家雜貨店。

田中小姐會自己製作苔蘚和黏菌的標本。此外，店內也擺有像是用木片當素材做成的「妖怪碎片」標本（？），可謂童心未泯。

「蟲文庫」的書架上，並沒有特別珍奇的商品，但店內充滿刺激。例如名叫「菓子麵包」的海膽，我活了五十三個年頭第一次知道有這種東西。

日文漢字雖然寫成「菓子麵包海膽」，但它還有沙錢海膽、頭冠山層海膽（參照右圖）、日本餅形海膽等之分。我向田中小姐請教，她馬上便告訴我這些知識。

我認為「書是裝載文化的器具」，在「蟲文庫」裡，各種文化從書籍中飛躍而出，在店內四處蠢動。店內的貼紙寫著「在書店請保持安靜」。就讓我們一起靜靜觀察文化的蠢動吧。

3

有別於逛舊書店的情趣，古書特賣展魅力大公開！

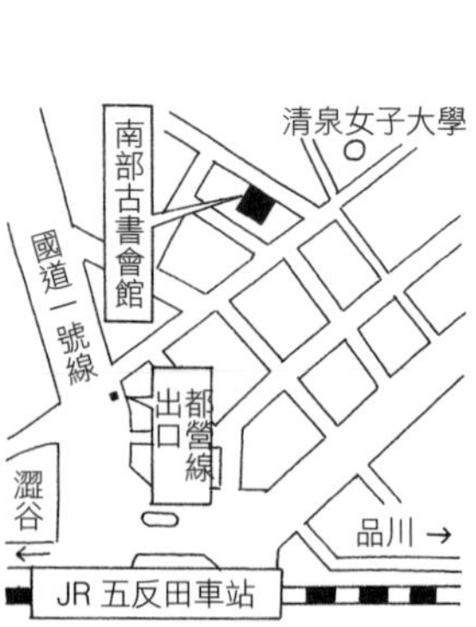

古書特賣展的魅力何在？

對喜好舊書的人就不必解釋了，不過，對從未去過古書特賣展的讀者來說，就非得透露一下它的樂趣何在不可。

它可分為兩種，分別是在百貨公司或活動會場舉辦的舊書市場，以及在古書會館舉辦，採一般走向販售的「古書特賣展」。每到週末，舊書愛好者都會急忙趕在開場時間前往。

它到底好在哪裡呢？這次就讓我來為各位介紹古書特賣展的魅力所在吧。

①它價格便宜。②可以一次接觸許多舊書。③它會發行書目清單，能邂逅珍奇的資料及從未見過的書。④商品能拿在手中確認。⑤不同於書店，它每次都會變換商品。⑥不管待得再久，再怎麼看白書，都沒人會有意見。大概就這幾點。常聽人說「要進古書店不容易呢……」，不過，古書特賣展就沒這方面的顧慮。

基於這個緣故，比我更愛舊書，卻從未去過南部古書會館的編輯M先生，馬上和我一起殺往「五反田古書特賣展」。

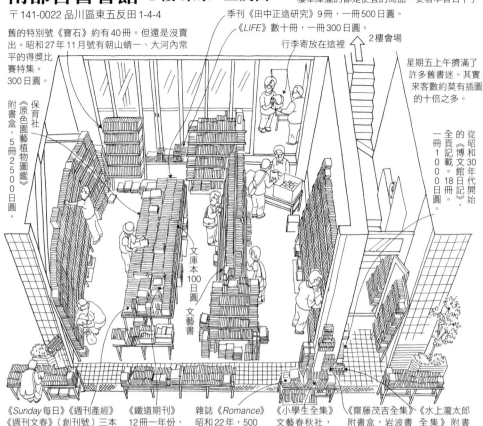

南部古書會館 1樓 東京・五反田

除2、8月外，每個月一次，於星期五、六舉辦。一樓車庫擺的都是便宜的商品。要看準首日下手。

〒141-0022 品川區東五反田1-4-4

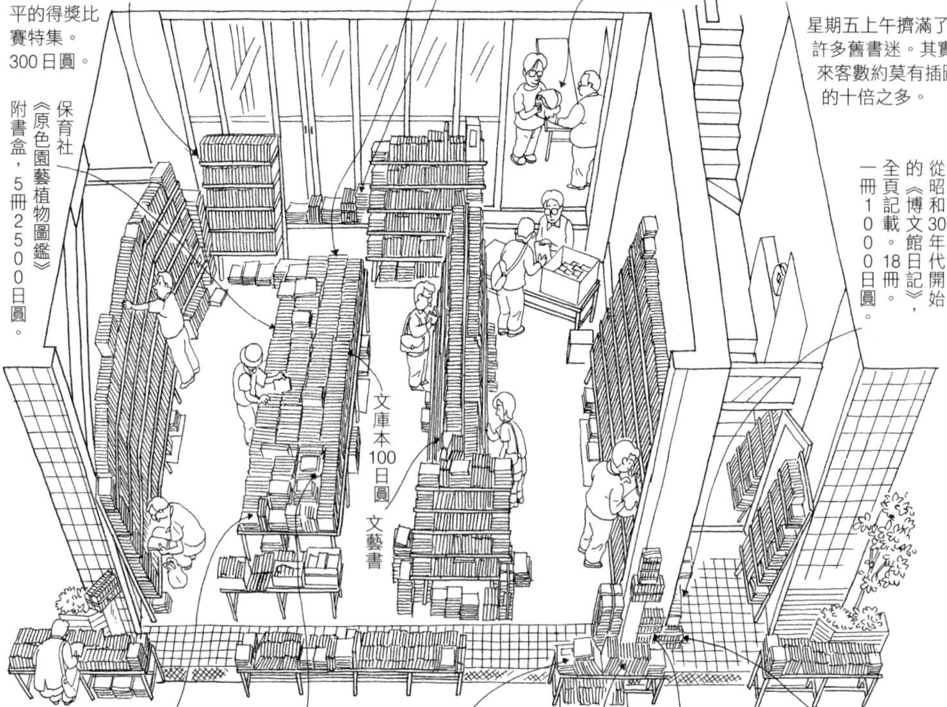
舊的特別號《寶石》約有40冊。但還是沒賣出。昭和27年11月號有朝山蜻一、大河內常平的得獎比賽特集。300日圓。
季刊《田中正造研究》9冊，一冊500日圓。
《LIFE》數十冊，一冊300日圓。
行李寄放在這裡
2樓會場
星期五上午擠滿了許多舊書迷。其實來客數約莫有插圖的十倍之多。
保育社《原色園藝植物圖鑑》附書盒，5冊2500日圓。
從昭和30年代開始的《博文館日記》，全頁記載。18冊。一冊1000日圓。
《Sunday每日》《週刊產經》《週刊文春》（創刊號）三本雜誌。昭和34年皇太子成婚特集號。各100日圓。
《鐵道期刊》12冊一年份，1,000日圓。二十四年份。
雜誌《Romance》昭和22年，500日圓。共13冊。
《小學生全集》文藝春秋社，23冊。一冊200日圓。
《齋藤茂吉全集》附書盒，岩波書店，52冊竟然只要1,500日圓。
《水上瀧太郎全集》附書盒，12冊，1,500日圓。

五反田的古書特賣展是由「五反田古書展」、「遊古會古書展」、「書的散步展」這三個展覽會輪流進行，每月一次，一年十次（二、八月不舉行）。不同的展覽會，舊書店的成員多少也有所不同，但價格便宜，一般的舊書相當豐富，吸引不少書迷前來。特別是一樓車庫（上圖）所擺的雜誌、雜書，全都是一百日圓、兩百日圓的便宜價格，人氣指數極高。星期五首日，提早三十分鐘，於九點三十分打開車庫，門外早已擠滿了等候多時的客人。

在這裡有不少撿到寶的事蹟。我也曾以兩百日圓買到源氏雞太的《霍普先生》（昭和二十六年，文藝春秋新社）。本書收錄有直木賞得獎作品《英語先生》，價格不菲。我記得還曾以一百日圓買到昭和二十七年（一九五二）的直木賞得獎作品，立野信之的《叛亂》。這時期的文藝書大多為再生紙，也曾以出奇便宜的價格買到太宰治的初版書。

最近全集的書籍可能人氣不如以往，採訪當天，《齋藤茂吉全集》五十二冊附書盒，竟然只賣一千五百日圓。一冊還不到三十日圓。還有《水上瀧太郎全集》，全十二冊附書盒，也只要一千五百日圓。

此外，塞滿紙箱的剪報集錦簿、電影腳本原稿、不知名人物的日記等，數量也不少，常可看到一部分書迷投入地翻找。若能細看，一定相當有趣。

以前我曾在這裡以一百日圓買到一九五七年的全新日記本。它的裝幀近乎文藝書，我拿它送給一位同年出生的人，對方相當開心。

如果希望有新奇的發現，記得首日的星期五一早到這裡逛逛。

試著全心投入古書特賣展中

像神田神保町那種舊書店街另當別論，至於街上其他零星的舊書店，我認為信步閒逛的樂趣已大不如前。當中有許多原因，像是網路普及，購買舊書變得容易，或一些特別的舊書出現在書目清單或是書展活動中，而沒擺在店內，諸如此類。再者，由於客人愈來愈少到店裡光顧，所以有愈來愈多店家從店面販售轉型為郵購，這些都是逛舊書店的樂趣銳減的主要原因。如今，許多舊書迷只能投身於古書特賣展中。

東京有神田的東京古書會館、高圓寺的西部古書會館，以及五反田的南部古書會館這三處古書特賣展會場。其中，南部古書會館幾乎不會有專賣外文書或古書典籍這種專門性質高的舊書店參加，會館內大多是販售一般舊書的店家以及專挑便宜舊書買的書迷。此外，無法擺在店內賣的商品，以及沒賣出的商品，價格會便宜許多，就算再貴的書也會大特價，給客人一個「可趁之機」，令人大呼過癮。

南部古書會館 2樓

南部古書會館古書特賣展「五反田古書展」二樓會場的模樣。其實實際人數更多。資料、小說、文學、美術、社會、人文科學類也相當多。應該有不少人在這裡挖到寶。

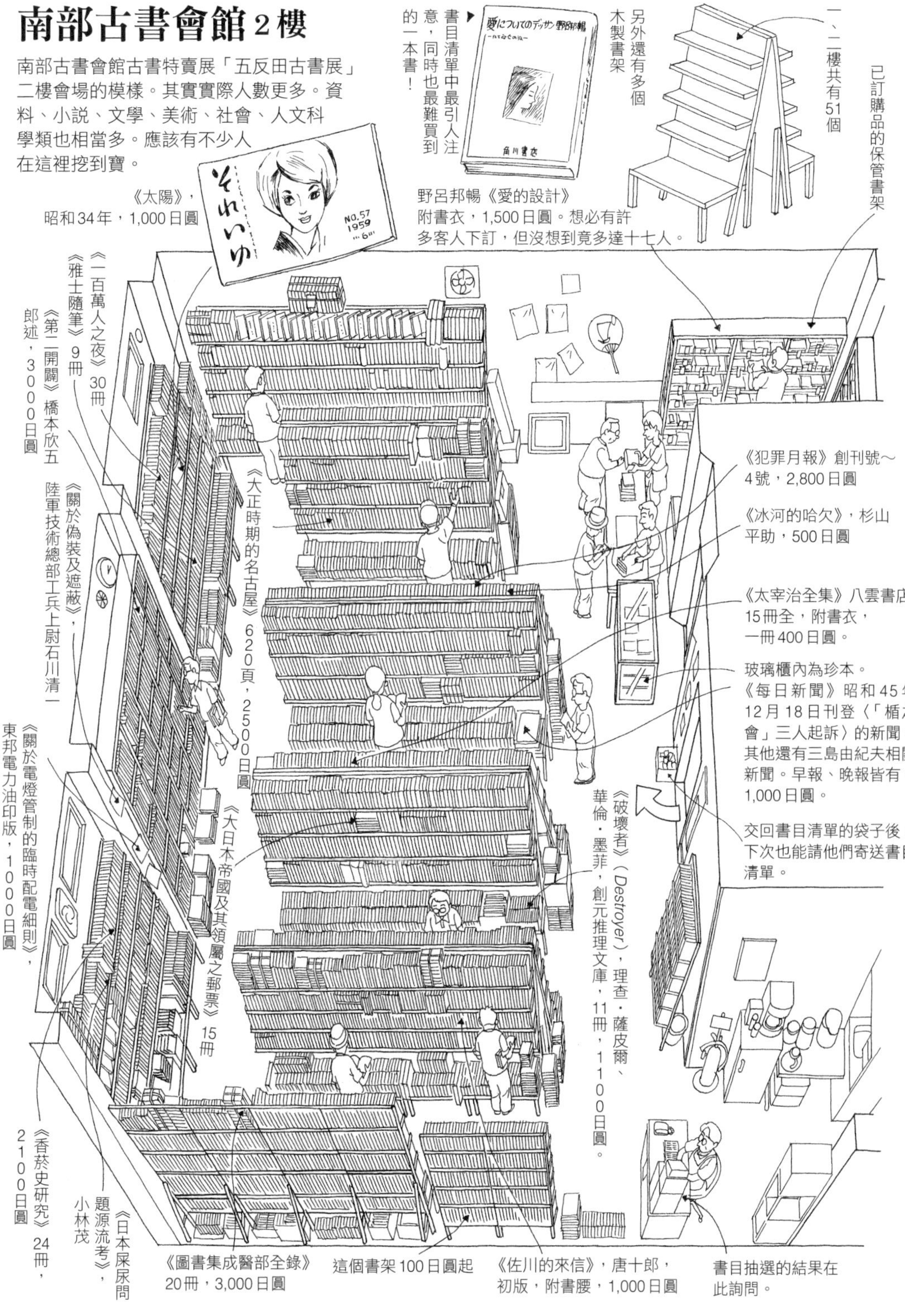

《太陽》，昭和34年，1,000日圓
それいゆ
NO.57 1959
書目清單中最引人注意，同時也最難買到的一本書！
愛についてのデッサン 野呂邦暢
角川書店
另外還有多個木製書架
一、二樓共有51個已訂購品的保管書架
野呂邦暢《愛的設計》附書衣，1,500日圓。想必有許多客人下訂，但沒想到竟多達十七人。
《一百萬人之夜》30冊
《雅士隨筆》9冊
《第二開闢》橋本欣五郎述，3000日圓
《關於偽裝及遮蔽》，陸軍技術總部工兵上尉石川清一
《大正時期的名古屋》620頁，2500日圓
《關於電燈管制的臨時配電細則》，東邦電力油印版，1000日圓
《大日本帝國及其領屬之郵票》15冊
《犯罪月報》創刊號～4號，2,800日圓
《冰河的哈欠》，杉山平助，500日圓
《太宰治全集》八雲書店，15冊全，附書衣，一冊400日圓。
玻璃櫃內為珍本。
《每日新聞》昭和45年12月18日刊登〈「楯之會」三人起訴〉的新聞。其他還有三島由紀夫相關新聞。早報、晚報皆有。1,000日圓。
交回書目清單的袋子後，下次也能請他們寄送書目清單。
《破壞者》（*Destroyer*），理查・薩皮爾、華倫・墨菲，創元推理文庫，11冊，1100日圓。
《香菸史研究》24冊，2100日圓
《日本屎尿問題源流考》，小林茂
《圖書集成醫部全錄》20冊，3,000日圓
這個書架100日圓起
《佐川的來信》，唐十郎，初版，附書腰，1,000日圓
書目抽選的結果在此詢問。

我想起以前在南部古書會館的古書特賣展中看到一件商品，當時我還以為是自己看錯了。那是昭和四年春陽堂出版的《泉鏡花集》。標價兩千日圓。書目清單上沒有其他記載，如果這真是我所知道的那本書，而且書況良好的話，那至少價值十萬日圓呢。這是恩地孝四郎裝幀，封面全牛皮、滾金色三面書口、燙金封面、附書盒、限量一千本的豪華書。

我半信半疑地打電話到店內詢問，確實是那本書沒錯。

我問對方：「為什麼賣這麼便宜？」對方回答我，因為在他便宜得標的商品中有這本書，所以就便宜賣了。真不敢相信店家這麼有良心。最後，連同我在內，共有五人下訂。抽選的結果，由我得手。雖然書盒有些髒污，但書況卻保存得相當好，我當時可得意著呢。

關於這件事，有些舊書店老闆會有意見，但站在客人的立場，能便宜買到書，是再高興不過的事。因為「挖寶」的門檻高，所以我很少挖到寶，《泉鏡花集》可說是我唯一一次真的挖到寶。

前一天星期五是首日，我猜現場一定是人山人海，所以決定星期六再去採訪。

星期六下午，我和M先生約在南部古書會館碰面。我馬上開始作畫，M先生則是開始翻找舊書。光是一樓車庫和二樓會場這兩處，就可能會逛上兩個多小時。

南部古書會館的工作人員個個都很和善，給人居家的感覺，相當舒服。

負責安排此次舊書會的大森天誠書林老闆，接受了我的訪談。

參加的店家共十五家。從書目清單的製作，到賣場人員及行李的管理、宅配的安排、點心的調度、書目抽選者的電話接待人員，全都有負責人員。

也許因為同是南部地區的業者，現場給人一種輕鬆感，午餐、點心，以及結束後的酒會，也算是其樂趣之一。

以前連𪚥和𪚥都有

《諸君！》編輯部似乎有很多舊書迷。除了M先生外，S總編以及前任總編，聽說也都是舊書迷。我在採訪時得到的戰果，與他們相較，感覺在知性方面的傾向略有差異，不過，我都是以沉迷度和人一較高下。

這次我們意外購得三本以昭和三十四年皇太子成婚作為特集的週刊。我買到《週刊產經》、《*Sunday*每日》，M先生則是買到自家公司的《週刊文春》。我不知這是創刊號。

三本都是一百日圓（當時為四十日圓）。

三本雜誌一經比較之後，可以發現一件有趣的事。

《週刊產經》採用鈴木誠所做的封面，以油畫呈現出美智子皇后身穿十二單衣的上半身。特別吸引我注意的，是封面多所顧忌地讓頭冠頂端蓋在產經的標題上。這樣的封面設計，在現今是稀鬆平常的事，但在當時卻是嶄新的創舉。

雖然不知道是否因為設計者考慮到標題遮住頭冠有所不敬，才主張採用將肖像縮小的設計，但我推測這種手法在當時的日本或許算是先驅。

內文還介紹了美智子皇后的東宮暫時御所、新居，以及東宮御所的平面圖。

此外，《*Sunday*每日》在封面上安排了美智子皇后的寶冠照片，以多達七頁的特集介紹「美智子小姐的嫁妝」。從身上配件、洋裝、和服、家具，到手帕、手套、襪子、內衣，明細和份數全都鉅細靡遺地刊載。由於宮內廳嚴格要求業者保密，所以《*Sunday*每日》的工作人員找出「大正十三年（一九二四）的結婚準備用品」一覽表，並到百貨公司、承包商、貨車搬運現場採訪，最後才製作出這份表。

感覺得出其高超的採訪能力，並給人充分掌握平民喜好的印象。

在五反田展的收穫

(M)

《冰河的哈欠》杉山平助，昭和9年，日本評論社。500日圓。

(I)

(M)《落語》雜誌

如今已相當珍貴的1960年代平民雜耍藝術雜誌。左邊為Play Graph社的創刊號。之後出版者異動，右邊為新風出版社發行。1,500日圓。

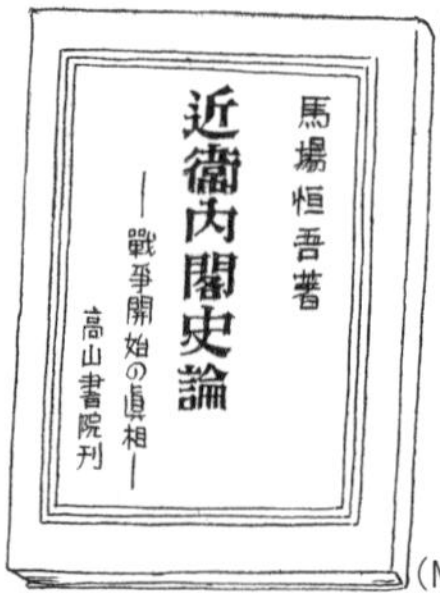

(M)《諸君！》雜誌編輯，(I)池谷

(M)

昭和21年，馬場恒吾（自由主義記者）著。800日圓

也賣這種商品◀

(I)

荷蘭船「船頭裝飾像」。陶製、附外盒，高14公分。800日圓

(I)

牢固的康熙裝訂

活益《日本新字典》，明治34年共盟館，600日圓。查舊字相當方便。連䲜、𩇔、𩙿等字都有。

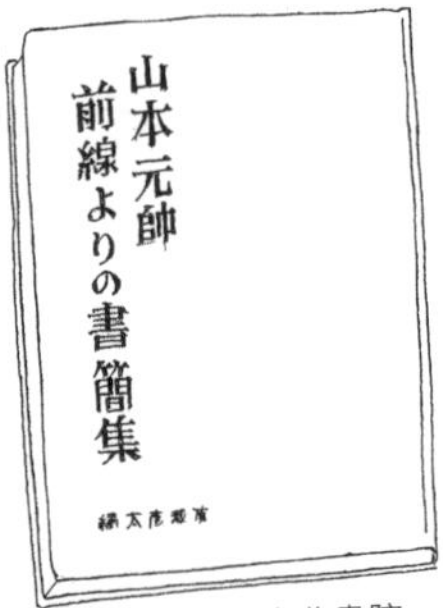

(M)

▶附書衣

廣瀨彥太編。東北書院，昭和18年，500日圓。名人的書簡集。

(M)

◀《朝日新聞的自畫像》，荒垣秀雄編，鱒書房。記者談話集。200日圓。

附書衣

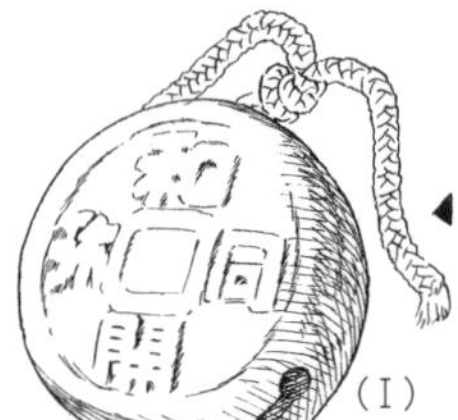

◀和同開珎的陶鈴，山口縣的產物，附外盒。300日圓。

(I)

(I)

《寶石》昭和27年11月號，300日圓。收錄有香山滋《奇奇莫拉》、渡邊啓助《冰倉》。300日圓。

《隱藏式麥克風的美國》

(M)

秦豐。春陽堂書店。美國廣播界表裡兩面的故事。

《週刊文春》創刊號 4/20

(M)

《週刊產經》4/26

(I)

《*Sunday*每日》4/19

(I)

這三本雜誌都是昭和34年皇太子成婚紀念號。
《週刊產經》採用鈴木誠的油畫，頭冠頂端蓋在刊名上，相當引人注意！
《週刊文春》是照片剪接，《*Sunday*每日》則是放上美智子皇后的寶冠照片。
各100日圓。

《週刊文春》不同於其他報社雜誌，以不同觀點來加以抗衡。

彩頁照片放的不是正田家[1]及皇太子的相片集，而是以一句「恭禧舅舅」，來介紹昭和天皇的長女所嫁入的東久邇宮家，以及孩子們日常的生活。此外，他們採訪市井小民的反應作為特集報導，以世人的看法為中心編寫報導，以創刊號之姿，向其他現有的雜誌展現高昂鬥志。

偶然得到當時的三本週刊，正好紀宮公主的婚禮在即，更讓人讀得津津有味。

另外，在二樓會場購得的《活益日本新字典》（島田學堂校閱、竹本主一編輯、共盟館藏版），是難得一見的珍品。

共三百七十九頁，日本式裝訂的漢和辭典，雖然頁數不多，但內容相當充實，仔細看過後發現，甚至還可以查到木字旁的森、㯟、𣡽，以及魚字旁的鱻、䲜。

諸橋《大漢和辭典》中也有記載，但大多語義不詳。看過此書不禁令人感慨，從前確實有如此複雜古怪的文字。

想以這個題材參加「雜學之泉」[2]的人，到時候可別忘了寫上《諸君！》的雜誌名稱哦。

想從地方上前來參加古書特賣展的朋友，可請他們寄送書目清單。請以明信片的方式，寄到南部古書會館提出申請。

---

1 美智子皇后的本家。

2 原註：「雜學之泉」為富士電視台的節目，已於平成十八年（二〇〇六）九月結束。二〇〇七年開始以特別節目方式播出。

4

納涼、大量，京都下鴨神社的大舊書市繪卷！

夏天是舊書市最多的季節。

百貨公司會在來客稀少的中元節活動中舉辦舊書市。此外，各種活動現場或廣場也時常舉辦舊書市。百貨公司裡人潮擁擠，廣場則是得和大太陽對抗，客人努力淘書。

不過，京都的「下鴨納涼舊書祭」完全是另外一種截然不同的氣氛。每年這個時候，京都舊書祭和東京百貨公司舊書市的會期重疊，我總是無法成行，但這次我終於得以一償夙願，造訪下鴨神社的舊書市。現場氣氛比我出發前所預料的還要舒服，就容我在此介紹一下舊書市的情況吧。

在世界遺產裡搜尋舊書

平成十七年（二〇〇五）八月十一日到十六日的這段會期首日，我與編輯M先生朝下鴨神社境內的糺森馬場南側入口出發。長長的馬場，當中約有兩百五十公尺長的場地充作舊書祭會場之用。北側入口在遙遠的前方。兩側巨樹枝葉蔽日，滿地樹影，雖豔陽高照，但此地涼爽宜人。

下鴨神社為世界遺產。糺森裡巨樹聳立，還有一條小河潺潺流過。何等優雅的舊書市啊！京都人真是幸福。

會場裡有不少年輕男女，以及帶小孩前來的客人，頗教人意外。這已是第十八次舉行，想必深受市民喜愛。當然了，當中偶爾也會看到幾位像是舊書迷的客人。

商品據說有八十萬本之多。M先生立即展開淘書，我則是著手作畫。

昨天出門前，考慮到這裡是長形的會場，我在兩面的素描本上再補上一張，湊成三面，但還是很擔心不夠用。

會場到處都設有鋪設紅毛毯的長板凳，所以我能不時地攤開素描本作畫，這幫了我一個大忙。

能聽見人們坐在長板凳上交談的聲音。京都腔聽起來很悅耳。

書中極品《小黑三寶》

我面朝馬場素描時，聽到兩名約二十歲左右的女子交談的聲音。

「這本《小黑三寶》（*Little Black Sambo*），結局和我所知道的不太一樣呢。」（京都腔）

「嗯，為什麼會這樣呢？」

「這是昭和二十八年（一九五三）的書……」

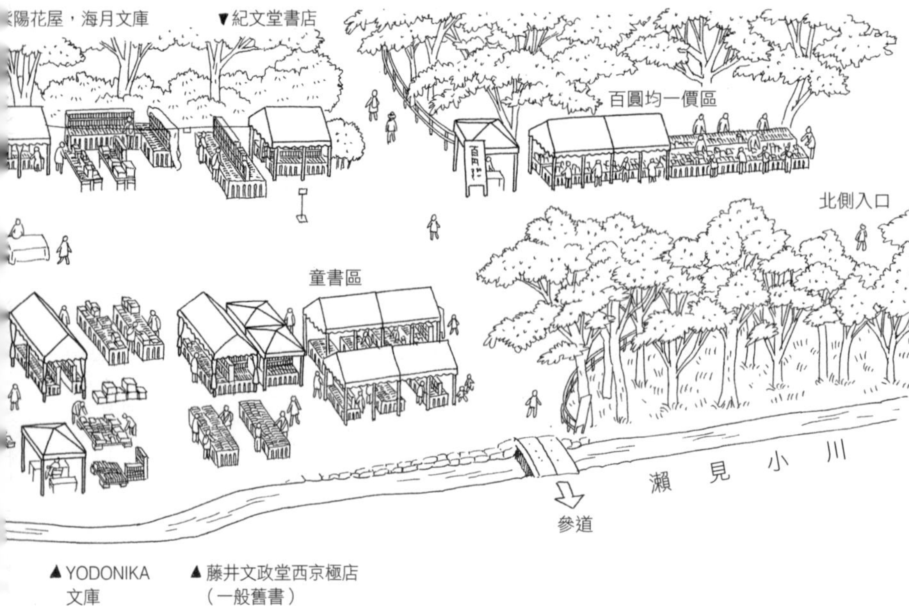
陽花屋，海月文庫
▼紀文堂書店
百圓均一價區
北側入口
童書區
瀨見小川
參道
▲YODONIKA
文庫
▲藤井文政堂西京極店
（一般舊書）

第18屆
下鴨納涼舊書祭

我不經意地瞄了一眼，發現她們手中拿的是岩波書店的書。如果是昭和二十八年出版，那便是初版。由於沒覆上膠膜，上頭有些磨損。從昭和五十五年起，才開始在書衣包覆膠膜，之前都是包上書衣。不過，就算少了書衣，還是一樣珍貴。聽說童書區是這次的熱門商品。也許是在那裡便宜買到的吧。如今就算是包膠膜的書，應該也值五千日圓以上。

岩波版的《小黑三寶》因為有種族歧視的問題，在昭和六十三年絕版。今年，別家出版社推出復刻版，不過岩波版收錄了兩章，復刻版卻只有一章。之前各家出版社都出版過《小黑三寶》，所以她們可能是對其他出版社的書還留有記憶吧。

她手中的是初版，現在應該值一到兩萬日圓。

「小姐，妳買到好東西了呢。」我暗自恭賀她的好運氣。

會場太長，無法全畫進畫中

我從十一點半左右開始素描，由於是用目測作畫，所以左右店面的位置漸漸偏斜，無法兜攏。帳篷

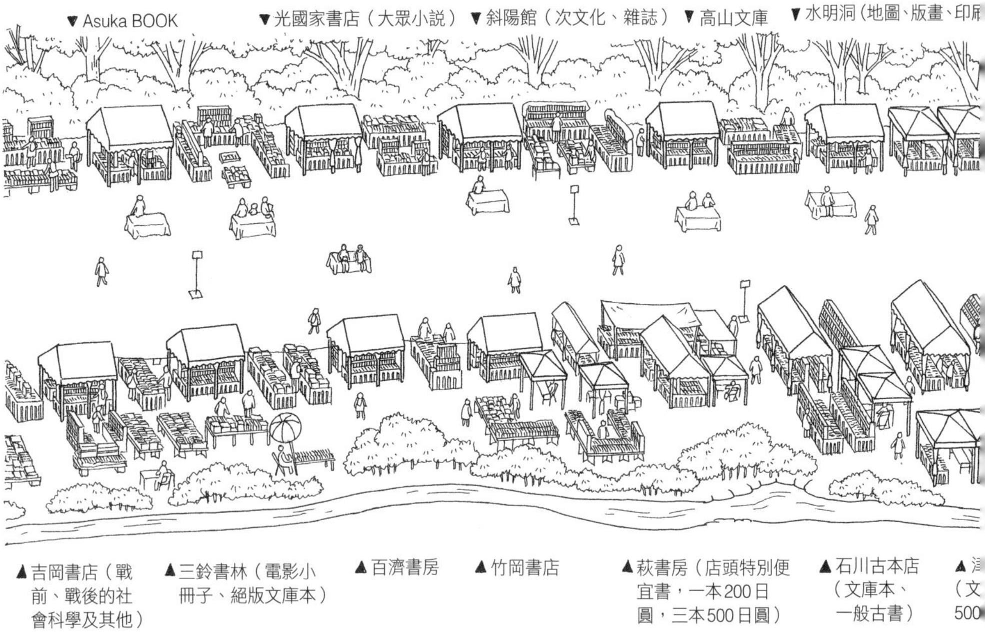

和帳篷間，擺有各種平台和書架，也開始出現一些差錯。我拚命檢查、修改，結果只畫了一半又多一點的距離，三張素描紙已無空間可用。

不得已，只好向總部借來漿糊，再補上一張，湊成四張。因為頗長，作畫極不方便。而且，上午雖然清涼，但現在愈來愈悶熱，手臂的汗水黏在紙上，滲進紙中，起了皺痕。我只能舉手投降。

吃過午飯後，下午繼續挑戰。本以為四張應該就夠畫了，沒想到空間再度用盡，我又再借來漿糊，湊成五張。就像從素描本中跑出長長的卷紙般。

終於，一路畫到了北側入口。雖然有點簡略，但似乎能呈現出舊書市會場的概要。我將長一百一十一公分的素描折疊收好，就像五曲（？）半雙的屏風畫一般（如果是六曲，就是六面，一雙是左右一對，稱之為兩帖，半雙為一帖）。

樹上一樣蟬聲如雨。不久，雨滴打在我臉上，店家開始四處蓋上塑膠布。往年好像每到傍晚總會來上一陣西北雨。

八年前，我四處畫京都的舊書店時，受過不少老闆的照顧，而這次在這裡遇見了他們當中幾位。某位

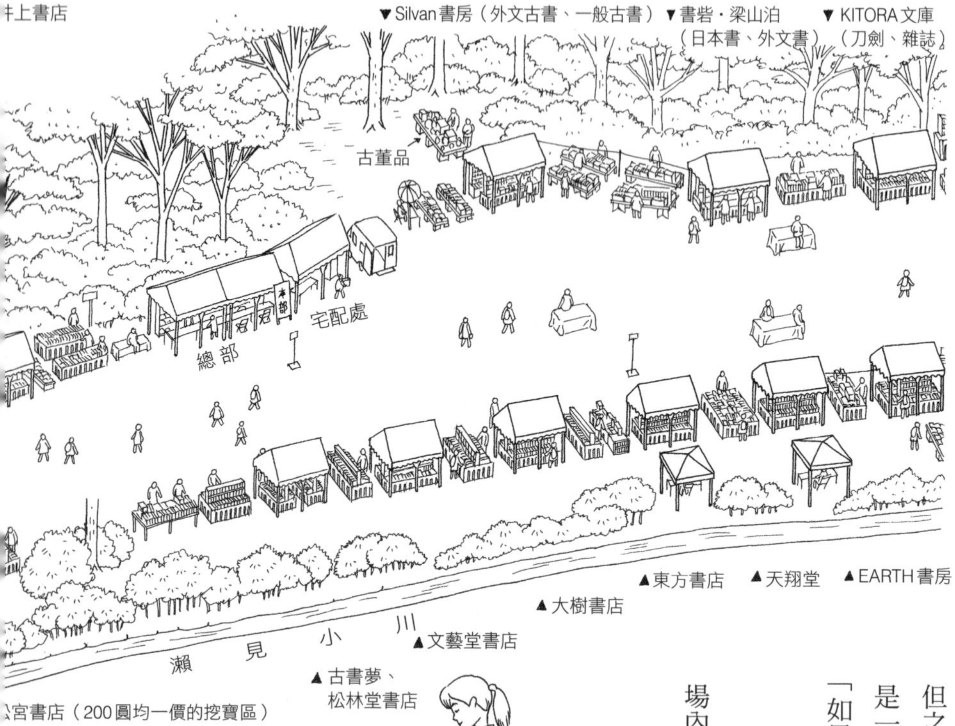
上書店
▼Silvan書房（外文古書、一般古書）
▼書砦・梁山泊（日本書、外文書）
▼KITORA文庫（刀劍、雜誌）
古董品
宅配處
總部
▲東方書店
▲天翔堂
▲EARTH書房
▲大樹書店
瀨見小川
▲文藝堂書店
▲古書夢、松林堂書店
宮書店（200圓均一價的挖寶區）

雪隱
厠
トイレ

會場隨處可見的指示板。帶有娛樂的味道。

不愧是京都，發現穿浴衣的年輕女孩。單肩背包也不會讓人覺得突兀。會送扇子給穿浴衣的客人當禮物。

深受偷書賊所苦的老闆娘說：「被偷的時候很不甘心，但之後發生了一些好事，所以我現在想法也變了。」這是一家專賣佛教書籍的書店。看來，老闆已曉悟（？）「如果對方需要，那也沒辦法」的道理。

看大家都還是老樣子，甚感欣慰。

店家晚上會以帆布嚴密地圍住帳篷，將車子駛進馬場內，整夜在此監視。真是辛苦。

京都與「舊書」

不知道是誰規定的，日語中所謂的「古本」（舊書），是指戰後才發行，比較新的書；至於「古書」，則是明治、大正、戰前出版的舊書，有此區別。附帶一提，江戶時代以前的日本書、卷軸書、掛軸等，則稱之為「古文典

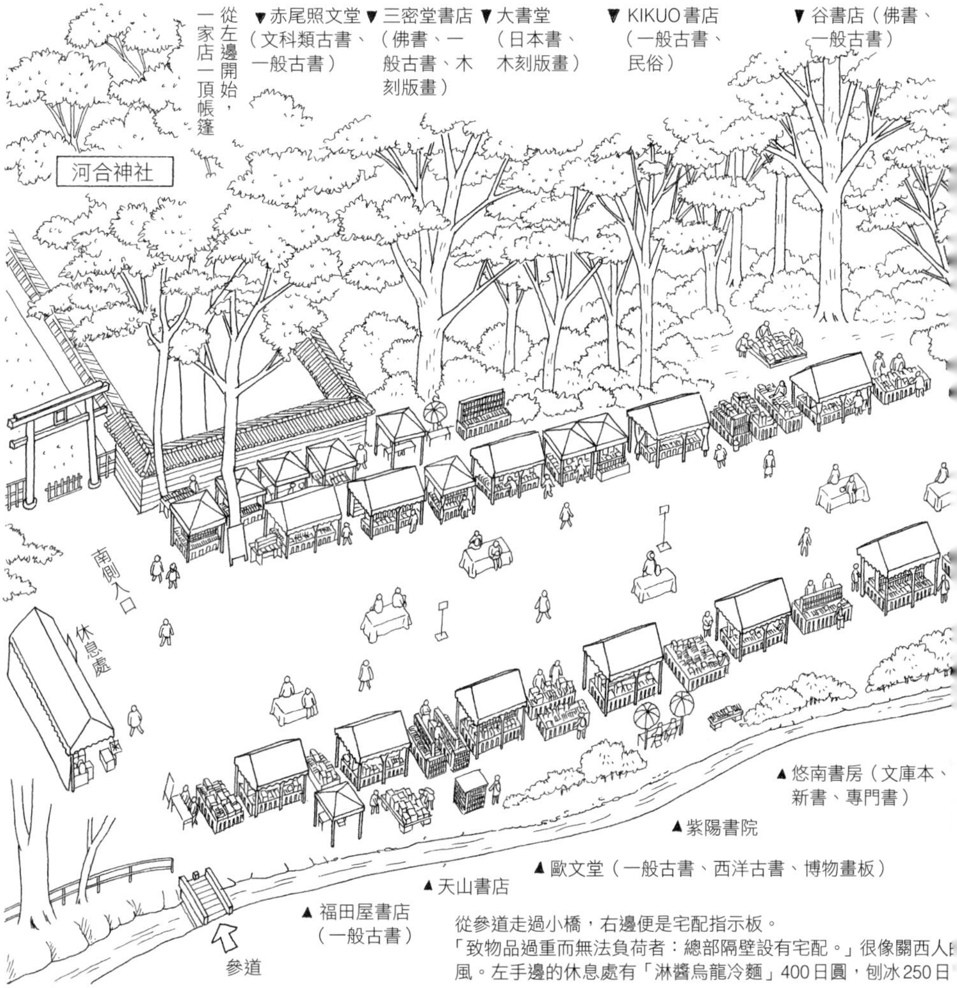

從左邊開始，一家店一頂帳篷
▼赤尾照文堂（文科類古書、一般古書）
▼三密堂書店（佛書、一般古書、木刻版畫）
▼大書堂（日本書、木刻版畫）
▼KIKUO書店（一般古書、民俗）
▼谷書店（佛書、一般古書）
河合神社
南側入口
休息處
▲悠南書房（文庫本、新書、專門書）
▲紫陽書院
▲歐文堂（一般古書、西洋古書、博物畫板）
▲天山書店
▲福田屋書店（一般古書）
參道
從參道走過小橋，右邊便是宅配指示板。
「致物品過重而無法負荷者：總部隔壁設有宅配。」很像關西人的
風。左手邊的休息處有「淋醬烏龍冷麵」400日圓，刨冰250日

籍」。所以若是到專賣古文典籍的店家，叫了老闆一聲「舊書店老闆」，會遭對方白眼。這是東京的情況。

書店街的歷史遠比東京還悠久的京都，販售古文典籍的店家遠比東京來得多。即使是普通的舊書店，角落裡也常擺著成綑的日本書。但在京都，他們會若無其事地說一句「我們是舊書店」。以前我每次前去採訪，總會問對方「您這家店喜歡人家叫舊書店，還是古書店」，而這就是他們給我的答案。在京都，一律稱之為「舊書店」。

就連專賣古文典籍的店家也一樣。

我不禁覺得，京都這地方有其特殊的風土，人們對年代久遠的書籍，會懷著一分親切感，稱之為舊書。

業者稱古書為「黑書」，稱舊書為「白書」。我聽說這種說法是源自於日語中的玄人（老手）和素人（新手），但事實上，古書看起來總是有點黑，而專賣新書的店家則顯得白淨。

「下鴨納涼舊書祭」有不少年輕人和一家老小都來光顧，但很少看到會令行家（不是我）高興的黑書。

各個店家應該也希望能招攬各個層次的客人，而不是只鎖定特定領域的客人；況且，若不這麼做，要連續六天擺攤做生意，恐怕有困難。

會場內沒有嘈雜的廣播和音樂，到了第二天，我已完成原先素描的修正，並四處淘書。

M先生淘書，主要以社會、人文科學類為主。我則是專挑小說和插畫下手。有家店是我老早便鎖定的目標，其實早在舊書祭的首日一開始，我便已偷偷到店裡看過了。

在舊書市裡的收穫

「下鴨納涼舊書祭」是以京都的店家為中心，不過關西圈

收穫的一小部分

(I)池谷
(M)編輯

(I)

《幽靈紳士》（不是紳士幽靈），昭和35年，文藝春秋新社，1,000日圓

(I)

《勝家兒童洋裝流行範本》，大正11年，非賣品。手工童裝的啟蒙以及促銷縫紉機。500日圓

(M)

《日本週報》第303號
昭和29年，日本週報社

文字過火的社會資訊雜誌。買了三本，一本300日圓。

(M)

《對和平論的質疑》，福田恒存，昭和30年，文藝春秋新社，附書衣，200日圓

的店家也會參加。特別吸引我注意的，是一位大阪業者的帳篷，它以豐富的娛樂小說庫存書聞名。

雖然沒有令我期待的商品，但我買了一本柴田錬三郎的《幽靈紳士》。

柴田錬三郎是個有名的說故事高手，不論是現代、推理，還是時代小說，他樣樣精通。《幽靈紳士》也是一部精心傑作。不過，更吸引我注意的，反而是佐野繁次郎的裝幀。

與其說佐野是關心美術的人，不如說他是在舊書迷當中無人不曉的畫家。

這應該是他承接許多裝幀的工作和個人魅力使然。事實上，有不少人曾列出佐野裝幀過的書籍名單，但當中有不少遺漏。今年四月，在「東京車站觀光藝廊」舉行佐野繁次郎展，但是在圖錄卷末的作品名單中，並未提到《幽靈紳士》（有些名單會提到）。

我對佐野裝幀的作品頗感興趣，這對我來說，算是一項小收穫。

此外比較特別的，還有大正十一年（一九二二），勝家縫紉機免費發給顧客的彩色小冊子《勝家兒童洋裝流行範本》，上頭美麗的圖畫和誇張的宣傳文字，頗引人注意。內文裡頭寫道，日本童裝若是看在歐美人眼中，一定覺得太長、難看、很不搭調；而且還提到，近代的日本家庭一定都需要勝家縫紉機。此種充滿自信的歌誦文句相當有趣。只不過，孩子長得快，因此以前的人都不能穿剛好合身的衣服。〈衣服寬鬆的一年級生〉這首歌，清楚呈現出當時的家庭狀況。

在M先生的戰利品中，《日本週報》這本古怪的雜誌，標題的句子同樣讓人很感興趣。諸如「宣戰詔書絕對不假」、「人在精神病院的吉田首相千金」等等。此外，福田恒存的《對和平論的質疑》，據說是本名著（參照前頁插圖）。

在宛如圖畫般的舊書市裡，快樂的採訪工作就此結束。離去時，我在期盼已久的「豬田咖啡」（INODA）喝了杯咖啡，消除一天的疲勞後，就此踏上歸途。

5

書蟲潛入的昆蟲迷世界

第49屆昆蟲博覽會

不好意思，提件老掉牙的事。十三年前，有齣星期五劇場名叫〈永遠愛著你〉。劇中佐野史郎飾演一位名叫「冬彥」的男子，他有戀母情節，同時也是個昆蟲迷，害得當時許多正常的昆蟲愛好者無故惹來不少白眼。

我當時只看過一次，大為驚訝。有一幕是冬彥情緒激動，將標本箱砸毀。裡頭擺有來自世界各地、五彩繽紛的蝴蝶。我從這裡看出，冬彥絕不是昆蟲迷。

這次舊書蟲[1]潛入昆蟲迷的世界。現場究竟會是什麼樣的情況呢？

一年一度的昆蟲迷慶典

每年九月二十三日的秋分，以首都圈為主的昆蟲迷會朝大手町的「產經會館」聚集，因為會在此場地

1 日文作「古本蟲」，指涉獵頗深的舊書迷。

昆蟲博覽會會場
（大手町產經會館）四個會場合計占地900平方公尺以上
對業者和同好來說，這是一年一度的同樂會(?)
長戟大兜蟲活蟲，公母合賣4萬日圓。
也有忙著到其他攤位尋寶的人
也販售昆蟲食用的植物。
紙箱裡裝的是尚未展翅或展腳的標本，比較便宜。
各自帶著標本箱隨行，挑選自己喜歡的商品購買。在會場也能買到各種標本箱。
也有舊書攤位

舉辦「昆蟲博覽會」。

在博覽會中，有來自日本各地的業者、將夏天採集到的昆蟲帶來這裡販售的一般民眾，製作的標本、活蟲、昆蟲相關書籍、昆蟲道具的攤位，四個會場合計約有九百三十平方公尺大，展覽就此展開，現場擠滿上千名的客人，人山人海。特別是東京的昆蟲博覽會，與全國各地舉辦的博覽會相比，不僅規模大出許多，現場也比較熱絡。我從二十年前便常來光顧。

當天十一點，討人厭的……不，是不喜歡昆蟲的編輯M先生，和我一起來到會場。

因為早上十點便已開場，所以裡頭擠滿了人。大家都各自帶著標本箱，一看到喜歡的標本，便當場付費，從攤位的標本箱中取出標本，放進自己的箱子中。

大部分的蝴蝶都做成展翅標本，但大部分的甲蟲都是乾燥後縮成一團，直接包覆起來販售。M先生說：「展腳的昆蟲看起來像標本，而直接包起來的昆蟲看起來就像屍體。」看在興趣缺缺的人眼中，確實是如此。

今年展腳的甲蟲很少，唯獨長戟大兜蟲的展腳標本特別引人注目。大型的甲蟲有時也很方便展腳。十四公分的大小，售價達兩到三萬日圓。

我鎖定的目標是北美產的耀金龜。如同牠字面的含意，這種擁有金屬光澤，仿如白金打造般，像寶石般美麗的金龜子，一隻售價高達一到三萬日圓。我已擁有三隻，但我還想再買一隻。

昆蟲迷喜歡亞種

前面提到的冬彥，不過只是喜歡昆蟲而已，若是真正的昆蟲迷，喜歡亞種（介於原種與變種間的位置）更勝於原種（擁有物種原本遺傳特性者）。

接下來要談的，會比較艱澀難懂一些。某品種的蝴蝶會因地區不同，顏色和斑紋也隨之不同。而在甲蟲的世界，步行蟲類從北海道到九州，其翅膀顏色有黑色、綠色、紅銅色、青色、紫色等變化，因此成為昆蟲迷收集的對象。牠們會因應各個地區而有不同名稱，而且不同的亞種，很適合深入研究。因此，昆蟲迷的標本箱裡，乍看之下羅列的都是同樣的昆蟲。冬彥那齣戲的道具組人員，想必是以為只要隨便擺幾隻昆蟲充數就行了。雖然這只是無關緊要的小細節。

附帶一提，我除了舊書、版畫、昆蟲外，也以玩票性質收藏了一些物品，不過，「獨特、美麗」是我收集的關鍵字，所以我對分類不會太斤斤計較。我的標本箱，程度和「冬彥」差不多。

深為螞蟻著迷

在昆蟲博覽會中，從事昆蟲買賣的人，都是以興趣當職業。就整體來說，他們都是個性恬淡、熱中研究、喜好自然的善良人士。但某些業者以自虐的口吻說：「我們都是無法好好融入社會中的人。」話雖如此，他們當中有不少人對昆蟲生態的知識勝過學者，一面充實自己的收藏，一面自費出版包含國內外各種新品種昆蟲的圖鑑，留下豐功偉業。

在這次的博覽會中，首次擺攤的「螞蟻房」老闆島田拓先生，從小便深為螞蟻著迷，透過自學，設計出能以趨近自然的方式觀察螞蟻生態的「螞蟻機」，並加以商品化。

請各位看第四十七頁的圖。看起來很像實驗器具，但它是配合土中濕度百分之七十至八十的情況，設定為以蟻后為中心的螞蟻家族，以此加以觀察。若細心飼養，蟻后可以存活十至二十年。此外，蟻群中誕生的都是雌蟻，約多達一千隻的蟻群才會誕生出一隻公蟻，這也是我第一次得知的事。為了便於觀察蟻群，他從山中採集大型的暗足弓背蟻，移往螞蟻機中。對長期飼養的方式有詳細指導的教科書，也幾乎都是他靠自學撰寫而成。

另外，「螞蟻機」還有簡易的二號版，以及簡單的壓克力飼育盒。他的商店只要輸入ANTROOM這個關鍵字搜尋，便能找到他的網站，能對飼育用品和螞蟻生態有進一步的了解。

除此之外，會場商品以標本為主，每年都會有各種商品展示販售。

標本並不是什麼罕見的品種，但可以看到我喜歡的亞馬遜長臂天牛。如同插畫所示，牠也曾在電影印第安那瓊斯系列《魔宮傳奇》中登場。也看到了幾隻前面提到的耀金龜，但很遺憾，價格沒談攏，只好決定下次再來買第四隻耀金龜。

這方面的舊書，早從多年前便已出現在舊書店和郵購業者中，邂逅了幾本在神保町也難得一見的珍品。對戰前的昆蟲少年而言，地位猶如教祖般的加藤正世，其著作《昆蟲的生活研究》相當難得一見。

新出版的昆蟲圖鑑，其充實的內容令人瞠目。如今在昆蟲圖鑑方面，日本可說是仗著民間收藏者對收集的熱情，才得以位居全球領先的地位。從塚田悅造的《東南亞島嶼的蝴蝶》，到蟲社的《世界步行蟲大圖鑑》等系列，ＥＳＩ《花金龜》、《吉丁蟲》、《長臂金龜、甲蟲》、《鍬形蟲Ｉ．II》、《鳥翼蝶》、《世界稀有鳳蝶全種》等圖鑑，蟲研的《日本產鍬形蟲大圖鑑》等，不勝枚舉。

昆蟲迷本著收藏家精神，完整收集這些原種、亞種，以及變種，製作標本也完全講究左右對稱，擺好腳的形狀，讓鉤爪呈Ｖ字形，可說是昆蟲迷的熱情所呈現的結晶。

介紹今天的戰利品

我喜歡甲蟲，所以標本中很少有蝴蝶。而且，讓甲蟲展腳，擺出好看的形狀，是我的嗜好。

將乾燥縮成一團的昆蟲（請參考會場插圖），以吸滿水的衛生紙包覆，擱置一天，待其關節變軟後，伸長其六肢，立起觸角，讓鉤爪呈Ｖ字形，以圖釘固定，再讓它晾乾兩天，便大功告成。有些三流的展腳標本，模樣就像在跳阿波舞，所以還是自己親手製作方為上策。

在第四十八頁的插圖中，大擬透翅蛾相當有意思。這並不是什麼罕見的品種，但光聽這名字，誰也猜不出是什麼東西。連同我在內，幾乎大部分人都一致認為牠是透翅蛾的同類，但攤位裡有名年輕人卻直說不是，在會場裡四處找蛾類專家，最後得到的結論是，牠不是透翅蛾，而是擬燈蛾。

這名四處找人詢問的年輕人，原來是曾經在電視冠軍昆蟲王中登場的人物。

我回家後翻找圖鑑，牠果真是屬於擬燈蛾科的大擬透翅蛾，是一種鑲著黑邊、翅膀透明的美麗飛蛾。

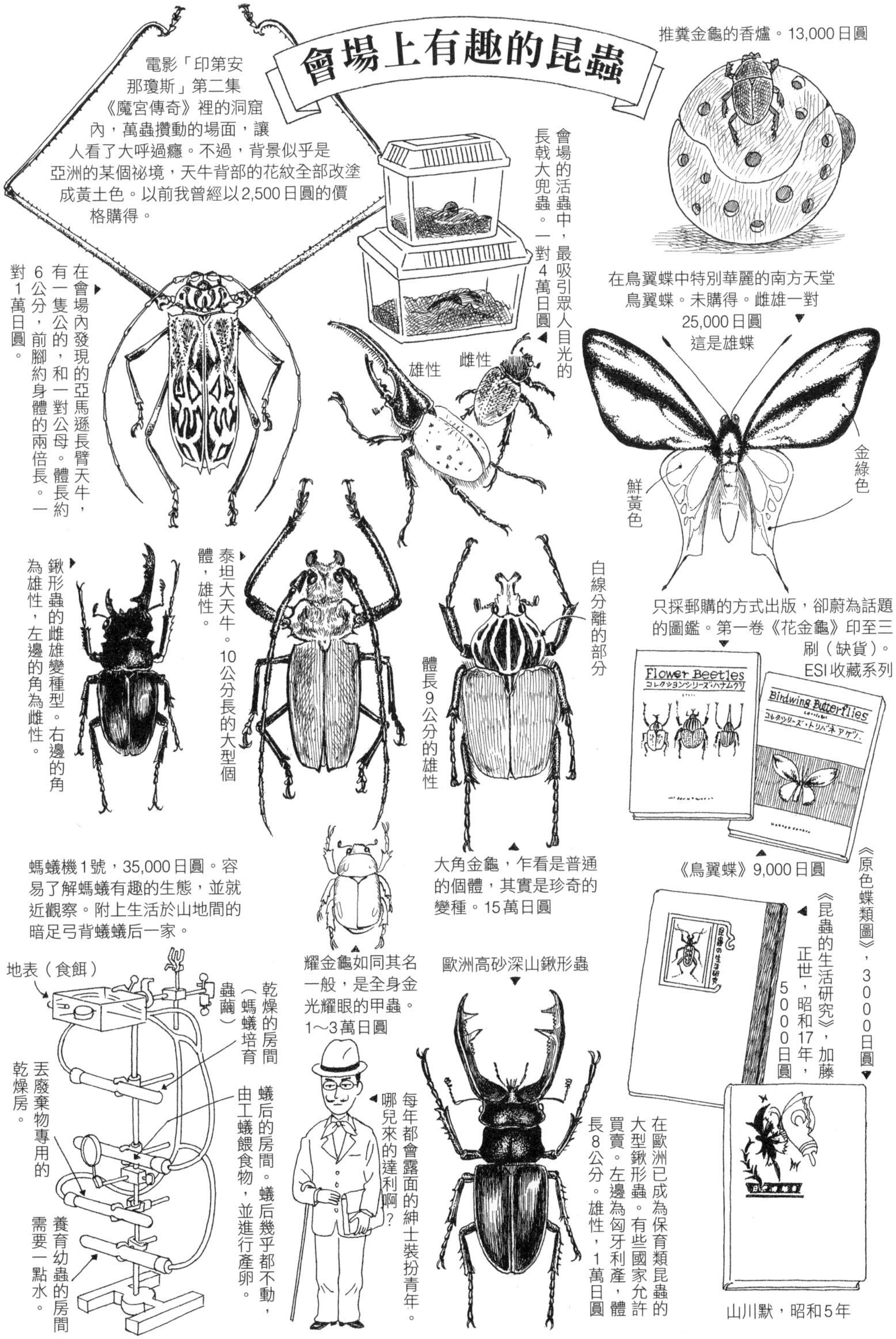
會場上有趣的昆蟲
電影「印第安那瓊斯」第二集《魔宮傳奇》裡的洞窟內，萬蟲攢動的場面，讓人看了大呼過癮。不過，背景似乎是亞洲的某個祕境，天牛背部的花紋全部改塗成黃土色。以前我曾經以2,500日圓的價格購得。
會場的活蟲中，最吸引眾人目光的長戟大兜蟲。一對4萬日圓
雄性
雌性
推糞金龜的香爐。13,000日圓
在會場內發現的亞馬遜長臂天牛，有一隻公的，和一對公母。體長約6公分，前腳約身體的兩倍長。一對1萬日圓。
在鳥翼蝶中特別華麗的南方天堂鳥翼蝶。未購得。雌雄一對25,000日圓
這是雄蝶
金綠色
鮮黃色
鍬形蟲的雌雄變種型。右邊的角為雄性，左邊的角為雌性。
泰坦大天牛。10公分長的大型個體，雄性。
體長9公分的雄性
白線分離的部分
只採郵購的方式出版，卻蔚為話題的圖鑑。第一卷《花金龜》印至三刷（缺貨）。ESI收藏系列
Flower Beetles
Birdwing Butterflies
《鳥翼蝶》9,000日圓
大角金龜，乍看是普通的個體，其實是珍奇的變種。15萬日圓
螞蟻機1號，35,000日圓。容易了解螞蟻有趣的生態，並就近觀察。附上生活於山地間的暗足弓背蟻蟻后一家。
《原色蝶類圖》，3000日圓
《昆蟲的生活研究》，加藤正世，昭和17年，5000日圓
地表（食餌）
乾燥的房間（螞蟻培育蟲繭）
耀金龜如同其名一般，是全身金光耀眼的甲蟲。1～3萬日圓
歐洲高砂深山鍬形蟲
丟廢棄物專用的乾燥房。
蟻后的房間。蟻后幾乎都不動，由工蟻餵食物，並進行產卵。
每年都會露面的紳士裝扮青年。哪兒來的達利啊？
在歐洲已成為保育類昆蟲的大型鍬形蟲。有些國家允許買賣。左邊為匈牙利產，體長8公分。雄性，1萬日圓
養育幼蟲的房間，需要一點水。
山川默，昭和5年

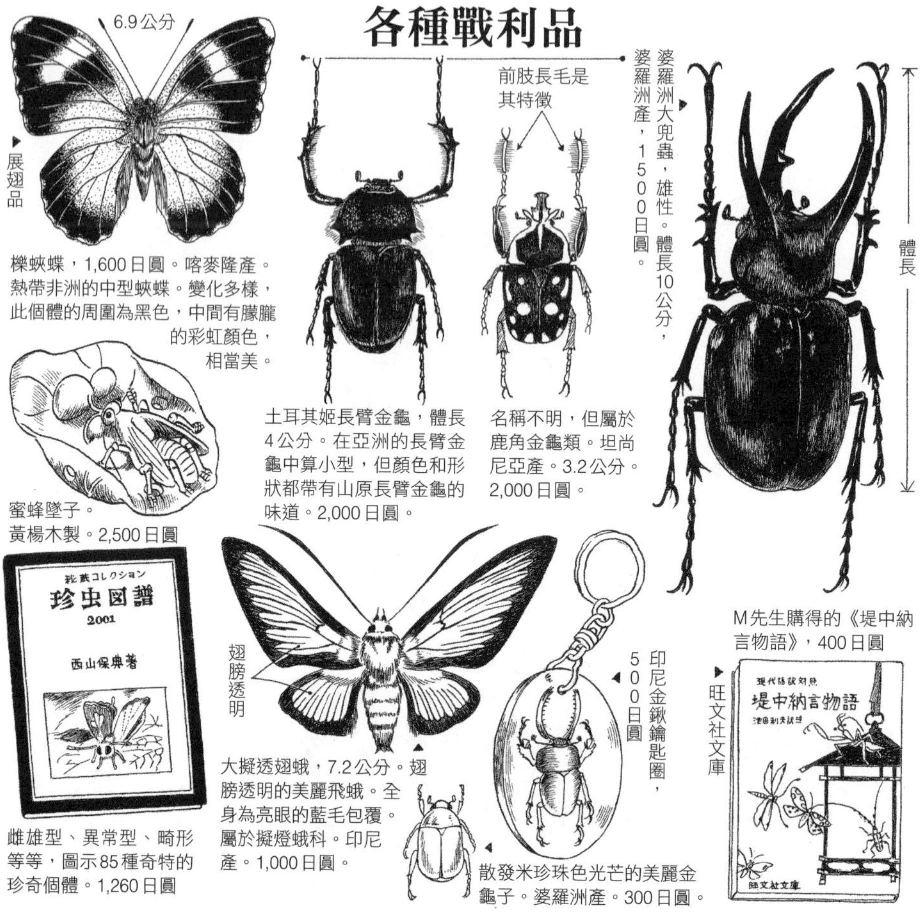
各種戰利品
6.9公分
展翅品
櫟蛺蝶，1,600日圓。喀麥隆產。熱帶非洲的中型蛺蝶。變化多樣，此個體的周圍為黑色，中間有朦朧的彩虹顏色，相當美。
前肢長毛是其特徵
婆羅洲大兜蟲，雄性。體長10公分，婆羅洲產，1500日圓。
體長
土耳其姬長臂金龜，體長4公分。在亞洲的長臂金龜中算小型，但顏色和形狀都帶有山原長臂金龜的味道。2,000日圓。
名稱不明，但屬於鹿角金龜類。坦尚尼亞產。3.2公分。2,000日圓。
蜜蜂墜子。黃楊木製。2,500日圓
秘蔵コレクション
珍虫図譜
2001
西山保典著
雌雄型、異常型、畸形等等，圖示85種奇特的珍奇個體。1,260日圓
翅膀透明
大擬透翅蛾，7.2公分。翅膀透明的美麗飛蛾。全身為亮眼的藍毛包覆。屬於擬燈蛾科。印尼產。1,000日圓。
印尼金鍬鑰匙圈，500日圓
散發米珍珠色光芒的美麗金龜子。婆羅洲產。300日圓。
M先生購得的《堤中納言物語》，400日圓
旺文社文庫
現代語訳対照
堤中納言物語
旺文社文庫

此外，前腳長著密毛的花金龜，雖然不知道牠叫什麼名字，但相當奇特有趣。這個昆蟲名稱有點籠統，翻找圖鑑，卻又都不盡相同。

我最喜歡的甲蟲名叫印加鹿角花金龜，又叫印加虎斑花金龜、印加鹿角金龜。哪個才正確，也說不得準。

M先生買了一本古書《堤中納言物語》。他果然對昆蟲沒半點興趣。封面上畫的昆蟲，看得出有參考圖鑑，右下方的天牛畫得相當正確。

做成標本的天牛，會讓其觸角往後倒，不過牠活著的時候，是像圖中所畫一樣往前伸。

昆蟲博覽會的主辦者，同時也是在昆蟲世界裡以蟲山蝶太郎的筆名聞名的西山保典先生，他

撰述的《珍蟲圖譜》是一本很特別的圖集。他以彩色照片來介紹他個人收藏的雌雄型、畸形、異常型等珍奇個體。

如今的昆蟲世界

最後，我想思考的問題，是如今昆蟲世界到底發生了什麼事。

之前因為觸及「植物防疫法」，所以活的昆蟲一律不准進口，但在熱心人士的請願下，只有不被認定為害蟲的甲蟲類解除了這項限制（蝴蝶需要食用的植物，所以全部沒通過許可）。

現在外國產的甲蟲有五十三種、鍬形蟲有四百九十六種通過許可，目前已進入數百萬隻。

對此，也有昆蟲相關團體提出外來品種會帶來危險的說法，指出因為昆蟲的放生和逃走，造成日本固有品種的生態大亂。

另一方面，也有人提出不同的意見，認為東南亞、南美等地區的昆蟲，因為氣候環境和日本不同，生存有困難。而且引進外來昆蟲，能給孩子們夢想（請參考文藝春秋《日本的論點二〇〇三》）。

黑巴斯和藍鰓擾亂日本淡水魚的生態，鱷魚、錦蛇、蠍子、鬣蜥等，也常四處出沒，而昆蟲的進口才剛開始不久，目前正確的情況報告還很少。

6

秋日心情樂，樂在神保町

第46屆神田舊書祭

喜好讀書的日本人真是幸福。如果是東京都的居民，那又更應該感謝上蒼了，因為他們擁有神保町這個樂園。

「舊書這種東西，我連碰都不想碰。」會說這種話的人，可說是對書的樂趣毫無半點認識。神保町裡多的是寫有古今中外各種知識的珍貴書籍、名著、奇書。此外，還有一年一度的「神田舊書祭」。舊書愛好者、舊書迷、讀書人，都會前來朝聖的神保町，究竟是個什麼樣的市街呢？從沒去過的舊書愛好者竟然出奇的多。為了這些同好，就讓我來告訴你們舊書祭及神保町的魅力何在吧。希望大家一定要找機會親自一觀究竟。

世界首屈一指的書街活動

一年一度「書的祭典」，可分為以古書為主的「青空挖寶市場」、古書會館舉行的「特選古書特賣展」，以及出版社釋出的新書特賣會「花車大特賣」（鈴蘭通）、「慈善拍賣會」等活動。

青空挖寶市場（岩波會場）

前者稱為「神田舊書祭」，後者稱作「神保町書市嘉年華」。此外也會有簽名會和脫口秀，每個人鎖定的目標場所都不同。

神保町有一百六十多家舊書店聚在這狹小的地區裡，是世上獨一無二的舊書街。而且可以讀到許多世界名著、外國文學的翻譯作品，全都是便宜的文庫本古書。肯特・戴瑞考特（Kent Derricott）也曾說過：「像這種市街，不論是美國還是歐洲都看不到。」（？）

自從我十八歲上東京後，幾乎每年（其實是每週）都會光顧這裡。今年也一樣，舊書祭首日便趕往神保町。

我先與熟識的編輯M先生約好，十點三十分在古書會館的「特選古書特賣展」碰面。

我從事前寄來的書目清單中，看上裡頭的日夏耿之介的詩集《黑衣聖母》（初版、附書盒一萬兩千日圓），並提出抽選申請。我確信自己會抽中，因而向清單負責人詢問。一般來說，要買這本書，少說也得要六到八萬日圓。負責人比對書名和我的名字後，對我說「您抽中了」。我心

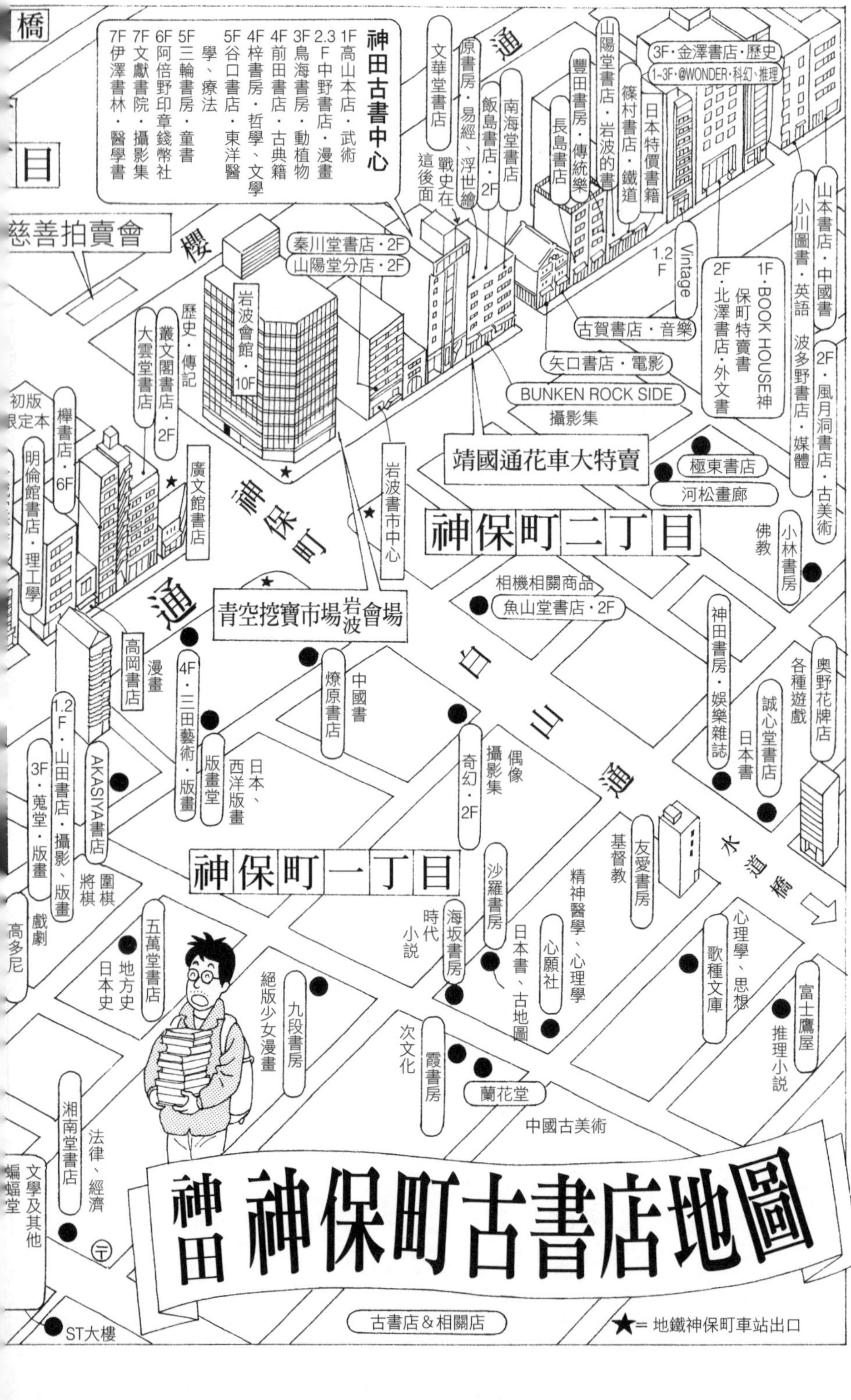
神田 神保町古書店地圖
神田古書中心
1F 高山本店・武術
2.3F 中野書店・漫畫
3F 鳥海書房・動植物
4F 前田書店・古典籍
4F 梓書房・哲學、文學
5F 谷口書店・東洋醫學、療法
5F 三輪書房・童書
6F 阿倍野印章錢幣社
7F 文獻書院・攝影集
7F 伊澤書林・醫學書
文華堂書店
原書房・易經、浮世繪
飯島書店・2F
南海堂書店
長島書店
豐田書房・傳統樂
山陽堂書店・岩波的書
篠村書店・鐵道
日本特價書籍
3F・金澤書店・歷史
1~3F・@WONDER・科幻、推理
山本書店・中國書
小川圖書・英語
波多野書店・媒體
2F・風月洞書店・古美術
1F・BOOK HOUSE神保町特賣書
2F・北澤書店・外文書
1.2F Vintage
古賀書店・音樂
矢口書店・電影
BUNKEN ROCK SIDE
攝影集
戰史在這後面
秦川堂書店・2F
山陽堂分店・2F
岩波會館・10F
靖國通花車大特賣
極東書店
河松畫廊
歷史・傳記
大雲堂書店
叢文閣書店・2F
初版本 限定本
欅書店・6F
明倫館書店・理工學
廣文館書店
岩波書市中心
神保町二丁目
小林書房
佛教
相機相關商品
魚山堂書店・2F
青空挖寶市場 岩波會場
神田書房・娛樂雜誌
奧野花牌店
各種遊戲
誠心堂書店
日本書
高岡書店
漫畫
4F・三田藝術・版畫
版畫堂
日本、西洋版畫
燎原書店
中國書
奇幻・2F
偶像攝影集
1.2F・山田書店・攝影、版畫
3F・蒐堂・版畫
AKASIYA書店
圍棋 將棋
神保町一丁目
沙羅書房
日本書、古地圖
友愛書房
基督教
精神醫學、心理學
心願社
歌種文庫
心理學、思想
富士鷹屋
推理小說
海坂書房
時代小說
五萬堂書店
地方史 日本史
戲劇
高多尼
絕版少女漫畫
九段書房
霞書房
次文化
蘭花堂
中國古美術
湘南堂書店
法律、經濟
文學及其他
蝙蝠堂
ST大樓
慈善拍賣會
櫻
神保町通
白山通
水道橋
橋
目
古書店&相關店
★= 地鐵神保町車站出口

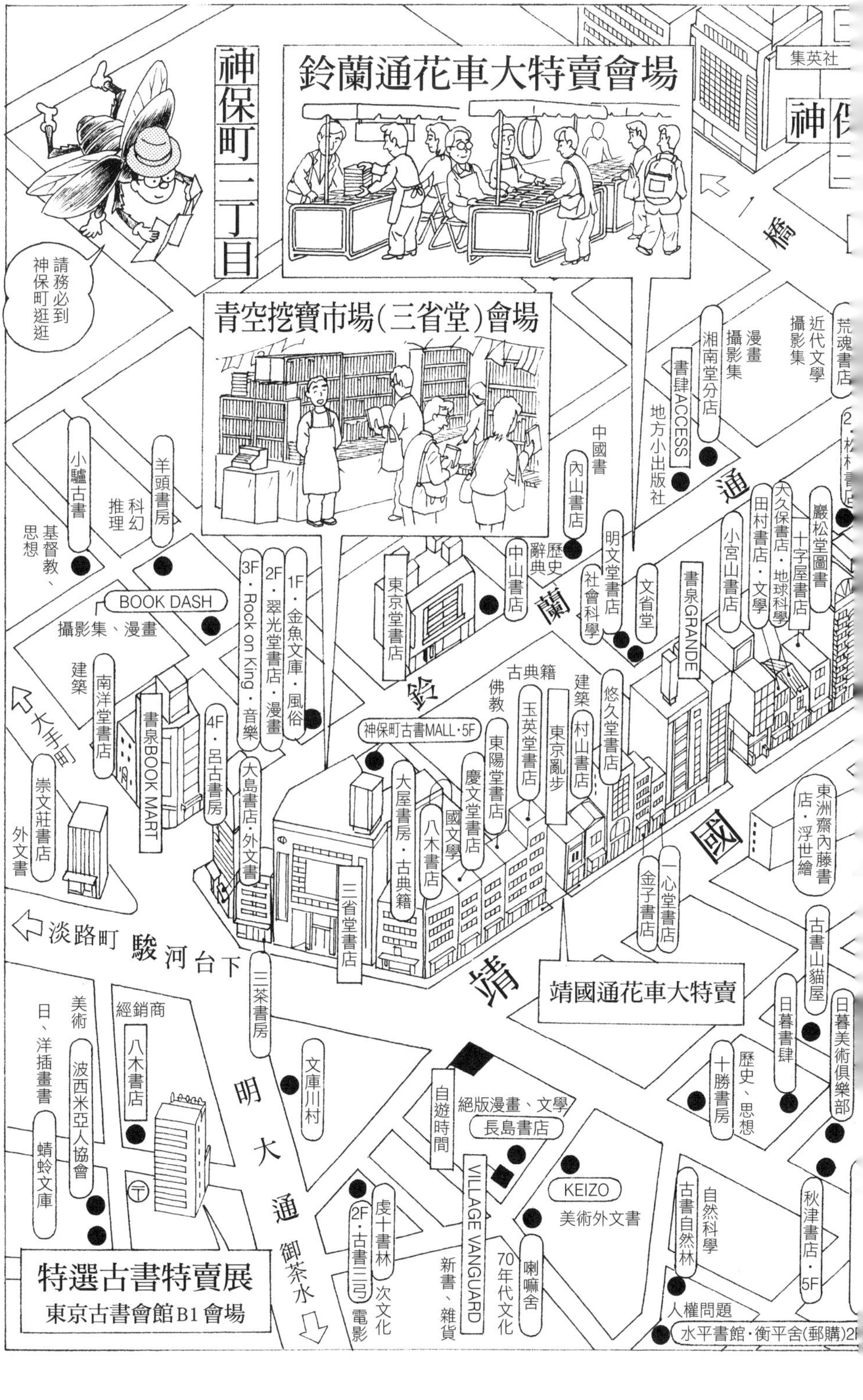

神保町二丁目
鈴蘭通花車大特賣會場
集英社
神保町二丁目
請務必到神保町逛逛
橋
青空挖寶市場(三省堂)會場
荒魂書店
近代文學
攝影集
漫畫
攝影集
湘南堂分店
書肆ACCESS
地方小出版社
中國書
內山書店
小驢古書
基督教、思想
羊頭書房
科幻
推理
BOOK DASH
攝影集、漫畫
1F・金魚文庫・風俗
2F・翠光堂書店・漫畫
3F・Rock on King・音樂
東京堂書店
中山書店
歷史
辭典
明文堂書店
社會科學
文省堂
書泉GRANDE
小宮山書店
田村書店・文學
大久保書店・地球科學
十字屋書店
巖松堂圖書
通
蘭
鈴
南洋堂書店
建築
書泉BOOK MART
4F・呂古書房
大島書店・外文書
神保町古書MALL・5F
大屋書房・古典籍
八木書店
國文學
慶文堂書店
東陽堂書店
佛教
玉英堂書店
古典籍
東京亂步
村山書店
建築
悠久堂書店
金子書店
一心堂書店
東洲齋內藤書店・浮世繪
國
大手町
崇文莊書店
外文書
三省堂書店
淡路町
駿河台下
三茶書房
靖
靖國通花車大特賣
古書山貓屋
日暮書肆
日暮美術俱樂部
美術
日、洋插畫書
經銷商
八木書店
波西米亞人協會
蜻蛉文庫
明
大
通
文庫川村
自遊時間
絕版漫畫、文學
長島書店
十勝書房
歷史、思想
KEIZO
美術外文書
VILLAGE VANGUARD
新書、雜貨
70年代文化
喇嘛舍
虔十書林
2F・古書三弓
次文化
電影
古書自然林
自然科學
人權問題
秋津書店・5F
水平書館・衡平舍(郵購)2F
御茶水
特選古書特賣展
東京古書會館B1會場

想：「太好了。我的籤運還是一樣好！」

然而，等了好久都不見商品出現。接著得到的回答是：「不好意思，您沒抽中。」就像前一陣子，高中棒球選手在新人選秀中落選時的沉痛心情般，我很能體會那種感覺。

重新振作精神後，先從舊外文書找起。「特選古書特賣展」不同於平時的特賣展，像崇文莊書店、田村書店外文書部、大屋書房、日本書房等老店也都會參加，是一年僅只一次，採大眾走向的特賣展。有許多珍品。能發現不少採用模版印刷插畫的優雅法國古書、漂亮的動植物圖鑑、錦繪、圖集、卷軸書等古文典籍。

逛了約莫一個小時後，我決定買下英國的手工彩色植物畫譜《庭園之友》（九萬八千日圓）。如果是十年前，應該價值十五、六萬日圓。

手工彩色畫的上色大多很隨便，但這本書的彩色技術、鮮豔的用色，都相當突出，其畫工之講究，連我這個算是和繪畫工作沾得上邊的人也為之讚嘆。

另外，此次最受矚目的商品，莫過於藤村操的《煩悶記》。從舊書祭開辦前一個月便已蔚為話題，因為目前世上僅只這麼一本。

藤村操應該不需要我在這裡多加說明了吧。年僅十七，便飛身投入華嚴瀑布而身亡，是相當早熟的天才高一生。

《煩悶記》原本是谷澤永一先生所珍藏，但過去沒人知道，由於此書重新裝幀，所以無法看出當時出版的原貌。

新聞各大報也都在談論這個話題，幾乎都斷定《煩

《煩悶記》藤村操
明治40年，147萬日圓

悶記》為「偽書」，但卻沒有詳細的陳述。此外，關於書的外觀也沒任何資料。《煩悶記》當時被列為禁書，無法推斷究竟有幾本書在世上流通。

藤村生前並無著作，有的只是他在華嚴瀑布附近的樹幹上以毛筆寫下的《巖頭之感》，以及一些書信文章。此書的書名，可能是取《巖頭之感》中的「煩悶」二字來命名。此外，我曾聽人說，編纂者岩本無縫才是真正的執筆者，或是藉由藤村之名，寫出類似他風格的文章。

書目清單上沒有書的外觀，只在角落上寫著書名、作者、明治四十年、一百四十七萬日圓，但似乎有不少人提出申請，參與抽選。當然不知最後是由何方人士購得，但可以確定的是，這為低迷的古書業界吹來一陣強風，令人振奮。然而，最後還是沒能在會場裡透過玻璃櫃一窺《煩悶記》的風采。

編輯M先生在古書會館淘得三本書，接著就前往「青空挖寶市場」的會場。

記得以前我剛上東京時，是以猿樂町的錦華公園當會場，但店內採年輪蛋糕狀的配置，人潮擁擠時，進出極不方便。在公園舉辦活動，引來附近國小一再抱怨，而且離靖國通相當遙遠，所以現在才會分成岩波與三省堂會場這兩處。

「青空挖寶市場」從十月二十八日一直到十一月三日，會期頗長，而且有不少雜書，很受歡迎。

我去年在那裡買到東京創元社世界推理小說全集當中的《消失的伊莉莎白》、《鸚鵡的復仇》、《關不住的墓地》等，都是很難買到的作品，還有附書盒、月報、書卡的精美書籍，每本只要四百日圓，我一口氣買了八本，欣喜若狂，但今年卻沒什麼斬獲。

M先生的戰利品比插圖中畫的還多，在此介紹其中一部分。裡頭特別的是三田村鳶魚編的《江戶前期輪講》，內容似乎相當有趣。最特別的是，它還附青蛙房的書盒，只花三百日圓便購得，真不簡單！

此外，各出版社的庫存書當中，有點髒污或是沒賣出的書籍，也都大幅降價拋售，我在鈴蘭通的「花車大特賣」中找到地方出版社發行的作曲家傳記《古關裕而物語》。古關裕而曾創作過許多運動名曲，例

《東日時局情報》

昭和13年1月，東京日日新聞社。時局讀本。特＝魚山堂書店，300日圓（M）

《特集文藝春秋》

昭和32年4月。除了政界人士的手札外，還有暗殺吉田茂的計畫。特＝魚山堂書店，200日圓（M）

《支那論》內藤湖南

昭和13年，創元社（再版，昭和15年第16版）。近代中國政治、社會論。特＝日暮書肆，1,000日圓（M）

《江戶前期輪講》附書盒

昭和35年，三田村鳶魚編，青蛙房。林若樹、山中共古等人的座談語錄。青300日圓。這本真是賺到了。（M）先生硬是要得！

神田舊書祭的收穫

第46屆

（I）池谷　（M）編輯

特＝舊書會館「特選舊書特賣展」青＝青空挖寶市場

花花車大特賣，在鈴蘭通、靖國通購得。

《柳家小三藝談、食談、豔談》

（M）

昭和50年，大和書房，興津要編，青1,000日圓

（I）

《古關裕而物語》，平成12年，歷史春秋社。〈露營之歌〉（拿出勇氣，一定要贏……）、〈你的名字〉、阪神隊〈六甲落山風〉、巨人隊〈拿出鬥魂〉，留下許多名曲的知名作曲家傳記。齋藤秀隆著，在地方小出版社的攤位購得。花900日圓（半價）

（M）

《與露伴共遊》，鹽谷贊，附書盒昭和47年，創樹社。與根岸的文人交遊的紀錄。青1200日圓

《耶穌畫物語》昭和23年凸版畫

（I）

連內文也設計成裝飾抄本風格，感覺得出其細心和善心的繪本。賀川豐彥的名詩，加上仿宗教畫的石川夏男全頁彩色圖畫。21.5×20.5公分，24頁。特＝日本書房，1,000日圓。

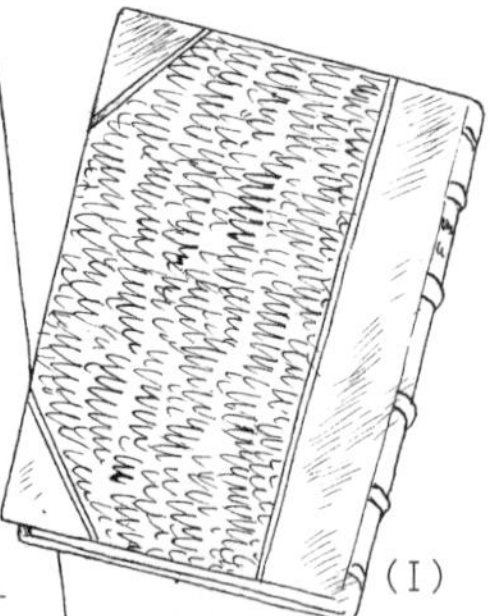

（I）

《庭園之友》，1852年倫敦。當中有二十張石版手工彩色畫，在出版許多知名植物圖鑑的英國當中，仍算是製作特別精美的一本書。用心的彩色與鮮豔的圖畫，令人不自主地讚嘆。特＝崇文莊書店，98,000日圓

（I）《人生郵票》

武井武雄的印刷作品65號，昭和41年。貼有十六種彩色銅版郵票。武井纖細的畫作充滿魅力。15×12公分。在小宮山書店購得。12,000日圓

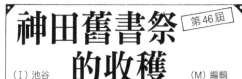

如NHK〈運動表演進行曲〉、早稻田大學加油歌〈紺碧天空〉、慶應大學的〈吾乃霸者〉、高中棒球的〈光榮因你而閃耀〉〈奧林匹克進行曲〉、阪神隊〈六甲落山風〉、巨人隊〈拿出鬥魂〉等。請別說我沒堅持立場，真的每一首都是好歌。

請務必到神保町一遊

當初我因為想逛神保町，才到東京來。由於當時過著極度貧窮的生活（現在則是普通貧窮），所以只買得起便宜的舊書。便宜的書和昂貴的書一同擺在客人面前，這正是神保町充滿包容力的一面。有時也能在展示間裡目睹難得一見的奇書、珍本、古文典籍等等。當然了，就算是鎖定均一價書籍或是雜書而來，這裡也會有不少店家能符合各位的期待。

街上每家店都擺有免費索取的古書店地圖，但遺憾的是，未加入舊書公會的店家則沒列在上頭。我前面那張地圖考量到這點，在盡可能的範圍內，也涵蓋了那些未加入公會的古書店。希望各位在造訪時能供作參考之用。

書的世界比大海更為深邃，書店也比海邊小屋更寬闊。請到神保町一遊，親自感受。

7 古都鎌倉配古書店，相得益彰！

這次有兩個「古」字！

好的古書店所在地有其特別的要素，例如附近有知名大學、市街歷史悠久、有文人雅士居住等等。神田神保町、早稻田、京都，以及這次介紹的鎌倉都是例子。鎌倉沒有什麼特別的大學，古書店的數量也不多，卻也沒有販售漫畫、情色書刊的店家，完備的近代文學書籍，展現出鎌倉的高格調。當中也有幾家店兼營古董、古美術的生意，頗有古都的味道。這次我和編輯M先生，特地前往拜訪正由晚秋轉初冬的鎌倉。

說起鎌倉，便想到江島電鐵

我們在將近十一點時，於鎌倉車站下車。江島電鐵抵達、發車，都是在車站西口，這令人懷念的三〇〇系列車廂，如今可說是碩果僅存。說到江島電鐵，我不禁想到黑澤明導演的《天國與地獄》。澤村伊喜雄接到恐嚇電話時，聽到電話中傳來江島電鐵的觸輪桿與鐵軌短短的接縫處傳來的「卡噠卡噠叩咚」聲，以此進行推斷的那一幕，令人印象特別深刻。

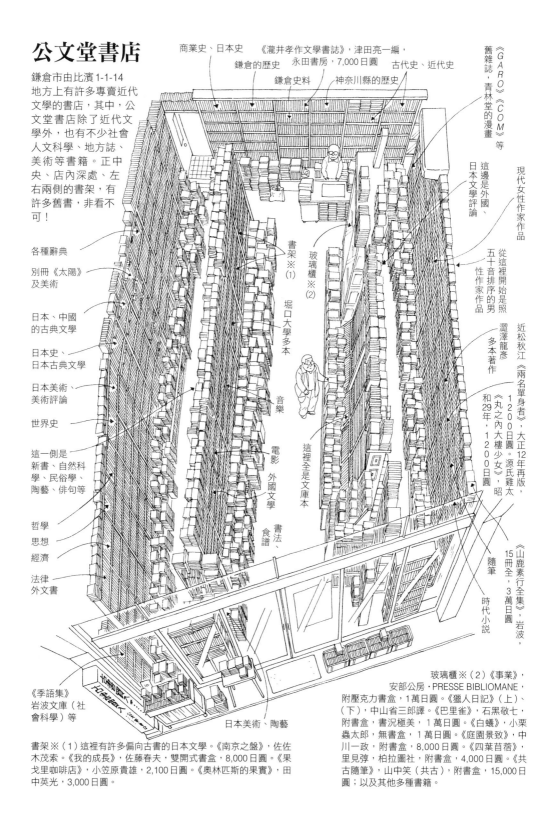

公文堂書店

鎌倉市由比濱1-1-14

地方上有許多專賣近代文學的書店，其中，公文堂書店除了近代文學外，也有不少社會人文科學、地方誌、美術等書籍。正中央、店內深處、左右兩側的書架，有許多舊書，非看不可！

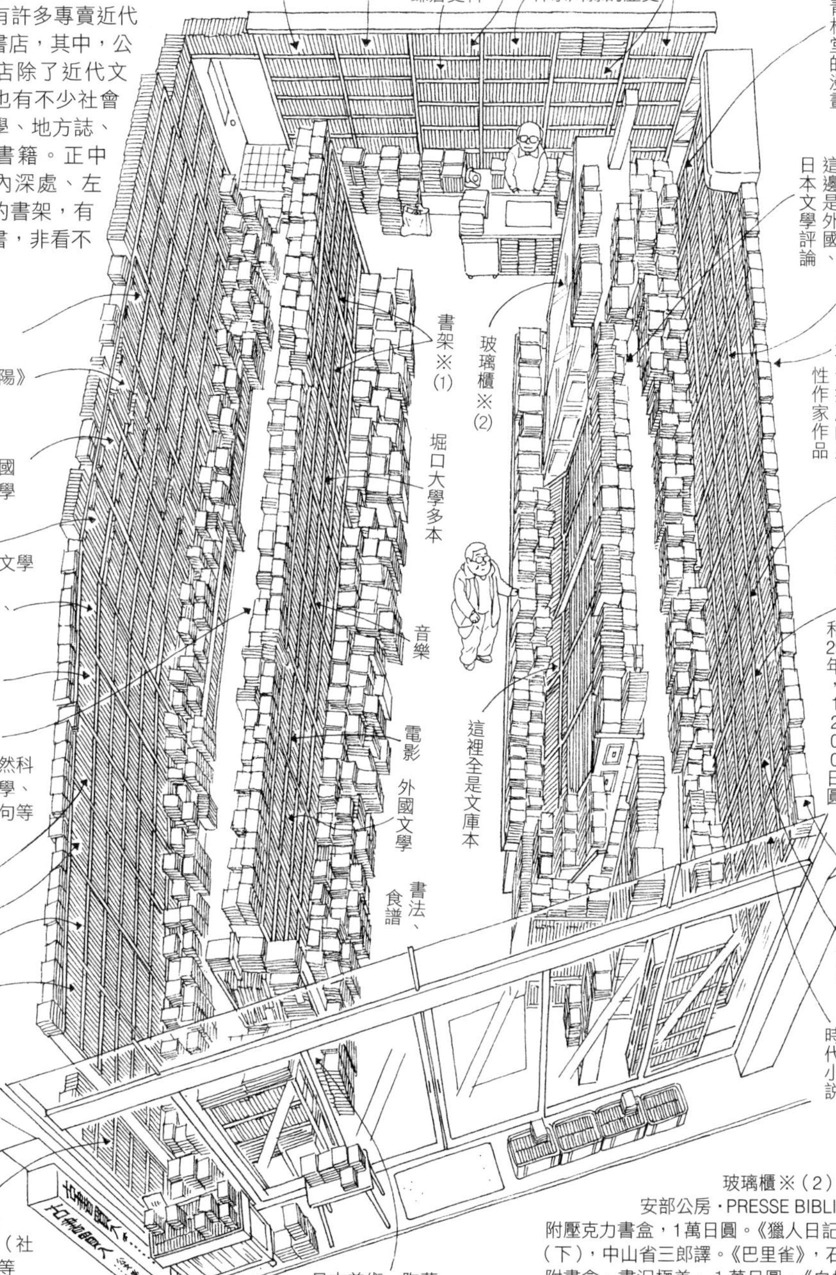
商業史、日本史
《瀧井孝作文學書誌》，津田亮一編，永田書房，7,000日圓
鎌倉的歷史
古代史、近代史
鎌倉史料
神奈川縣的歷史
《GARO》《COM》等舊雜誌，青林堂的漫畫
現代女性作家作品
這邊是外國、日本文學評論
從這裡開始是照五十音排序的男性作家作品
近松秋江《兩名單身者》，大正12年再版，1200日圓。源氏雞太《丸之內大樓少女》，昭和29年，1200日圓
澀澤龍彥多本著作
《山鹿素行全集》，岩波，15冊全，3萬日圓
隨筆
時代小說
書架※(1)
玻璃櫃※(2)
堀口大學多本
音樂
電影
外國文學
書法、食譜
這裡全是文庫本
各種辭典
別冊《太陽》及美術
日本、中國的古典文學
日本史、日本古典文學
日本美術、美術評論
世界史
這一側是新書、自然科學、民俗學、陶藝、俳句等
哲學
思想
經濟
法律
外文書
《季語集》岩波文庫（社會科學）等
日本美術、陶藝

書架※（1）這裡有許多偏向古書的日本文學。《南京之盤》，佐佐木茂索。《我的成長》，佐藤春夫，雙開式書盒，8,000日圓。《果戈里咖啡店》，小笠原貴雄，2,100日圓。《奧林匹斯的果實》，田中英光，3,000日圓。

玻璃櫃※（2）《事業》，安部公房・PRESSE BIBLIOMANE，附壓克力書盒，1萬日圓。《獵人日記》（上）、（下），中山省三郎譯。《巴里雀》，石黑敬七，附書盒，書況極美，1萬日圓。《白蟻》，小栗蟲太郎，無書盒，1萬日圓。《庭園景致》，中川一政，附書盒，8,000日圓。《四葉苜蓿》，里見弴，柏拉圖社，附書盒，4,000日圓。《共古隨筆》，山中笑（共古），附書盒，15,000日圓；以及其他多種書籍。

最近雖已改為懷舊式的新型車廂，但遠比貼滿廣告的市內電車要好得多。

我一面望著左手邊的江島電鐵行進路線，一面朝由比濱大通的「公文堂書店」而去。途中看到幾家古董店、古美術店。這些店看起來相當有意思，所以我向M先生懇求道：「我想去看看。」他也回答我：「好啊，我也很喜歡逛雜貨店。」真開心，我們還是天生的絕配呢！這時候，應該是有什麼東西在呼喚著我。

我一面如此暗忖，一面環視店內，看到橫濱開港紀念會館的石版畫。這好像是知名的江島電鐵畫家田口雅巳的作品。我買了一幅以三〇二型江島電鐵為題材所畫的彩色石版畫，那是以奔馳在田園地帶的觸輪桿式車廂構成的悠閒圖案。我馬上買下，價格三千日圓。

走進由比濱大通，馬上便發現我們的目的地公文堂書店。看板建築式的仿古建築。店內頗深，有三條通道，塞滿了古書。我很開心，心裡覺得「畫起來應該很有感覺」，馬上振奮精神。

這是我第一次造訪公文堂書店。鎌倉文人的著作果然不少。

不過，這家店也有不少黑書。店內的角落或玻璃櫃中，有相當珍貴的書籍。

M先生馬上展開淘書。聽說最近他只要採訪的日子將近，便盡量不買書。玻璃櫃內石黑敬七的著作《巴里雀》（又稱作巴黎人），一萬日圓。書況相當好，讓人以為是復刻版，賣這麼便宜的價格真的好嗎？這麼多的商品，據說全是靠挨家挨戶到客人家裡收購而來。不愧是古都鎌倉，似乎很多人家家裡都藏有好書。

我在作畫時，老闆還問我要不要和他一起去客人家裡收購舊書。

這種機會少之又少，但我工作連一半都沒做完。雖然只能很不甘心地放棄，但若能跟去，想必一定收穫良多。委實可惜。

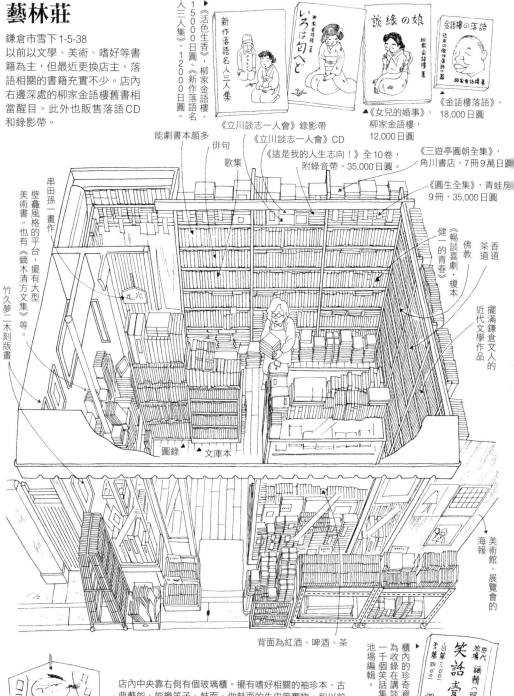

藝林莊

鎌倉市雪下1-5-38

以前以文學、美術、嗜好等書籍為主，但最近更換店主，落語相關的書籍充實不少。店內右邊深處的柳家金語樓舊書相當醒目。此外也販售落語CD和錄影帶。

新作落語名人三人集
いろは匂へど
柳家金語樓著
談緣の娘
柳家金語樓著
金語樓の落語
近來の傑作落語十篇
柳家金語樓著

▶《活色生香》，柳家金語樓，15000日圓。《新作落語名人三人集》，12000日圓。

▲《女兒的婚事》，柳家金語樓，12,000日圓

▲《金語樓落語》，18,000日圓

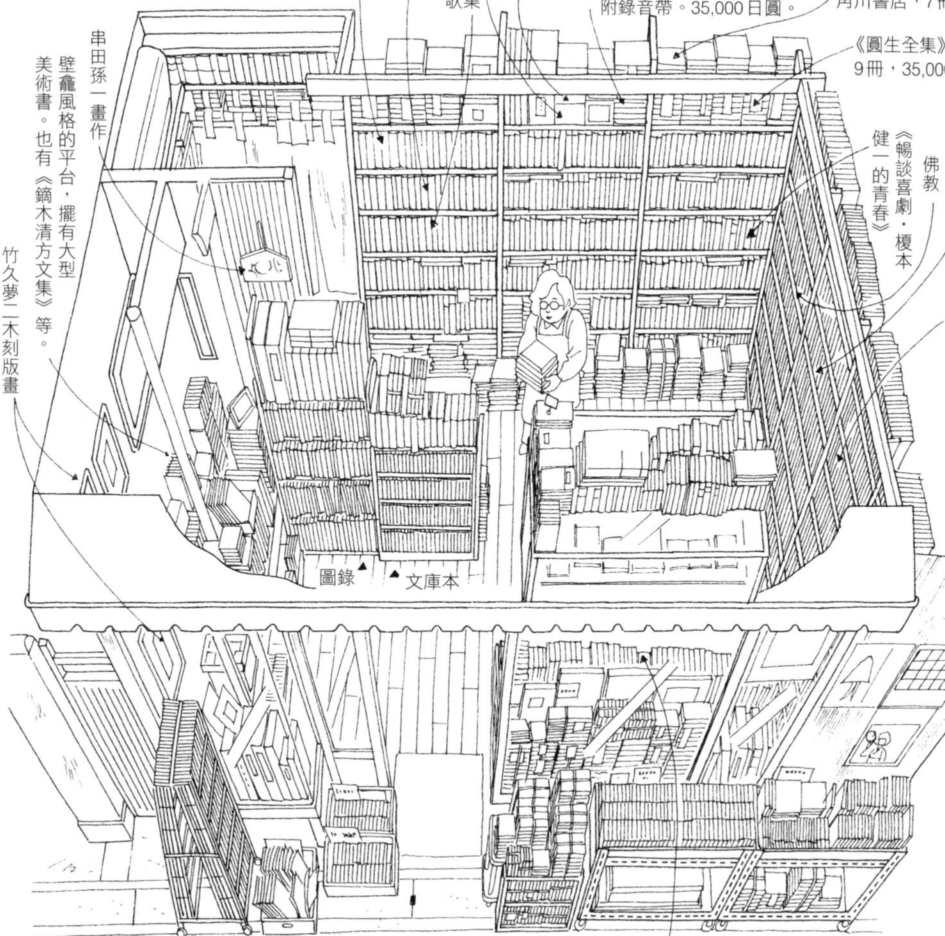
《立川談志一人會》錄影帶
能劇書本頗多
《立川談志一人會》CD
俳句
《這是我的人生志向！》全10卷，附錄音帶。35,000日圓。
歌集
《三遊亭圓朝全集》，角川書店，7冊9萬日圓
《圓生全集》，青蛙房9冊，35,000日圓
串田孫一畫作
壁龕風格的平台，擺有大型美術書。也有《鏑木清方文集》等。
竹久夢二木刻版畫
《暢談喜劇．榎本健一的青春》
佛教
茶道
香道
擺滿鎌倉文人的近代文學作品
圖錄
文庫本
美術館、展覽會的海報
背面為紅酒、啤酒、茶

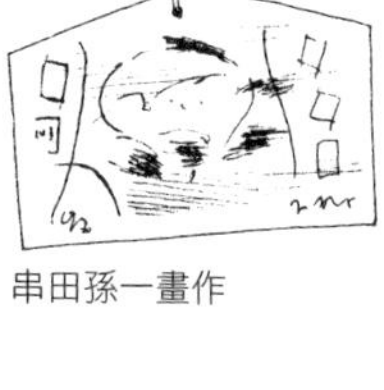

串田孫一畫作

店內中央靠右側有個玻璃櫃。擺有嗜好相關的袖珍本、古典藝能、能樂笛子、鼓面、做鼓面的牛皮等實物，和以前一樣。大型美術書籍和設計相關書籍，也放在櫃子上。從日本藝能到西洋美術書都有，能發現古今中外各種藝術的一家店。

▶櫃內的珍奇資料。笑話為收錄在講談社書箋的一千個笑話集。田代、池場編輯。

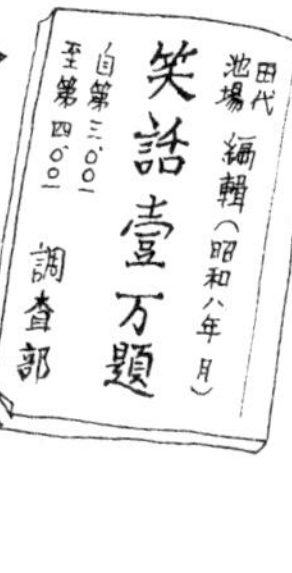
笑話壹万題
田代池場編輯（昭和八年月）
調査部

文人的鎌倉

說到文士的居住地，在東京以田端、馬込等地最廣為人知。現今鎌倉也有作家居住，但住有不少文人雅士的印象，已成為過去式。

曾住在鎌倉的大佛次郎、川端康成、久米正雄、小島政二郎、小林秀雄、里見弴、高見順、永井龍男、中村光夫、中山義秀等人，很適合以文人來加以稱呼。相較於東京的文人，他們給人一種大文豪、悠然閒適、歸隱山林的感覺。而小津安二郎的電影，也給人一種黑白的印象。

昭和二十年（一九四五），因時局不靖，文人們感到收入不穩，於是便聚在一起創立了「租書店鎌倉文庫」。川端、久米、高見、中山等人提供自己手中的書本，展開營業。

當時似乎生意相當興隆，由川端康成等人坐鎮顧店。之後鎌倉文庫也涉足出版業，持續了約莫四年後，經營不善。

現在我手中就有幾本鎌倉文庫。此外，住在鵠沼的長谷川巳之吉，為第一書房的社長，也許是至今仍保有其名氣的緣故，在公文堂書店裡有不少他的書。我喜歡第一書房的裝幀和製書，所以每次看到書都會購買。堀口大學的《月下一群》、《萩原朔太郎詩集》、《上田敏詩集》、《木下杢太郎詩集》、《愛倫坡小說全集》，以及其他詩集、譯本，都以豪華的裝幀流傳於世。這些書價格不菲，但《近代劇全集》零散本只要三百日圓，所以我馬上買下。

此外，鎌倉周邊有不少美術館和紀念館，能發現不少畫集、展覽圖錄。他們似乎不缺題材，有時甚至會舉行「蘿蜜迪奧絲．法蘿（Remedios Varo）展」、「斯凡克梅耶（Jan Svankmajer）展」（神奈川縣立近代美術館、葉山館）等獨一無二的展覽。

這次的收穫

結束公文堂的採訪後，我逛了四季書林、游古洞等地。果然很有鎌倉的風格，發現幾家販售古美術品的古書店。游古洞也是其中之一。畫有金蒔繪的漂亮印籠[1]，收放在近代文學書對面的櫃子裡，好在背面有標價，幫了我個大忙。要是我錢包裡有足夠的資金，應該會一時衝動而買下。得感謝游古洞老闆！

我們來到小町通，前往另一處採訪地點「藝林莊」。每次我來鎌倉都會順道來這家店逛逛。店裡的氣氛絕佳，難以形容。

以前我曾在這家店裡買到我找尋已久的木村毅《珍藏本物語》（日本古書通信社）。永井荷風的書迷租下荷風曾住過的房子，四

1 收納印章及印泥的容器，從江戶時代改為存放隨身藥物之用。

鎌倉有幾家兼賣古董的古書店，這家是「游古洞」。

在鎌倉的收穫

（I）池谷
（M）編輯

《原三溪》，竹田道太郎，有鄰新書，昭和52年（昭和59年4刷）
以橫濱的大生絲商、日本畫、古美術品收藏家聞名於世的企業家評傳。400日圓（M）

（M）
《古書小路》，藝林莊前代店主村尾一郎的舊書店故事。昭和60年，800日圓。

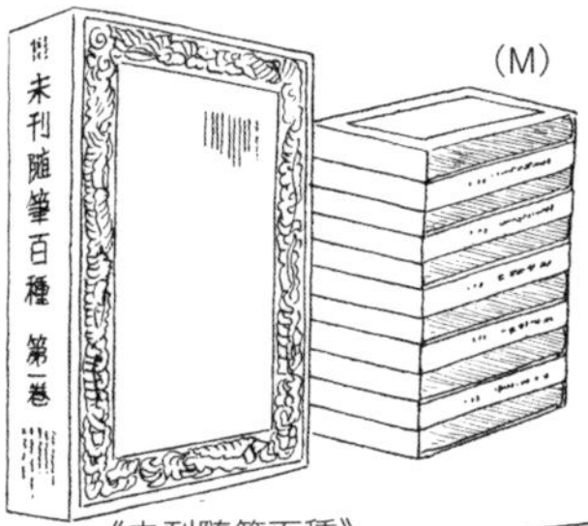

（M）
《未刊隨筆百種》全12卷，中央公論社，昭和51年。

三田村鳶魚編輯的江戶期隨筆集。《岡場所遊廓考》《博奕方法風聞書》《俗事百工起源》等。12冊齊全，1萬日圓以下很難購得。5,500日圓。

（I）
三遊亭圓朝，《業平文治》。留下許多圓朝人情故事的古今亭志生知名表演錄音帶。1000日圓。

住在神奈川縣、以江島電鐵畫家聞名的田口雅巳先生的彩色石版畫，於橫濱「開港紀念會館」古董店購得。3,000日圓（I）

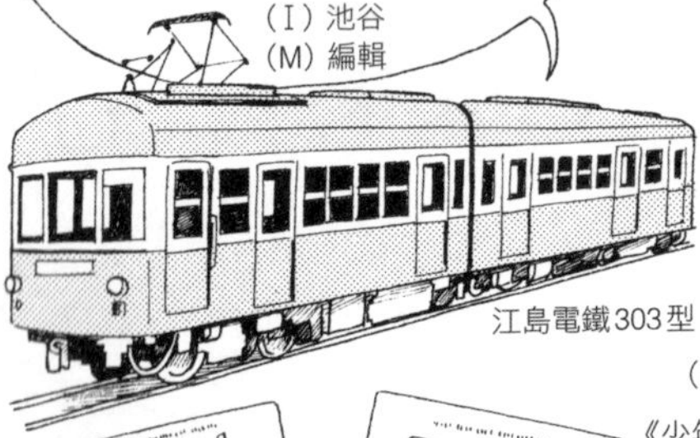

江島電鐵303型

（M）
《少年自衛隊》，安田武。東書房，昭和31年。對志願加入自衛隊的少年所做的採訪。1,000日圓。

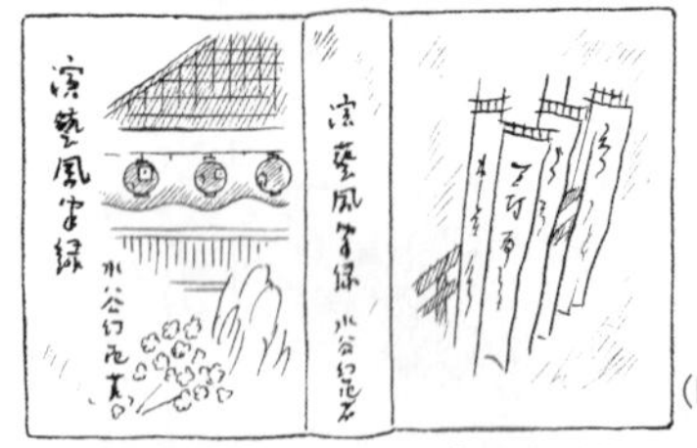

（M）
《演藝風聞錄》，水谷幻花，朝日新聞社，昭和5年。明治末年時的演藝時評。有落語、歌舞伎等。2,500日圓。

各840日圓
（M）
《世界最棒的冷硬派小説雜誌》。田中小實昌、植草甚一、片岡義男等人執筆，陣容堅強。右邊是昭和35年4月號，左邊是昭和38年4月號，久保書店。

（I）
出版過許多花鳥畫傑作的幸野楳嶺之《楳嶺畫譜》蟲類部，明治19年發行。雖是淡彩木版，但花鳥畫的構圖仍相當傳統的一本圖譜。採折本設計，所以中線的部分也看得很清楚。3,000日圓。

《我的物心帖》，永田耕衣
文化出版局，昭和55年，俳人的書畫古董談，1,050日圓（M）

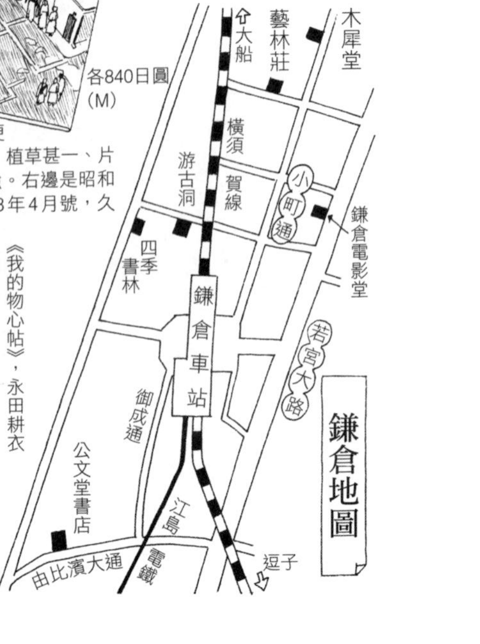

處翻找，看他可有遺留些什麼，結果在地板下的竹籃中找到他未曾公開的情書日記，此事傳為佳話。這件事也曾刊登在《讀賣新聞》，在戰後首次的古書展中，由木村以二萬五千日圓買下。這些情書收錄在岩波版的《荷風全集》中。

藝林莊換了店主。與落語相關的藏書比以前更加醒目。

我和M先生都很喜歡落語，所以在古書店內相談甚歡。不過，M先生淘書的範圍相當廣，並不只局限於落語，像人物誌、時勢、隨筆等，也都是他的鎖定目標，從這裡可以看出他高度的向學心。

到了這裡，我清楚感受到一種因版畫、花鳥畫集、落語錄音帶而得到心靈療癒的感覺。

此次得到志生的《業平文治》，是圓朝的人情故事。這是他口齒清晰時的口說表演，值得一聽。

此外，京都的畫家幸野楳嶺，留有許多花鳥畫的木刻版畫，是我喜歡的畫家之一。他空間的運用絕佳，雖說是圖譜，卻不同於西洋的作品，重視風情更勝於科學。《楳嶺畫譜》也是有療癒功效的一本書。話雖如此，我可沒有精神的疾病哦。

這次最划算的戰利品，不管誰怎麼說（雖然沒人有意見），我都認為是M先生以五千五百日圓買到的三田村鳶魚編《未刊隨筆百種》。

說到三田村鳶魚，是前一陣子剛過世的杉浦日向子女士（江戶文化研究家）很欣賞的歷史學家，年輕時都以他的書當範本拜讀。能以一萬日圓不到的價格發現這套十二本叢書，委實不易。厲害！

但每次大量買書，真有地方擺嗎？

8

從古書書目清單中窺探舊書的世界

十多年前，在某個百貨公司舊書市裡，某家書店刊登在書目清單裡的，全是我感興趣的書。那家書店位於外縣市，但我向店內的人詢問，告知自己想前往拜訪的意願，對方告訴我「我們店裡都是很普通的書哦」，我便馬上明白是怎麼回事。如果書目清單上放的都是專業書籍或偏向嗜好類的書籍，以地方人士作為客源的舊書店將無法經營。反之，不同於在街上信步走進一般舊書店，從書目清單上甚至感受得出店家的精髓和店主的理念，有時還會因羅列的奇書和珍貴書籍的魅力，而被迷得失去判斷力。

同樣是書目清單，卻有天壤之別

同樣是書目清單，卻形形色色皆有。像百貨公司和活動的聯合書目清單、特賣展的聯合書目清單、郵購的聯合書目清單、投標拍賣會書目清單，以及自家的書目清單，諸如此類。從內含彩色照片，以藝術紙做成的豪華書目清單，到對折放進信封內寄來的簡樸書目清單，可說是五花八門。販售方式也很多樣，有依照先後到達的順序、抽選、隨意挑選（以抽選的名義）、投標式等等。

扶桑書房

162-0837 東京都新宿區納戶町7LM納戶町104

店主東原武文先生曾在電視節目「稀世珍寶開運鑑定團」中，以古書鑑定人的身分登場，小有名氣。營業方式只有書目清單和古書特賣展。扶桑書房參加東京古書會館的「和洋會」和「嗜好展」，由於價格便宜、藏書品質佳，有不少客人會鎖定扶桑書房購買（我也是其中之一）。

▲《扶桑書房古書目錄》這份書目清單是去年11月發行的第78號。內文30頁，就書目清單來說算是少了些。有些店家一年內會多次發行數百頁的書目清單。不過這份書目清單並非庫存的書目，上頭只列出新進的書目，賣剩的書絕不會擺進下次的書目清單中，可說是標榜「一生僅只一次邂逅」的進貨清單，此乃其特色。上頭也有小說、詩歌、俳句、雜誌等近代文學書和作家草稿。從知名作家的作品，到沒沒無聞的作家作品，以及雜誌等，一應俱全，刊登了1213件。一年發行四次。

顧客在匯款單上所寫的通訊文字，店主都妥善保存，還不時拿出來欣賞。

東原武文先生出生於昭和18年。原本就以收藏家的身分進入古書的世界。曾在古書店裡製作書目清單、在特賣展裡幫忙。他於昭和47年開業，以郵購和特賣展進行營業的模式始終不變。此外，他長期在古書公會裡負責分類的工作，累積了掌握市場狀況和市價動向的經驗，進貨技術提升不少。因此他才能提供顧客便宜的商品。他告訴我，唯有以書目清單販售，才能與客人這樣接觸，他覺得很快樂。

⇦ 這邊的移動式書架有五列。盡頭處也擺有書架。通道兩側有層層相疊的書本以及成綑的紙箱。

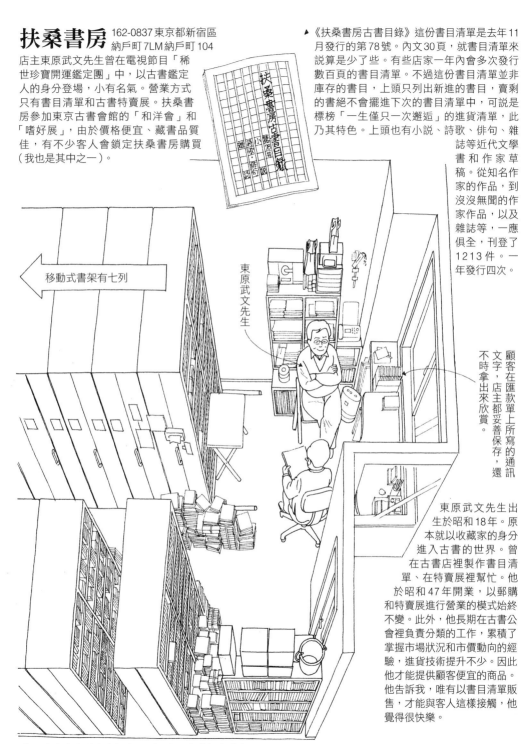

因為都是一本書算一個物件，人氣高的書總是有多人下訂，你爭我奪。我也許是籤運不錯，就算有許多客人下訂，我還是能以高達五成以上的機率抽中。去年我的戰績為十五勝七敗。其他也有不少是依先到順序而購得，所以儘管商品在書目清單中頗受矚目，卻仍時常落入我這位窮人手中。

這次將介紹在書目清單販售中特別希望各位注意的兩家店。期待各位也能前往一觀，感受一下不同於店面販售和特賣展的另一番樂趣。

也期待讀者當中能有舊書蟲亞種的出現。

稀世珍寶開運鑑定團的扶桑書房

在某個寒風肆虐的日子，我在地鐵牛込神樂坂車站下車。雖然與我無關，不過，最近常有為了車站名稱的地盤之爭而調停的例子。牛込神樂坂往下連接牛込柳町、若松河田；另外還有落合南長崎、清澄白河、上野御徒町。全都是都營大江戶線。

在這寒風刺骨的日子，正當我不知該往哪兒走，為此大感光火時，已抵達扶桑書房。店主是東京電視台的當紅節目「稀世珍寶開運鑑定團」的古書鑑定人，小有名氣。

東原武文先生出生於昭和十八年（一九四三）。他於昭和四十七年開業，所以是在這一行待了三十四年的老手。在開業前，他以收藏家的身分四處逛古書店，也曾經歷過一段打工、學習的時期，累積了豐富的資歷。

所謂的扶桑，是中國眼中的東國日本。東原先生說：「我姓東原，所以用東之國這種輕鬆的態度取了這個店名。」沒想到他個性如此豪邁，但做起事來卻相當縝密。

扶桑書房主要以近代文學書、雜誌為主，但東原先生在鑑定團裡也負責舊日本書的鑑定。當初電視台向古書公會提議要找人演出時，他們便一致推選東原先生擔任鑑定人。

想必是他在公會擔任分類的工作，長達二十多年的資歷受到肯定。

或許因為在公會裡可以看清楚賣方和買方的緣故，所以對於了解市場狀況和氛圍、價格的動向，他累積了不少經驗。

「扶桑兄，你賣的書真便宜。為什麼你能開出這麼便宜的價格？」我向他如此問道。他回答我：「我之所以能便宜地買進商品，也許是過去的經驗發揮了功用。另外，如果我能將售價壓得比別人低一些，而帶來生意的話，就能將賺得的資金投入進貨中。市場上買來的商品中，不適合放在書目清單上的便宜書，我會大幅降價，在特賣展中出售。」原來如此，難怪我在特賣展買到扶桑書房的書，標價常是三百日圓、五百日圓上下。

扶桑書房的書目清單，平均一年四次，至於古書特賣展，「和洋會」[1]和「嗜好展」，一年舉辦十二次。東原先生告訴我：「這樣我已經忙不過來了。」

他的主力還是擺在書目清單販售上。「書是靠交流來販售」，這是他的論點。於是我反問他：「既然這樣，那店頭販售不是比較好嗎？」他笑著回答道：「店頭販售是以地方上的客人為對象，所以有其困難面，而且我不喜歡在固定的時間開店。」

對於顧客在匯款單上所寫的通訊文字，東原先生都會妥善保存，還不時拿出來欣賞。「終於找到我尋找已久的書了，是本好書。」能看到客人這樣的回覆，比什麼都快樂。看到自己預料中的客人對書目清單裡的書下訂單，或是為了顧客訂購無名作家的書籍而想辦法張羅，也是一種樂趣。

「就算沒在匯款單上寫回覆信也沒關係。」雖然東原先生這麼說，但看得出來，他心裡很期待這樣的

---

1 原註：現在已是平成二十年（二〇〇八），扶桑書房已不再參加「和洋會」，只參加「嗜好展」，一年六次。

在扶桑書房的收穫

（I）池谷 （M）編輯

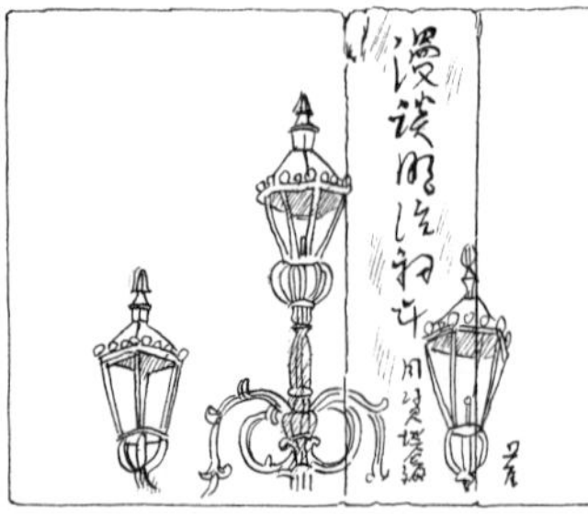

《漫談明治初年》，同好史談會編，昭和2年，春陽堂。從江戶到明治年間的人世百態聽聞集。有大隈重信、高村光雲、前島密、第三代柳家小三等多位説故事高手的多項軼聞。也有不少市島謙吉（春城）的談話內容。在特賣展和洋會中購得。2,000日圓（M）

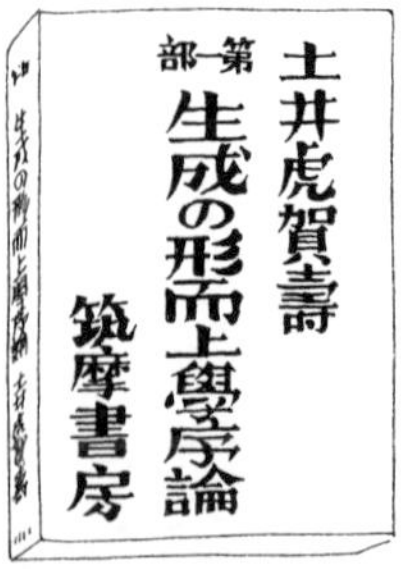

《生成的形而上學序論》（第一部），土井虎賀壽，昭和17年，筑摩書房。三高哲學教授的尼采論。作者是青山光二《我們是瘋狂之人》中作為範本的人物。西田幾多郎的門人。於和洋會中購得，附書盒500日圓（M）

《江戶已逝》，河野桐谷編，昭和4年，萬里閣書房。江戶文化研究會成員的談話集。有寒川鼠骨、山中笑（共古）等多名人物。收錄有高村光雲的落語（小故事）。一光齋芳盛的木刻版畫裝幀，在店內購得。2,500日圓（I）

《書淫行狀記》，齋藤昌三，昭和10年，書物展望社。作者書籍隨筆七部作的第三部。塗布的裝幀相當精美。加上這本，我七部作品全湊齊了。在店內購得。15,000日圓（I）

《紙魚地獄》，齋藤昌三，昭和34年，書痴往來社（很酷的公司名！）。書籍隨筆七部作的第七部。採用田澤茂的版畫與法衣的用心裝幀。從和洋會書目清單上購得。12,000日圓（I）

交流。

我雖然無法大量採購，但自認是名好顧客。因為只要書一寄達，我馬上便會付款。不過，聽說扶桑書房的顧客，有八、九成都是隔天才付款。嗯，有點占人家便宜哦。

扶桑書房的書目清單不是採抽選的方式，而是採先到順序。一般人往往認為抽選的方式比較公平，其實正好相反，並不會因為採先到順序，店主便對賣方套私情。此外，東原先生針對遠方的顧客以及首都圈的顧客，在書目清單的寄送上設置了時間差，據說甚至還會跨週呢。

東原先生極力主張書況一定要寫仔細，以免造成顧客抱怨，這是書目清單販售的重點。

在此先聊聊有關書目清單的

看法。

除了書名外，什麼也沒寫的情況下，其前提是沒有書盒、書衣、書腰的裸書。一般都會寫再版、無書盒、缺書衣、無書腰等文字；若是有蓋印、略微髒污、破損、破裂、褪色、鼓起、在書上寫字、有劃線等狀態，當然得寫清楚才行。此外，初版、絕版、附書盒、有書衣、附原本的石蠟紙（原本就附在書上的石蠟紙）、附外書盒、有署名、上方有金箔、書背牛皮裝訂等，有什麼優點，都會優先寫下。

整體狀態都是以極美、美、一般等方式來呈現，但這也會受店主的個性左右。以前曾有一本寫著書況極美的外文書，我拿到手一看，書背都被曬成白褐色了。

此外，以漿糊黏合鐵絲裝訂的再生紙本與書背所做成的簡易書本，有些店家會充作法式裝訂。法式裝訂是以線來裝訂折本，可攤開一百八十度。就讓我們一面因應店家的不用功，一面小心謹慎地進入書目清單的世界吧。

朝氣蓬勃的書目清單負責人，港屋書店

「您知道哪家店會推出有意思的書目清單嗎？」我向業者詢問，他們回答我「港屋書店不錯」。好像是家建築專賣書店。我也很喜歡建築，於是馬上和編輯M先生循例前往拜訪。店主以小石川大樓裡的兩間房間充當事務所。

橫濱出身的「港屋書店」店主中村一也先生，出生於昭和四十三年，今年才三十八歲，仍相當年輕，已在古書店裡見習了七年，開店至今長達十年。

他認為當人家夥計的那段時間算不上資歷，這十年來他都是獨自一人經營，委實不簡單。不過，光是他的資歷就已經夠傲人了，但看過他的書目清單後更是吃驚。不論是內容的扎實、商品獨特性，還是數

港屋書店

112-0012 東京都文京區大塚
3-43-3 小石川住宅區星座103
在眾多書目清單販售專賣店中，
最近在業界頗負盛名的店家。
雖然掛著「CONSTRUCTION」
（建築）專門的看板，但主題涵
蓋建築土木史、都市史料、居
住、人，範圍相當廣泛。一年
發行三次書目清單，不時會
搭配特集。從建築的珍貴
照片、圖畫、雜誌，到
產業史，全部囊括。

書目清單第29號為小特集《大連出發／往哈爾濱》。A5大小，431頁，刊登有9039件，氣勢驚人的書目清單。
此外，每一份書目清單在封面設計和構成方面都採用了珍貴的照片，相當出色，可看出店主卓越的品味，可說是「捨不得丟的書目清單」範本。在小特集裡，除了伊語的攝影集《滿洲印象》，1938年，189,000日圓外，還有《南支風土記》《唐人街》《上海生活》《滿洲旅行記》《大黃河》《北中國導覽》《旅順》《東亞旅行談》等，收錄了一般人所寫的滿蒙中文獻三百多本。附封面。

此外，從（1）雜誌（2）建築（3）建築家群像，到（31）科學技術與產業史，也都相當完備。

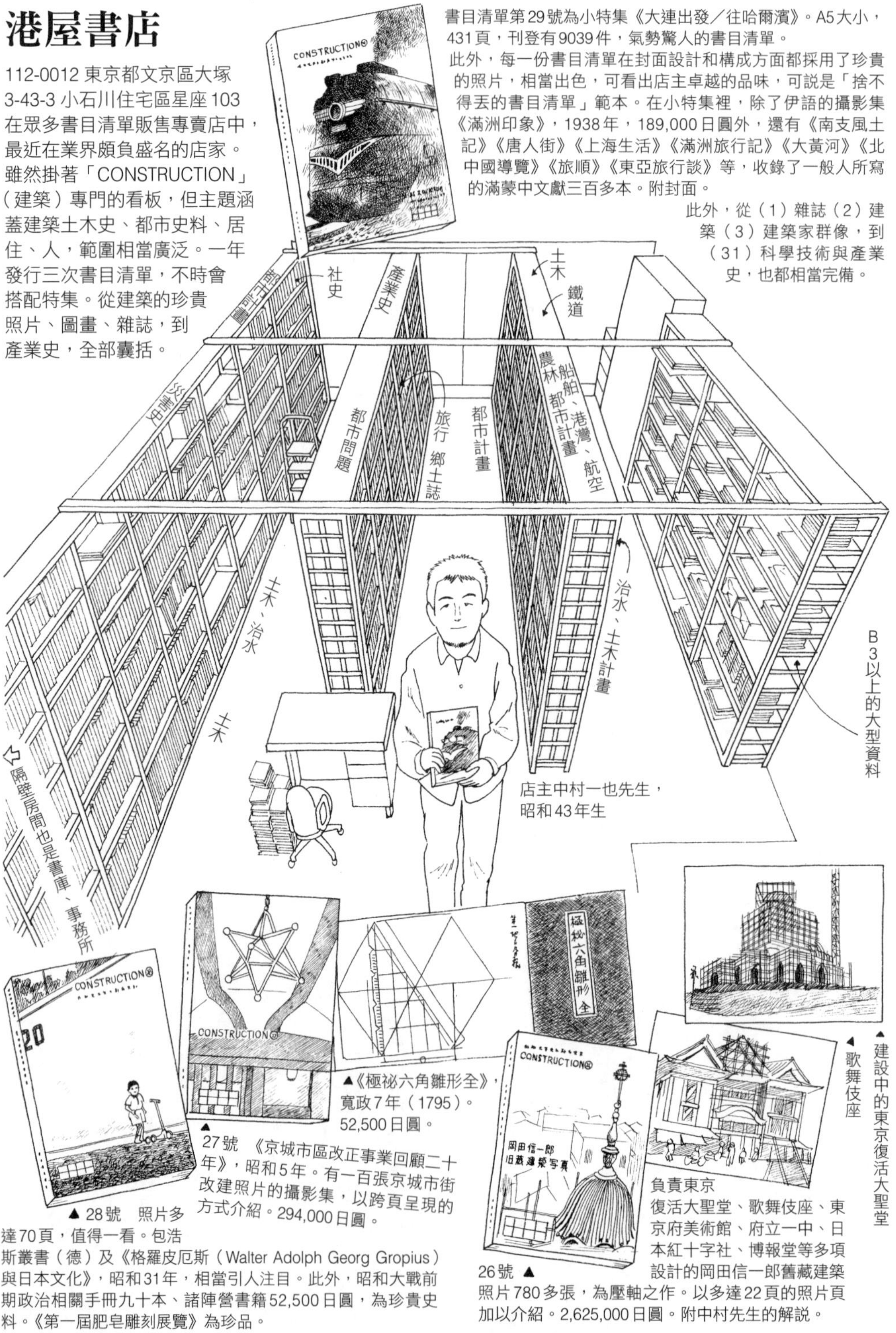

CONSTRUCTION
書誌學
社史
產業史
土木
鐵道
災害史
都市問題
旅行 鄉土誌
都市計畫
農林
船舶、港灣、航空
都市計畫
土木、治水
土木
治水、土木計畫
B3以上的大型資料
隔壁房間也是書庫、事務所
CONSTRUCTION
20
CONSTRUCTION
極祕六角雛形全
CONSTRUCTION
岡田信一郎 旧蔵建築写真

店主中村一也先生，
昭和43年生

▲建設中的東京復活大聖堂

▲歌舞伎座

▲《極祕六角雛形全》，
寬政7年（1795）。
52,500日圓。

▲27號 《京城市區改正事業回顧二十年》，昭和5年。有一百張京城市街改建照片的攝影集，以跨頁呈現的方式介紹。294,000日圓。

▲28號 照片多達70頁，值得一看。包浩斯叢書（德）及《格羅皮厄斯（Walter Adolph Georg Gropius）與日本文化》，昭和31年，相當引人注目。此外，昭和大戰前期政治相關手冊九十本、諸陣營書籍52,500日圓，為珍貴史料。《第一屆肥皂雕刻展覽》為珍品。

26號▲ 負責東京復活大聖堂、歌舞伎座、東京府美術館、府立一中、日本紅十字社、博報堂等多項設計的岡田信一郎舊藏建築照片780多張，為壓軸之作。以多達22頁的照片頁加以介紹。2,625,000日圓。附中村先生的解說。

量，都令人驚嘆。

扶桑書房的書目清單上只有新進貨的商品。港屋書店的書目清單則是新進貨商品外加庫存商品，但記載了約莫九千多件商品的書目清單，一年出刊三次，可不是件輕鬆的工作；而且每次都會有數十頁的照片頁，個個都不是可以輕鬆取得的珍貴文獻和資料。

一說到建築，想必有人會說自己是門外漢，敬而遠之；不過，人們就住在建築裡，形成都市、風俗、歷史。這都不是愛書人可以視而不見的。「文化」就在這書目清單中。

港屋書店光靠書目清單販售，連特賣展也沒參加。

「我二十一歲時，從新刊書店轉到湘南堂書店這家舊書店工作。那是法律、經濟、會計相關的專門書店，但因為我很早便參與書市運作，所以也從中了解建築相關書籍的樂趣何在。建築、土木、都市史料等，我都是從零開始。」

他以月輪書林、石神井書林的書目清單，作為參考範本。另外，當時還有專賣美術書籍的海老名書店的書目清單。個個都是風格獨具、自成一派的書目清單。有機會的話，我也想好好介紹一番。

扶桑書房的書目清單，據說從發行到下訂、寄送商品，僅短短一週便搞定。對此，港屋書店則認為：「就算是舊的書目清單，只要顧客感興趣，庫存商品還是隨時有可能賣出，所以還是值得一做。」

誠如中村先生所言，書目清單上刊登的都是珍貴的商品。特別是《大連出發／往哈爾濱》和《岡田信一郎舊藏建築照片》（參照插圖）的特集文獻，會令人眼睛為之一亮。岡田信一郎的照片有七百八十多張，只要兩百六十二萬五千日圓。去年蔚為話題的《五條御誓文》草稿，以兩千四百萬日圓買下的自治團體，算是買到了好東西，這也是很棒的商品。各地的公共機關都不把它當一回事，真是可悲。希望他們能好好思考這個問題。

此外，港屋書店最近發行了第三十號的書目清單。連過去的書目清單，也會以一本三百日圓郵票的價格寄送。有意者請務必一試。

9

亂步也開舊書店。團子坂、根津、千駄木散步

江戶川亂步年輕時，曾在團子坂與兩名弟弟一起合開一家名為「三人書房」的舊書店。這是大正八年（一九一九）到九年間的事。他以當時的情況作為《D坂殺人事件》書中的背景，與作品相結合。

「D坂」一詞聽來頗為新奇。這樣的書名相當貼切，讓人感覺到一本全新的偵探小說就此誕生。若是取名為《團子坂殺人事件》，則感覺像是一般的社會新聞。就採用英文字母的書名來說，它比阿嘉莎．克莉絲蒂（Agatha Christie）的《ABC謀殺案》、艾勒里．昆恩（Ellery Queen）的《X的悲劇》都來得早，這文京一帶可說是偵探小說名作的搖籃，我決定前往拜訪。

根津、千駄木、D坂

台東區的東京藝術大學，經言問通走約六百公尺，便來到根津。接著再走出谷中，來到千駄木，就此一路直走，便能抵達團子坂。這一帶有幾家老店和古剎，在神社、大學、閒靜的住宅街包圍下，很適合在此散步。

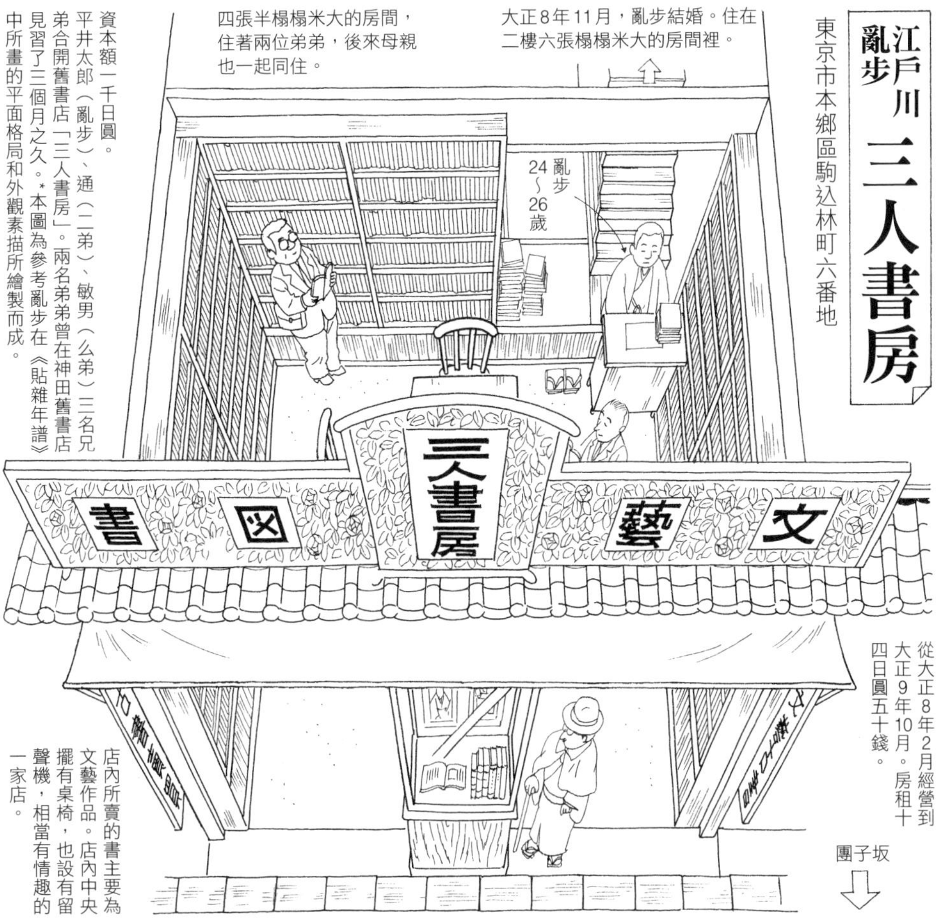
江戸川亂步
三人書房
東京市本鄉區駒込林町六番地
大正8年11月，亂步結婚。住在二樓六張榻榻米大的房間裡。
四張半榻榻米大的房間，住著兩位弟弟，後來母親也一起同住。
資本額一千日圓。平井太郎（亂步）、通（二弟）、敏男（么弟）三名兄弟合開舊書店「三人書房」。兩名弟弟曾在神田舊書店見習了三個月之久。*本圖為參考亂步在《貼雜年譜》中所畫的平面格局和外觀素描所繪製而成。
亂步 24～26歲
三人書房
文 藝 図 書
從大正8年2月經營到大正9年10月。房租十四日圓五十錢。
店內所賣的書主要為文藝作品。店內中央擺有桌椅，也設有留聲機，相當有情趣的一家店。
團子坂

團子坂這名稱的由來，有各種說法，有人說是源自於丸子店，也有人說走在這坡道上，會像丸子一樣往下滾。

亂步與二弟通、么弟敏男一起合開舊書店，才一年八個月，便因經營不善而歇業。

談個題外話，他的二弟通後來經營一家名為「壺中庵」的古書店，並創設一家名為「真珠社」的袖珍本出版社，聘用年輕時的池田滿壽夫為其製作採用銅版畫的袖珍本。當時與池田同住的富岡多惠子也曾幫忙製作書盒（當年的故事請參照《壺中庵異聞》）。出自池田之手的亂步著作《天花板上的散步者》，現在相當值錢，高達二十萬日圓以上。我這個人動不動就談到價錢，實在很無趣。

五年後，亂步在雜誌《新青年》上發表《D坂殺人事件》。這是明智小五郎首次登場的作品。發生一起以舊書店當舞台的殺人事件。事件發生時，一名在店內的學生，說他隔著拉門的格子看見一名像是凶手的男子，穿著一襲黑衣；另一名學生則說他看到的凶手身穿白衣。亂步對這矛盾的證詞設下前所未有的陷阱，後半又引用密斯坦貝爾的《犯罪心理學》，導出另一個截然不同的結論，就此破解案情。雖是短篇作品，但奇特的陷阱、充滿真實性的邏輯推理、情欲、濃厚呈現的大正時代背景，是我最鍾愛的亂步作品。

亂步是否一邊顧店，一邊構思偵探小說呢？

我常看《D坂殺人事件》的電影（實相寺昭雄導演）錄影帶、聽朗讀卡帶（寺田農朗讀），想像昔日團子坂一帶的光景。

根津到千駄木這一帶，自古便有文人和藝術家居住。東京大學、藝術大學也離這裡不遠，看來，古書的水準相當令人期待。

歐喲喲與琺瑯

我與編輯M先生約在地鐵根津車站附近的「歐喲喲書林」碰面。

歐喲喲真是個奇怪的店名（失禮了）。M先生說：「可能是受到小林信彥的影響吧。」我則是推測：「不，也許是因為喜歡大河內傳次郎……（真老梗，誰叫我上了年紀呢）」結果是M先生猜對了。

神田的特賣展、愛書會，以及高圓寺的中央線古書展，歐喲喲書林都有參加。同業之間一般都是以店名相互稱呼，所以有時會有「歐喲喲，電話！」這樣的情形發生，相當有趣。

歐喲喲書林

東京都文京區根津 1-1-25
第二靜壽莊大樓 1F
店名歐喲喲是來自小林信彥的《歐喲喲大統領》。店主山崎有邦先生告訴我，他想在店內反映出次文化、娛樂、風俗等小林信彥的世界。

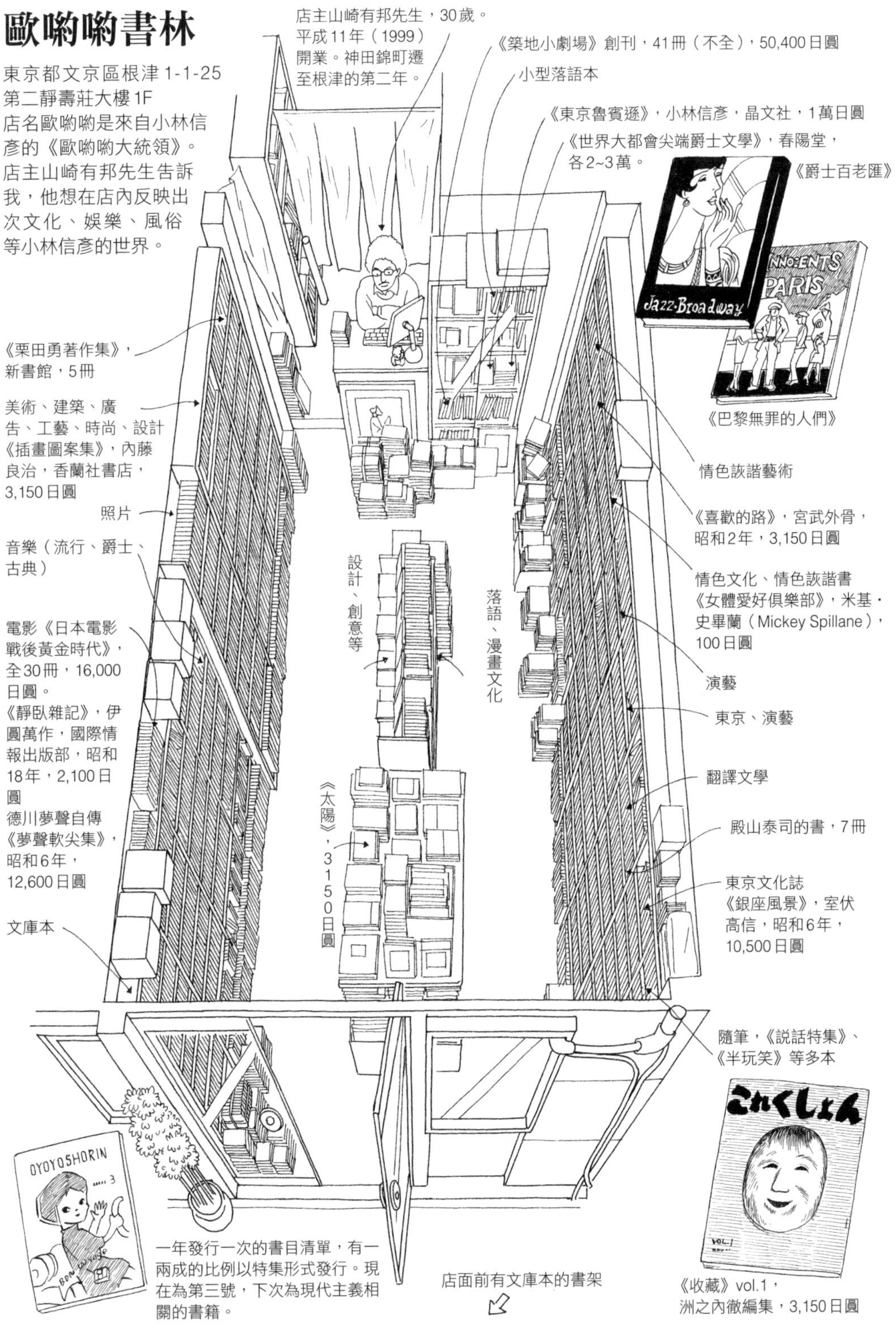

店主山崎有邦先生，30歲。平成11年（1999）開業。神田錦町遷至根津的第二年。
《築地小劇場》創刊，41冊（不全），50,400日圓
小型落語本
《東京魯賓遜》，小林信彥，晶文社，1萬日圓
《世界大都會尖端爵士文學》，春陽堂，各2~3萬。
《爵士百老匯》
Jazz·Broadway
INNOCENTS PARIS
《巴黎無罪的人們》
情色詼諧藝術
《喜歡的路》，宮武外骨，昭和2年，3,150日圓
情色文化、情色詼諧書
《女體愛好俱樂部》，米基・史畢蘭（Mickey Spillane），100日圓
演藝
東京、演藝
翻譯文學
殿山泰司的書，7冊
東京文化誌
《銀座風景》，室伏高信，昭和6年，10,500日圓
隨筆，《說話特集》、《半玩笑》等多本
《栗田勇著作集》，新書館，5冊
美術、建築、廣告、工藝、時尚、設計
《插畫圖案集》，內藤良治，香蘭社書店，3,150日圓
照片
音樂（流行、爵士、古典）
電影《日本電影戰後黃金時代》，全30冊，16,000日圓。
《靜臥雜記》，伊圓萬作，國際情報出版部，昭和18年，2,100日圓
德川夢聲自傳《夢聲軟尖集》，昭和6年，12,600日圓
文庫本
設計、創意等
落語、漫畫文化
《太陽》，3150日圓
OYOYOSHORIN
一年發行一次的書目清單，有一兩成的比例以特集形式發行。現在為第三號，下次為現代主義相關的書籍。
店面前有文庫本的書架
これくしょん
VOL.1
《收藏》vol.1，洲之內徹編集，3,150日圓

我在採訪時，一定會詢問店名的由來，而這家店的故事特別有趣。

歐喲喲書林的山崎有邦先生才三十歲，相當年輕。在深為小林信彥著迷的歐喲喲書林店內，就像呈現出小林信彥的次文化世界般，應有盡有。還有難得一見的春陽堂《世界大都會尖端爵士文學》、赤瀨川原平的「零圓鈔」。

雖然商品頗具獨特風格，但地方上的顧客也常到店裡光顧。附帶一提，在前不久舉辦的中央線古書展中，歐喲喲書林的書目清單寫有：《南遊茶話》，三竹勝造，大正十三年，一五〇〇日圓；《青春回顧》初版，辰野隆，酣燈社，昭和二十二年，一〇〇〇日圓；《痲藥戰爭》，楳本捨三，學風書院，昭和三十一，一五〇〇日圓；以及正岡容、石川三四郎的著作，不但讓人興趣濃厚，而且價格便宜。此外，它還有網路販售，書目清單也大約一年發行一次，相當令人期待。

我們從千駄木車站花數分鐘的時間前往「古書琺瑯」採訪。店內頗深，八面書架包夾著四條通道，前後貫通，店內空間相當大。開店已有八年，由宮地夫婦、山崎先生、神原先生四人共同經營。

這四人從學生時代便認識，一起開設古書店。四人各自有負責的領域，以此籌措商品。雖是販售一般古書的舊書店，但隨著領域不同，當中也有難得一見的珍品，就算長時間逛這家店，也不會覺得膩。

雖然他們沒加入公會，但光靠店家四處收購舊書，便已備有許多高品質的好書。可見地方上的居民藏書水平相當高。

宮地先生告訴我：「如果加入公會，可以對古書的世界有更進一步的認識，但我們還是選擇將主力放在提供好書給地方上想要找書的客人。」顧客帶到店內賣的書，若是無法以一般古書的領域來判斷，他們會要求多給些時間來判斷其價格。相當有良心。

古書琺瑯對來店的客人都會喊一聲「歡迎光臨」。這也是以往的舊書店所沒有的待客態度，讓人頗有好感（與Book Off那種連聲吆喝的方式不同）。

古書琺瑯

東京都文京區千駄木3-25-5
離JR和地鐵西日暮里、地鐵千駄木車站只有數分鐘的路程。由宮地夫婦、山崎先生、神原先生四人共同經營。店內還擺了許多住在附近的年輕文藝活動人士及創作者的同人誌、免費報章雜誌等，宛如一座資訊站。寬廣的店內有各種領域的書籍。

成員中的宮地先生負責音樂、CD、日本文學、絕版文庫；宮地太太負責江戶東京相關書籍、工藝、建築；山崎先生負責美術、外國文學、漫畫；神原先生負責電影、詩、童書等。領域各有不同。

電影《我的評分表》，雙葉十三郎，5冊，2萬日圓。
委託販售的同人誌、小規模出版雜誌等。
建築
平面設計
《禮記》，西脇順三郎，筑摩，附有限定版簽名，昭和42年，4,200日圓
美術畫集、圖錄
帝銀事件的平澤貞通畫集，附折疊紙盒，1,890日圓
《浮世繪聚花》8冊
詩集、外國、日本（現代），《現代詩手帖》等多本書籍
雜誌《人間家族》
《漢堡殺人事件》，布勞提根（Richard Brautigan），6,300日圓
大型美術書
《世界巨匠》系列
《艾華妲夫人》（*Madame Edwarda*），巴塔耶（Bataille）著，生田耕作譯，奢霸都館，2,100日圓。
《威廉・莫里斯收藏》9冊，12,600日圓
《葛飾土產》，荷風散人，3,150日圓
《俄國前衛藝術》8冊，29,400日圓
讀書隨筆誌《舢板》當地居民南陀樓綾繁聽寫收錄《小澤信男一代記》，還有過期雜誌。
這一帶有《*GARO*》，柘植義春等人60至70年代的漫畫。
《私人版 昭和迷走繪圖》，瀧田祐簽名，有插圖。8,400日圓。此外也有小規模出版漫畫、自費出版漫畫等。
《賽馬》，織田作之助，新潮文庫，昭和25年，840日圓
這一帶為音樂（流行、古典等）。或許是離藝術大學近的緣故，也賣樂譜。
對書況也相當用心

⇦ 根津　　面向不忍通

目前沒參加公會，不過光靠向當地居民收購便能維持。
客人帶來轉賣的書本品質都相當高。

JR和地鐵
西日暮里站 ⇩

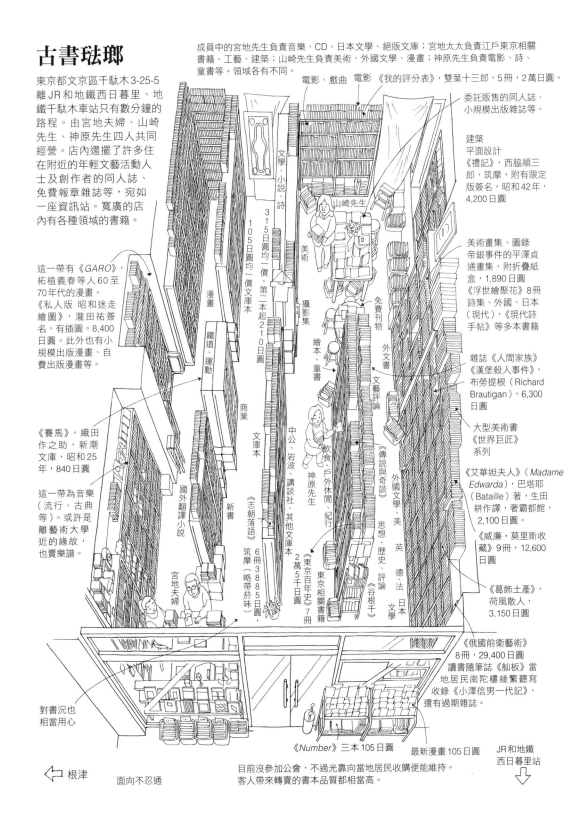

在千駄木、根津的收穫

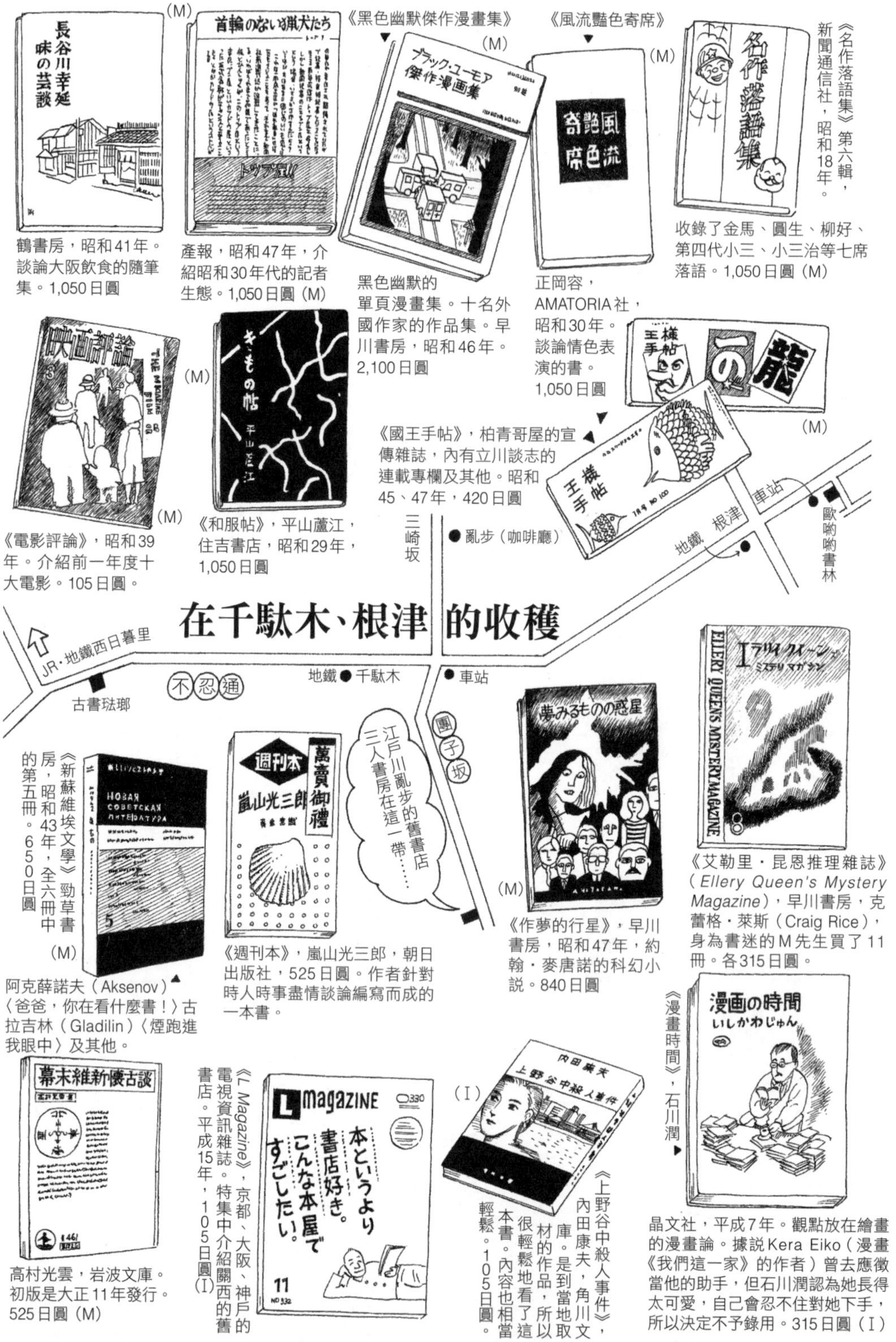
三崎坂
亂步（咖啡廳）
地鐵　根津　車站
歐啲啲書林
JR・地鐵西日暮里
古書琺瑯
不忍通
地鐵 千駄木
車站
團子坂
江戶川亂步的舊書店三人書房在這一帶……

鶴書房，昭和41年。談論大阪飲食的隨筆集。1,050日圓

（M）產報，昭和47年，介紹昭和30年代的記者生態。1,050日圓（M）

《黑色幽默傑作漫畫集》（M）黑色幽默的單頁漫畫集。十名外國作家的作品集。早川書房，昭和46年。2,100日圓

《風流豔色寄席》（M）正岡容，AMATORIA社，昭和30年。談論情色表演的書。1,050日圓

《名作落語集》第六輯，新聞通信社，昭和18年。收錄了金馬、圓生、柳好、第四代小三、小三治等七席落語。1,050日圓（M）

《電影評論》，昭和39年。介紹前一年度十大電影。105日圓。（M）

（M）《和服帖》，平山蘆江，住吉書店，昭和29年，1,050日圓

《國王手帖》，柏青哥屋的宣傳雜誌，內有立川談志的連載專欄及其他。昭和45、47年，420日圓（M）

《新蘇維埃文學》勁草書房，昭和43年，全六冊中的第五冊。650日圓（M）
阿克薛諾夫（Aksenov）〈爸爸，你在看什麼書！〉古拉吉林（Gladilin）〈煙跑進我眼中〉及其他。

《週刊本》，嵐山光三郎，朝日出版社，525日圓。作者針對時人時事盡情談論編寫而成的一本書。

（M）《作夢的行星》，早川書房，昭和47年，約翰・麥唐諾的科幻小說。840日圓

《艾勒里・昆恩推理雜誌》（*Ellery Queen's Mystery Magazine*），早川書房，克蕾格・萊斯（Craig Rice），身為書迷的M先生買了11冊。各315日圓。

《漫畫時間》，石川潤　晶文社，平成7年。觀點放在繪畫的漫畫論。據說Kera Eiko（漫畫《我們這一家》的作者）曾去應徵當他的助手，但石川潤認為她長得太可愛，自己會忍不住對她下手，所以決定不予錄用。315日圓（I）

高村光雲，岩波文庫。初版是大正11年發行。525日圓（M）

《*L Magazine*》，京都、大阪、神戶的電視資訊雜誌。特集中介紹關西的舊書店。平成15年，105日圓（I）

（I）《上野谷中殺人事件》，內田康夫，角川文庫。是到當地取材的作品，所以很輕鬆地看了這本書。內容也相當輕鬆。105日圓。

不過，這種客氣的待客方式，也表示店員的眼睛一直注意著客人，有「防止小偷」的意味。因為不論走到哪兒，小偷一直是店家面臨的重大問題。

三月六日，法國文學學者，同時也是昆蟲愛好者的奧本大三郎先生，他夢想多年的昆蟲館「昆蟲詩人館」，終於在附近開幕。四月二十九日這一天，則是舉辦「不忍Book Street一箱舊書市」。塞滿舊書的上百個紙箱，在不忍通上排成一列，相當獨特的活動。希望各位有機會能前往一觀，詳細請上網查閱。

10

人生百態，舊書市百樣

冬末舊書市一遊

「咦，在賣什麼福袋？」有位婦人從旁走過時，如此說道。早上九點二十分，在池袋西武百貨店前，約莫二十名中年、年近半百的男性排成一列。我也是其中之一。「是啊，福袋裡頭有名牌老花眼鏡、喀什米爾羊毛衛生褲、中國珍藏四千年的神祕生髮藥。」雖然我沒這麼說，但就算我告訴她，這些人是排隊等舊書市開幕，也不知道她能否理解。

舊書市也是形形色色

編輯M先生是第一次排隊，我這次則算是第三次。平常我幾乎都不會在開場前排隊，但這次的書目清單裡有我想要的東西。價格不菲，而且是得親眼見過現物才能決定的商品，所以我猜應該是沒人會下訂才對。如果有人下訂，那就沒希望了，只能乖乖死心。

十點準時進入會場。我先朝鎖定的店家攤位衝去，提出想看書目清單上所列的那幅木刻版畫。可是對方竟然回答我「沒帶來」。看來，果然沒人下訂。我沒時間咋舌，急忙趕往下一家店。我告訴

早上9點20分，已有二十多名客人。池袋西武「春天舊書祭」

店家，想看書目清單上打星號的近代文學書。這本書因為有些破損、日曬變色，應該沒人下訂，但店家卻又告訴我「沒帶來」。而且沒人下訂。這次我就有充分的時間咋舌了。我向他們抱怨，請負責人出面。舊書市場負責人板起臉孔，向店家警告道：「怎麼會沒帶來呢。書目清單上的商品都該帶來才對啊……」結果對方應道：「好幾百件商品，怎麼可能全部帶來。」一點歉疚的表情也沒有。

書目清單上列的商品沒帶來，已不是什麼新鮮事了。以常客居多的特賣展常有這種事，倘若顧客抱怨，他們便會說「下次抽選，不讓你抽中」，或是「因為特賣展都是一些很有個性的古書店」，而不去正視問題。

不過，百貨公司的特賣展就不同了。既然冠上百貨公司的名義進行買賣，就得顧及商業道德，不能完全照各個店家的作法去走。因此，店家不是在舉辦前都得接受講習，繫上領帶站在賣場嗎？一位我熟識的古書店老闆也參加過同樣活動，他說：「我家書目清單上所列的商品，當然全都會帶去，很辛苦呢。儘管有時像一些全集之類的書，因為很占空間而無法帶去，但這種情況要先在書目清單上註明，或是請想親眼見識商品的人事先聯絡一聲。」

舊書市雖然擺有許多好書，但我為此特地準備的八萬日圓，最後只花了四千日圓左右。

「沒浪費錢不是很好嗎？」傳來一陣天之聲。

下一回是在新宿Subnade舉辦為期一個月的「舊書浪漫洲」。

這裡具有當地的特色，鎖定的目標不是古書迷，而是一般讀者大眾，是以大眾書為主的舊書市。

儘管空間並不寬敞，但十家古書店，每六、七天便會依照主題變換商品，看得出他們努力不讓顧客逛膩，想讓顧客回流的用心。

首日採訪時，除了沖繩相關書籍、漫畫外，還準備了一整個書架的簽名書，令我頗為驚訝。從吉村昭、連城三紀彥、椎名誠、小林信彥、藤田宜永等人氣作家，到小川國夫、辻邦生、塚本邦雄、永六輔都有；比較特別的是，連中曾根康弘的《自省錄》、市川右太衛門的《旗本無聊男路過》等書也在列。當中有些書甚至還蓋章、寫有序跋。

價格也不會太貴，因為它並非標榜這裡是簽名書專區，所以或許是特別企畫，讓人自己來挖寶。

在會期進行到一半時，會採取兩天全品均一價三百日圓的方式，從這點看得出他們的企圖，想跳脫以往舊書市集客量後繼無力的舊有模式。

插句題外話，「舊書浪漫洲」的浪漫兩個字，聽說是夏目漱石所想出。在井上廈的《日語日記②》（文春文庫）中有介紹。

收穫也是形形色色

《文藝春秋》有許多舊書迷。這本雜誌的S總編也是個超級舊書迷，比我還常逛古書店、古書市。

我也請這位S總編公開他在「太陽城」中的收穫。

陽光大舊書祭今年是第十五屆。鎖定廣大的顧客層，從珍奇書到一般古書、食譜、園藝、童書等領域皆有。他們企圖將其他會場專門來參加活動的客人也一網打盡，寬廣的會場上有不少年輕女性，相當顯眼。如今，像這種大規模的舊書市已愈來愈少，正因為價格便宜，所以我希望它能長久持續下去。

S總編的戰利品中，麥克斯．伊斯特門（Max Eastman）的《列寧死後》，是描寫史達林權力鬥爭的作品。很像是S總編會選的書，而忘卻書的價格，也很像他的作風。真是個粗枝大葉的人。另外，編輯M先生每次都會雙手捧著滿滿的戰利品。他喜歡落語相關的書籍，每回總會買上幾本，但無法一一向各位介紹。不過，他找到了一本日本出版協會編的《一九五一年版出版社、執筆者一覽》（昭和二十六年）。作家、畫家、演出家等所屬團體及住址，全部得以一覽。此外，當時的雜誌欄裡，能分別就綜合雜誌、時勢、婦女、大眾、娛樂、家庭、運動等不同領域來加以總覽。這種資料書刊並不貴，但可不是出一萬日圓叫人去找，就能輕易尋獲。我也有類似的資料，雖然只有簡單的描述，卻能得知一些替雜誌畫封面、沒沒無聞的畫家的經歷。每年都會增加許多創作者，後人想要加以調查並不容易。

至於我嘛，這次並沒有得到什麼特別的戰利品。不過，我在插畫中所畫的食品附贈玩具（人偶），是在《愛麗絲鏡中奇遇》中登場的角色，它忠實呈現出約翰．丹尼爾（John Tenniel）為路易斯．卡羅（Lewis Carroll）的《愛麗絲夢遊仙境》（一八六五）所繪的插畫。要談《愛麗絲夢遊仙境》這本書，絕對少不了丹尼爾。這項玩具可說是英國兒童文學的資料，要探尋插畫家的想像力，它是再好不過的材料了。

愛麗絲系列的食品附贈玩具，當初有兩家製菓公司販售，但如今連在秋葉原（我不是宅男，所以不會將秋葉原說成AKIBA）也很難找到。

除了這次的三個會場外，我向神田古書會館的書目清單下訂的三項商品，也全部得手。插畫中提到的吉田博彩色木刻版畫〈日田筑後川的黃昏〉與奧山儀八郎的〈妙義村〉，也許是價格便宜的緣故，有不少

聊詩〈炸脖龍〉（Jabberwocky）中登
怪物，同樣出　自《愛麗絲鏡中奇
。高8公分×寬　9公分

（I）

詞這個我已有23個愛麗絲玩具。北陸製
，210日圓

收穫 五花八門

內舊書市外，其他會場的收穫也
七生大肆採購。S總編則是大方
，我的（I）收穫倒是很少。

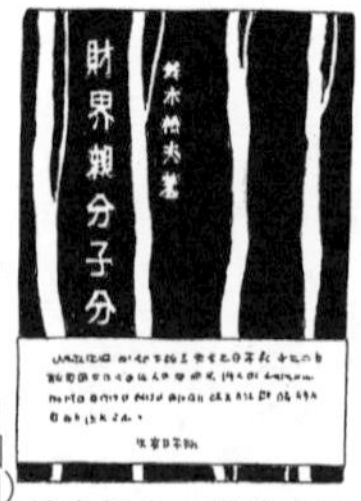

▶315日圓（M）

鈴木松夫，實業之日本社。小林一三、藤原銀次郎、五島慶太等14位企業家的報導。昭和30年

◀《財界大哥與小弟》

▶《毛澤東與整風》

（M）

朝日新聞社。
文化大革命同時代的報導，摻雜對毛的批判。昭和41年，630日圓

《血與蔬菜》
天澤退二郎，思潮社。插畫：加納光於。詩集，昭和45年，1,050日圓（M）

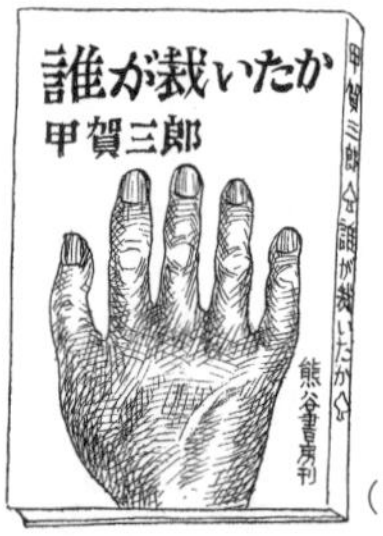

（I）

熊谷書房。戰後的再生紙本偵探小說。《血型殺人事件》也收錄在內。負責裝幀的是資生堂設計師山名文夫。昭和21年，3,150日圓

（I）

法國卡通集
《黑色企圖》，摩斯（Mose）；《芝麻小事》，波士克（Bosc）。充滿法式機智的兩部作品。波士克在《笨拙》雜誌中也相當活躍，以軍中漫畫聞名。都是1956年出版，500日圓

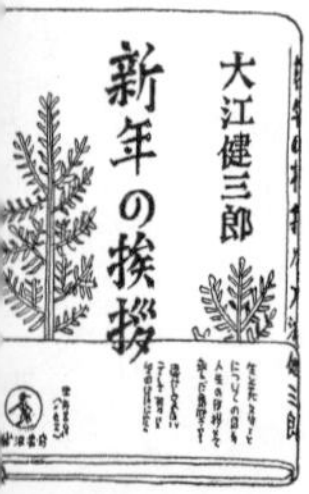

《賀年》，大江健三郎，岩波書店。於《圖書》上連載的隨筆集。針對文學、藝術、家人、死亡等主題，交雜個人的回想，展開思索。平成6年（五刷）450日圓

▶中央公論社

◀比爾・布萊森，古川修譯

前《國家地理雜誌》記者的英國紀行。平成10年，315日圓（S）

（S）

艾瑞克・安伯勒（Eric Ambler），齋藤數衛譯，早川書房。經濟懸疑小說，昭和55年，300日圓

◀《列寧死後》

（S）

麥克斯・伊斯特門，茂田東子譯。風媒社。描寫史達林的權力鬥爭。昭和45年，忘了價格

色木刻版畫〈妙義村〉，奧山儀八郎。藏青色
天空襯托出妙義山的奇勝美景。也是在書目清
上下訂。昭和28年，15,000日圓

◀（I）　（I）

《外海的閃電》，內田百間（閒），新潮社，昭和18年，再版，隨筆集。去年神保町的古書店發行百閒的書誌，推動古書的研究。2,100日圓

◀《出發點的崩壞》日高普，創樹社

（M）

身為馬克斯經濟學者，展現灑脫文筆所寫的隨筆集。吉行淳之介推薦。昭和58年，315日圓

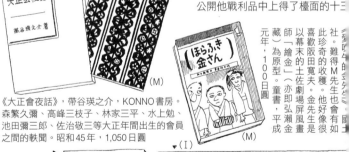

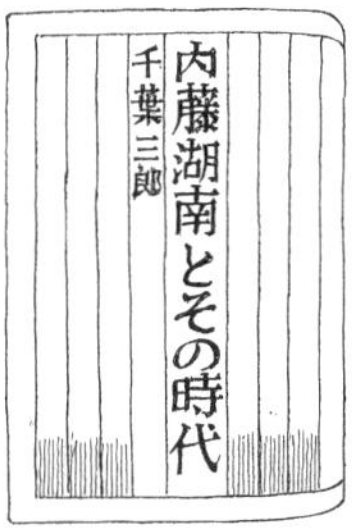
内藤湖南とその時代
千葉三郎
(M)

《內藤湖南與其時代》，千葉三郎，國書刊行會。於《秋田魁新報》連載。東洋史學泰斗的傳記。昭和61年，1,050日圓

壺中庵異聞
富岡多恵子
(M)

《壺中庵異聞》，富岡多惠子，文藝春秋。富岡以同居的池田滿壽夫、江戶川亂步的弟弟通等人當原型所寫的小說（參照前篇）。昭和49年，300日圓

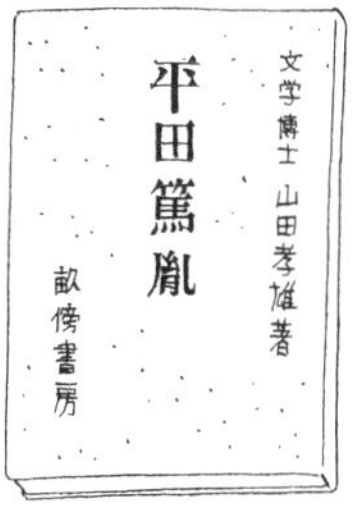
平田篤胤
文学博士 山田孝雄著
畝傍書房

山田孝雄，畝傍書房。針對平田篤胤所做的演講集。昭和17年，500日圓（M）

於《愛麗絲鏡中奇遇》中登場的「白騎

解救被紅騎士抓住的愛麗絲，不太可靠的白騎士。

「海洋堂」製作，作工相當精良。高7.6公分×寬6公分

忠實重現約翰・丹尼爾的插畫。210日

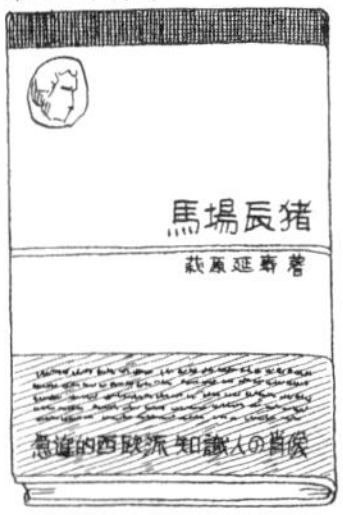
馬場辰猪
萩原延壽著
(M)

《馬場辰豬》，萩原延壽，中央公論社。自由民權運動家的評傳。昭和42年，300日圓

(M)

厭世
鮎川信夫
(M)

《厭世》，鮎川信夫，青土社。戰後代表詩人的隨筆集。昭和48年，840日圓

犯罪文化
悪の英雄たち

岩井弘融，講談社。連罪犯者的觀點也一併採用的獨特研究。昭和33年，500日圓

這次的

除了那場以三座會場為主，為期一
幾乎都在此為各位大公開。這次緋
公開他戰利品中上得了檯面的十三

やつさもつさ
獅子文六
(M)

《紛亂》，獅子文六，新潮社。昭和27年原版。初版，附書衣、書腰、膠膜。500日圓買到真不容易。

大正会夜話
帯谷瑛之介著
(M)

《大正會夜話》，帶谷瑛之介，KONNO書房。森繁久彌、高峰三枝子、林家三平、水上勉、池田彌三郎、佐治敬三等大正年間出生的會員之間的軼聞。昭和45年，1,050日圓

ほらふき金さん
(M)

《愛吹牛的金先生》，國土社。難得M先生也會有如此珍奇的收穫。他好像很喜歡阪田寬夫。金先生是以幕末的土佐劇場屏風畫師「繪金」（亦即弘瀨金藏）為原型。童書，平成元年，100日圓

キンダーブック
したきりすずめ 4～5才用
(I)

《幼兒書》，剪舌麻雀，福祿貝爾（Froebel）館。武井武雄的繪本價格近來水漲船高。這本1890日圓。昭和46年

1951年版
出版社・執筆者一覧
日本出版協会編
(M)

《出版社、執筆者一覽》，雜誌、出版社、各界的執筆者等，全都得以一覽的有用史料。昭和26年，1,050日圓

(I)

彩色木刻版畫〈日田筑後川的黃昏〉，吉田博。在書會館特賣展的書目清單中抽選購得的商品。昭年（重印），25,000日圓

舊書浪漫洲

新宿Subnade二丁目廣場

首都圈的十家舊書店，以一個月分四次輪替的方式展出，在各自所屬的期間裡展現店內特色。當中有兩天全面300日圓均一價。地點佳、一般客人也多，也會有嗜好類的書籍。雖然空間狹窄，但樂趣頗多。

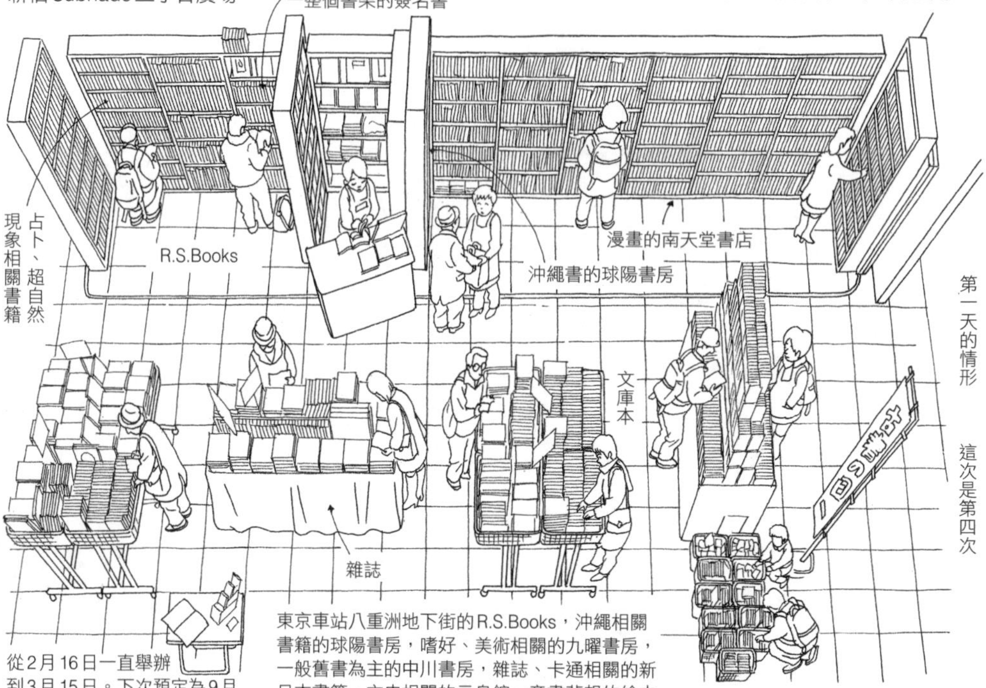
一整個書架的簽名書
占卜、超自然現象相關書籍
R.S.Books
漫畫的南天堂書店
沖繩書的球陽書房
第一天的情形
這次是第四次
文庫本
雜誌

從2月16日一直舉辦到3月15日。下次預定為9月1日至30日。

東京車站八重洲地下街的R.S.Books，沖繩相關書籍的球陽書房，嗜好、美術相關的九曜書房，一般舊書為主的中川書房，雜誌、卡通相關的新日本書籍，文史相關的元泉館，童書夢想的繪本堂，一般舊書為主的藤井書店，鎌倉的藝林莊，漫畫為主的南天堂書店等。

大舊書祭

第十五屆「陽光大舊書祭」（World Import Mart四樓）

寬廣的430坪會場，有38家店展出。共展出一百萬冊，是東京都內規模最大的室內舊書市。書目清單上的商品有4746件之多。

擺有珍奇書、雜誌、日本人偶、陶瓷娃娃的玻璃櫃。

舉辦日期為2月21日至27日。一年一次。

前方還有二手CD、唱片祭會場 ⇨

人下訂。以前在抽中的商品上會附上下訂者的名單，但最近則是在交付商品時將名單取下，所以就不得而知了。不過，這兩項商品似乎都有五、六人下訂。

另一項商品是東京、神田的攝影集，我在截止的前一天下訂時，已有好幾人下訂，原本沒抱太大希望，但結果竟然雀屏中選。

「哇哈哈哈，我的籤運真強。」

正當我喜不自勝時，前一天的天之音再度響起。

「你常有這種小小的好運，小心日後走霉運哦！」

11 找尋店頭均一價書，超便宜的「寶物」！

對於擺在舊書店店頭的均一價書，我向來都不屑一顧。因為我要是為了貪便宜而買，或者認為日後或許用得著而下手，很快家裡便會沒地方擺書。依我的計算，要是將一本一百日圓的書擺在身邊一輩子，土地費、空間的租借費、收納家具的費用，將會超過千圓。

話雖如此，現在不同於以往，店頭的均一價便宜書，品質和魅力都大幅提升不少。我認為這和古書價格下滑、Book Off的一百零五日圓均一價販售方式登場有關。

店頭書有寶可挖嗎？

舊書店店頭販售的便宜書，俗稱均一價書。但事實上，當中也有不在均一價格內的超便宜書。此外，擺書的容器也相當多樣，有均一書架、均一平台、均一花車等。有時也用紙箱裝。以前有人稱之為「丟置台」，認為這是利用一些沒有價值、形同丟棄的書來吸引顧客的方式。

似乎有人認為店頭的超便宜書中，有時也會摻雜著「寶物」，但事實上，真有這種事嗎？說到挖寶，往往會讓人聯想到以超便宜價格買到昂貴物品，不過我個人從沒遇過這種事，因為那是古書專家剔除不要的商品。就算以一百日圓買到價值一千日圓的商品，我也不認為那樣算挖到寶，如果能以十萬日圓買到上百萬日圓的商品，那樣才稱得上是挖到寶吧。不過話說回來，價值十萬日圓的商品絕不會擺在店頭。

那麼，絕不可能挖到寶嗎？其實不然，正因為這樣才有趣。

我有位朋友是名雜誌編輯，他每天都會上神保町。他最近在神保町的古書店店頭，以七百日圓買到稻垣足穗的《第三半球物語》（昭和二年，金星堂），撿了個便宜。這是市價五萬至九萬日圓的古書。不過它沒有書衣，所以這位編輯推測，應該因為它是「裸書」才會便宜賣。他還告訴我，這也可能是因為那家店經手的是完全不同領域的古書。

這樣的幸運，一年可能只會遇上一次。而勤逛古書店街、嫻熟古書，也是能否挖到寶的關鍵。

不過，對於挖到寶，每個人的看法都不一樣，有時好不容易遇上尋找多年的書，儘管看在別人眼中毫無價值，但是對得到書的人來說，卻大有幫助。這樣也可視為挖到寶。我那位編輯朋友說，就是因為這樣，才會有古書店街的店頭書，才有尋找的樂趣。

就讓我們從古書店街神保町開始，展開店頭均一價書、超便宜書的挖寶之旅吧。

我還是依慣例，與編輯M先生一起從田村書店展開「旅程」。

寶物啊，快現身吧！

田村書店在神保町裡是赫赫有名的近代文學書店。店頭擺的便宜書雖然不多，但都是好書，所以吸引不少書迷。

店內堆滿了貼有黃色價格標籤的全集本。

UNKEN ROCK SIDE

弋田區神田神保町 2-3
内以搖滾、偶像相關、卡通、鐵道
文化的古書為主，但這個花車是
也方，能發現不少好書和黑書。每
⽉一價210日圓。

小宮山書店 千代田區神田神保町 1-7

每週星期五、六、日與節慶日舉辦車庫大特賣。

除了全集外皆為均一價書，1～3冊500日圓均一價。包括文庫本、單行本等，相當廣泛。每週都人山人海，成為人氣景點。

挑均一價書

有不少一早便等著開店的狂熱古書迷以及專挑均一價書下手的客人。

文省堂書店*

千代田區神田神保町 1-5

從靖國通上的小宮山書店與書泉GRANDE之間的小路轉進，位於右手邊。店內主要為偶像寫真集和漫畫，但牆壁的書架上放滿了舊書。除了漫畫外，全部一本100日圓。

《新劇》、《*Theater*》等的過期雜誌。

不是位於道路兩側。

以推理、科幻、文學聞名的書店。外面的書架除了雜誌、單行本外，還擺滿了旺文社文庫的書。

@WONDER 千代田區神田神保町 2-5

以電影、戲劇方面聞名。外面的書架擺滿了100號之後的新口袋推理小說，一本500日圓。

矢口書店 千代田區神田神保町 2-5-1

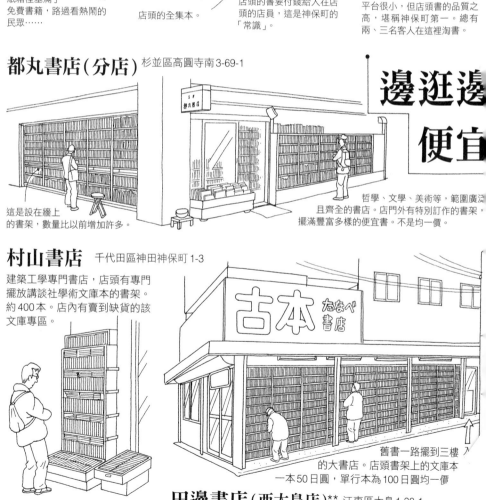

田村書店

千代田區神田神保町 1-7　近代文學、外文書（2F）

大放送
擺在田村書店前的免費紙箱
100
100

紙箱裡塞滿了免費書籍，路過看熱鬧的民眾……

這是 100 日圓均一價。以雜誌為主。

店頭的全集本。

店頭的書要付錢給人在店頭的店員，這是神保町的「常識」。

平台很小，但店頭書的品質之高，堪稱神保町第一。總有兩、三名客人在這裡淘書。

都丸書店（分店）

杉並區高圓寺南 3-69-1

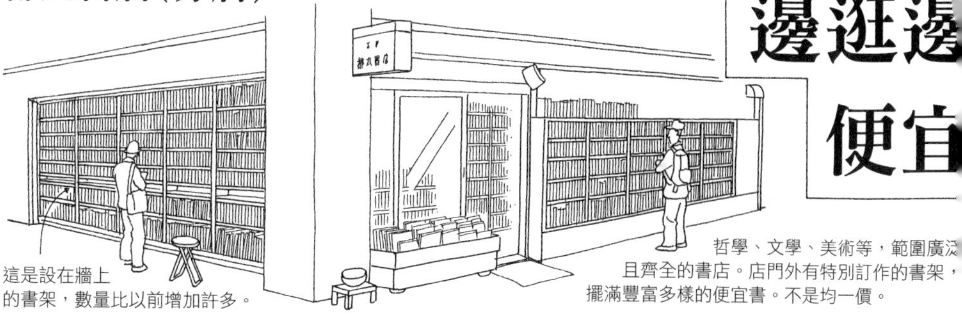

這是設在牆上的書架，數量比以前增加許多。

哲學、文學、美術等，範圍廣泛且齊全的書店。店門外有特別訂作的書架，擺滿豐富多樣的便宜書。不是均一價。

邊逛邊便宜

村山書店

千代田區神田神保町 1-3

建築工學專門書店，店頭有專門擺放講談社學術文庫本的書架。約 400 本。店內有賣到缺貨的該文庫專區。

古本
たなべ
書店

舊書一路擺到三樓的大書店。店頭書架上的文庫本一本 50 日圓，單行本為 100 日圓均一價

田邊書店（西大島店）**

江東區大島 1-30-1

我曾問過店主，為何是黃色的價格標籤。

「黃色容易褪色，看過之後可以猜出商品擺了多久沒賣出去。」店主說。嗯，有學問！簡直就像古書界的福爾摩斯嘛。

教訓①：凡事要多問。

在田村書店裡，我買到三島由紀夫的《鏡子之家》（參照插圖）初版。附書盒和書腰才三百日圓。「三島的初版！」我喜不自勝地掏錢買下。後來才知道，這本書的初版最常在市面流通，而且是兩部作品中的第一部。不過就算這樣，至少也值兩千日圓。聽坐鎮店內的店主說：「如果兩本齊備，應該值五千日圓左右。因為只有一本，所以才便宜賣。」

「這一帶會有下半本嗎？」

「如果有，我早就整組合賣了。」

（說得也是。）

「要是我連這個也沒發現的話，就不配吃這行飯了。」

（我真傻。）

教訓②：不是什麼都能問。

在田村書店，我還買了《龜腳散記》、《野口米次郎第三表象抒情詩》。《龜腳散記》是法文學者渡邊一夫的隨筆集。渡邊翻譯過拉伯雷（François Rabelais）的《巨人傳》（*Gargantua and Pantagruel*），以此聞名。此外，有不少書的裝幀也出自他之手，本書也是他以六隅許六（日語的念法為MUSUMIKOROKU，是英文字microcosm「小宇宙」重新排列組成）的名義裝幀。他在自己的著作中還會介紹六隅許六的消息，展現出他稚氣的一面。

M先生購得《戰後疑雲》、《今日的圖騰崇拜》。酷啊！

田村書店不光只有店頭書，有時還會在店門前擺出塞滿紙箱的免費書。書籍、雜誌等，各種都有，有時甚至還會釋出岩波文庫的書，總是聚滿了人。我稱之為「屯聚書店」[1]。

我在開頭也曾提及，Book Off展開一百零五日圓均一價的便宜書經營策略後，整體來說，有愈來愈多古書店也開始以便宜的價格販售新書和文庫本了。不過，Book Off規模雖大，但只有極少的岩波、中公文庫書。這方面，神保町的店頭倒是相當豐富。在M先生的戰利品中，《芭蕉臨終記花屋日記》是絕版書，雖然古書價格不會太高，但他以五十日圓撿了個便宜。本書是僧人文曉根據芭蕉的門人和親人的資料，以後世門人日記的形式來呈現芭蕉晚年生活的偽書。芥川龍之介依據此書寫成《枯野抄》，它才因而聞名。

在神保町四處逛，收穫差強人意，不是那麼輕鬆就能挖到寶。我以一百日圓買了一本岩波文庫的小泉八雲《怪談》裸本，當工作上的資料之用。這並不是特別珍貴的書，但我在其他書店的店頭看到同樣的書，附書衣，賣三百日圓。我不禁心想：「雖然比較貴，但應該是這個比較好吧。」看來，我果然不適合在店頭淘書啊。

我二十多歲時，曾在神保町隔壁的錦町一家廣告公司上班。當時我每天午休時間都會到古書店街逛逛，找尋喜歡的均一價便宜書。

當時我都以新出版的小說、早川口袋推理小說為主。如今已不在二丁目的東京泰文社，當時店頭會擺出許多過期雜誌、偵探小說、科幻小說，一直深受偵探小說愛好者和研究家的關注。我也常去那裡走走逛逛，聽說植草甚一、片岡義男、瀨戶川猛資等知名作家和評論家也是老主顧。

我曾在店頭以兩百日圓購得一本沒附書盒的桃樂絲．謝爾絲（Dorothy L. Sayers）作品《九曲喪鐘》（*The Nine Tailors*）。這本不朽的英國偵探小說，在平成十年（一九九八）重新翻譯，於創元推理文庫登場

1「田村」的日文たむら與「屯聚」的日文たむろ音相近。

這次的收穫

（I）池谷　（M）編輯

《黑幕研究3》，新國民社

戰後相當活躍的「黑幕」之相關新聞報導。昭和54年，300日圓（M）

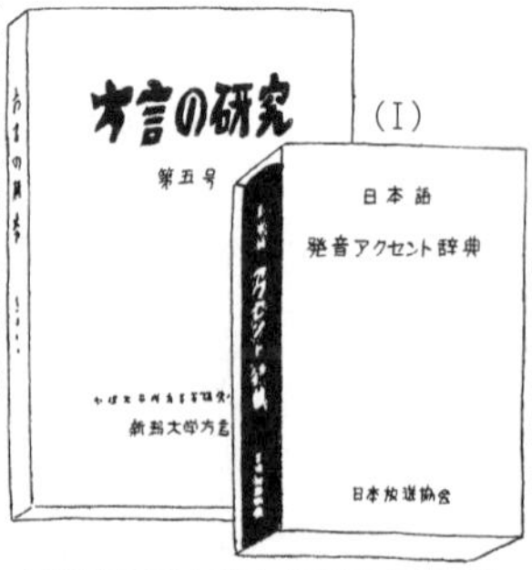

《方言的研究》，新潟大學（I）《日語發音重音辭典》

左邊是新潟大學方言研究會編纂的謄寫版印刷冊子。昭和48年，500日圓。右邊是日本放送協會編的辭典。昭和43年四刷，300日圓

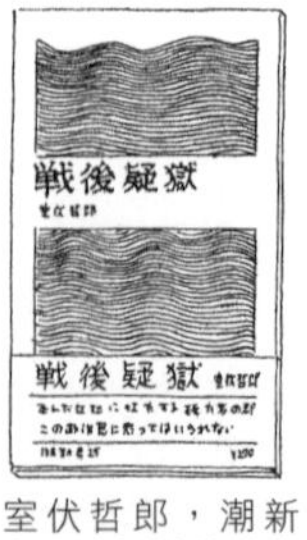

室伏哲郎，潮新書。分析戰後的貪污案事件。附貪污案史年表。昭和43年，100日圓（M）

《潘可夫斯基機密文件》（M）

法蘭克・吉布尼（Frank Gibney）編，集英社。讓赫魯雪夫失勢的一名雙重間諜的筆記。昭和41年，630日圓

《第三表象抒情詩》，野口米次郎

皮革書背、金泥、滾金書口、附書盒（不過缺書盒盒背）。第一書房，昭和2年，600日圓（I）

《駿台雜話》，室鳩巢

江戶中期的儒學者隨筆。森鐵三校訂。岩波文庫，平成元年，六刷，絕版書，520日圓（I）

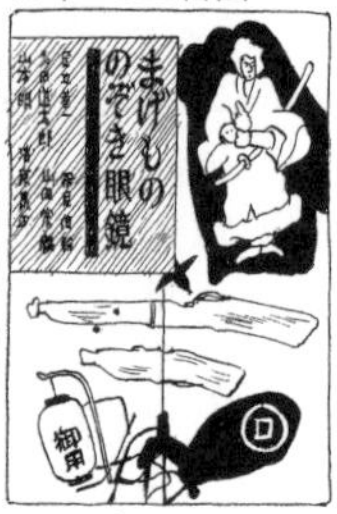

《時代小說窺望眼鏡》

鶴見俊輔等人。旺文社文庫。各種時代大眾小說論考。昭和56年，350日圓（M）

《芭蕉臨終記花屋日記》

後世僧人文曉發表的偽書，以門人日記的形式，記錄芭蕉臨終前的情景。岩波文庫，昭和31年十刷，50日圓（M）

《龜腳散記》，渡邊一夫，朝日新聞社。法文學者的隨筆集。昭和22年，300日圓（I）

《今日的圖騰崇拜》（M）

克勞德・李維史陀（C. Lévi-Strauss），MISUZU書房。人類學者所寫的澳洲原住民圖騰文化論。昭和45年，300日圓

《中國的女人》（M）

克莉絲蒂娃（Julia Kristeva），SERICA書房。符號學者造訪文化大革命晚期的中國所寫的女性論。昭和56年，210日圓

《洩密事件》

約翰・梅杰（John Major），平凡社。歷史學者驗證原子彈之父奧本海默（J. Robert Oppenheimer）的事件。昭和49年，105日圓（M）

（M）

舟崎克彥，旺文社。一名留在家中看家的男孩，接到一通神祕電話……。昭和52年，105日圓

《鏡子之家》（I）

三島由紀夫，新潮社。三島的作品我幾乎都不看，但因為這是初版，又附書盒，書況極佳，所以我便買下了。昭和34年，300日圓

《『笨拙』素描集》（I）

松村昌家編，岩波文庫，1841年創刊的《笨拙》（*Punch*）雜誌的諷刺漫畫集。圖版104張，平成11年，七刷，300日圓

之前，只能透過古書《世界推理小說全集》來閱讀此書，一度曾開出附書盒售價八千日圓以上的高價。我甚至覺得店家是少放了一個零，才會只賣兩百日圓。

不同於新譯文庫，全集中收錄了平井呈一知名的翻譯，有不少人都很懷念，現在一樣價格不菲。裝幀為《生活手帖》的總編花森安治。

這次的收穫中，我購得一本《日語發音重音辭典》（日本放送協會編），想在此特別提及。若有人問我，昭和四十三年的舊辭典有何用處，確實是不太派得上用場。關於日語的紛亂，從很早以前便可看出重音的改變。我在意的是，現在年輕人的「平板重音」。像ショップ（商店）、グッズ（商品）、モチベーション（動機）、ビデオ（影帶）、試写会（試映會）、学園祭、委員会、防腐剤、年賀状（賀年卡）等，不勝枚舉。甚至也有博物館職員和評論家將（河鍋）曉齋說成「恐妻」，（尾形）光琳說成「後輪」[2]。如果連專家也這樣，那可就頭疼了。

足球守門員川口能活，他的名「能活」（YOSHIKATSU）若是連著叫，恐怕會叫成「串燒」（KUSHIKATSU）。

據說ＮＨＫ都是以這本辭典為依據，對新進播報員進行講習，但還是可以發現不少發音奇怪的人。附帶一提，這本辭典的標記方式與現今的發音差異頗大。重音辭典也隨著時代而不斷改訂。這本辭典可說是昔日發音的見證。

這種書不會擺在店內的書架上。

雖然沒寶可挖，但可以得到不少有趣的東西。只要逛得勤，總有一天會真正挖到寶……

---

*插圖中的文省堂遷往附近。　**田邊書店的西大島店歇業。

2「曉齋」與「恐妻」的日文同為「きょうさい」，「光琳」與「後輪」同為「こうりん」，但重音不同。河鍋曉齋是十九世紀畫家；尾形光琳是江戶時期畫家。

12

大阪 有神佛的撮合 四天王寺大舊書祭！

前一陣子我罹患了神經性腸炎。這是許多壓力累積而成，但其中之一與這次採訪有關。

去年夏天，我到京都下鴨神社的舊書市採訪，為了將會場上設攤的四十家店帳篷（總長兩百五十公尺）全畫進素描本裡，我急需五頁畫紙來接續。那為期兩天的奮戰，如今想起來仍心有餘悸。然而，這次似乎規模更大。S總編告訴我：「一整天都看不完。可能是全日本最大的。」

「唔，我腸子翻絞，便意狂湧啊！」

穿過西大門，前赴決戰地

我和那位如果生在三國時代，肯定會被稱作魁梧壯漢，感覺相當可靠的編輯M先生，一起搭新幹線前往大阪。穿過四天王寺的西大門後，映入眼簾的，是院內井然排列的舊書店帳篷。天氣普通。我馬上向之前請求接受我們採訪的稻野書店、青山書店展開採訪。令人意外的是，帳篷並沒想像中來得多。

「因為上次五天當中有四天都在下雨，所以這次只有一半的店家參加。」稻野書店的老闆說。我不禁暗自竊喜，「那可幫了我一個大忙呢。」但我旋即提醒自己不能喜形於色，我們兩人都露出驚訝的神情。儘管如此，還是有二十一家店參加，規模不小。如果像往年一樣的話，據說帳篷會包圍中央的寺院，一路綿延。由於占地遼闊，要是參加的店家多出一倍，當然會呈現出日本第一大規模的景象。

M先生負責採訪，我馬上著手作畫。我事先備好四頁畫紙相接，折疊收好。不過照這個情況來看，只要兩頁便可搞定。

帳篷之間擺有露天的均一價平台和書架，書量不少。此外也擺出古董品，相當有意思。當中還有幾片滴水瓦，不知道誰會買。

此次是春季舉辦的第四屆。特別引人注目的，是每家店備齊了交通相關雜誌、時刻表、地圖、舊車票等資料，展現出不同的特色。

四天王寺似乎是聖德太子所建。望著四周的建築和大佛，一面找尋喜歡的舊書，這也是一種樂趣。因為聖德太子、弘法大師（空海）、釋迦、阿彌陀、四天王，加上不動尊、地藏王菩薩、大黑天、布袋和尚、庚申尊，各路神佛全部到齊。此外

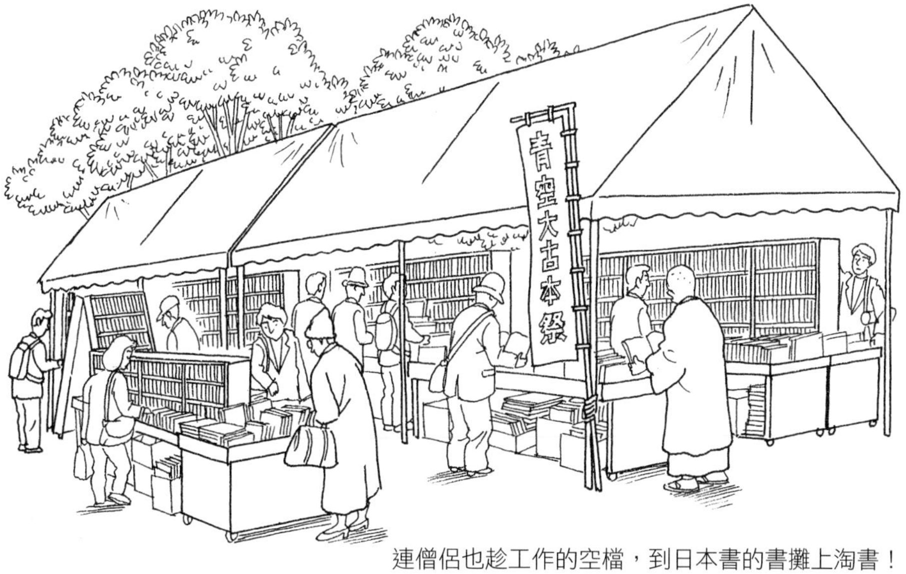

連僧侶也趁工作的空檔，到日本書的書攤上淘書！

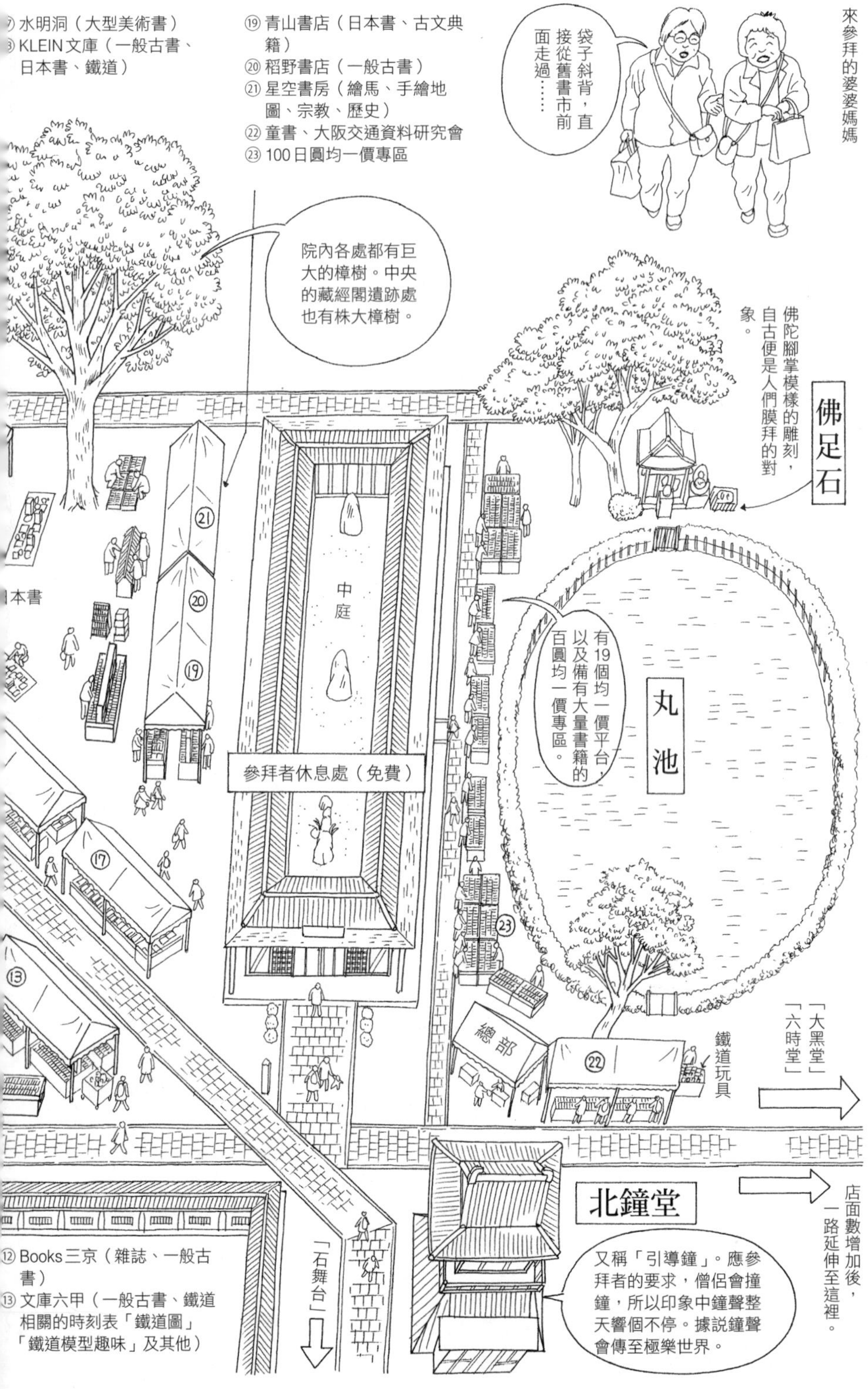

⑰ 水明洞（大型美術書）
⑱ KLEIN文庫（一般古書、日本書、鐵道）
⑲ 青山書店（日本書、古文典籍）
⑳ 稻野書店（一般古書）
㉑ 星空書房（繪馬、手繪地圖、宗教、歷史）
㉒ 童書、大阪交通資料研究會
㉓ 100日圓均一價專區
袋子斜背，直接從舊書市前面走過……
來參拜的婆婆媽媽
院內各處都有巨大的樟樹。中央的藏經閣遺跡處也有株大樟樹。
佛陀腳掌模樣的雕刻，自古便是人們膜拜的對象。
佛足石
日本書
中庭
有19個均一價平台，以及備有大量書籍的百圓均一價專區。
丸池
參拜者休息處（免費）
總部
鐵道玩具
「大黑堂」「六時堂」
北鐘堂
店面數增加後，一路延伸至這裡。
「石舞台」
又稱「引導鐘」。應參拜者的要求，僧侶會撞鐘，所以印象中鐘聲整天響個不停。據説鐘聲會傳至極樂世界。
⑫ Books三京（雜誌、一般古書）
⑬ 文庫六甲（一般古書、鐵道相關的時刻表「鐵道圖」「鐵道模型趣味」及其他）

大阪 四天王寺 春季大舊書祭

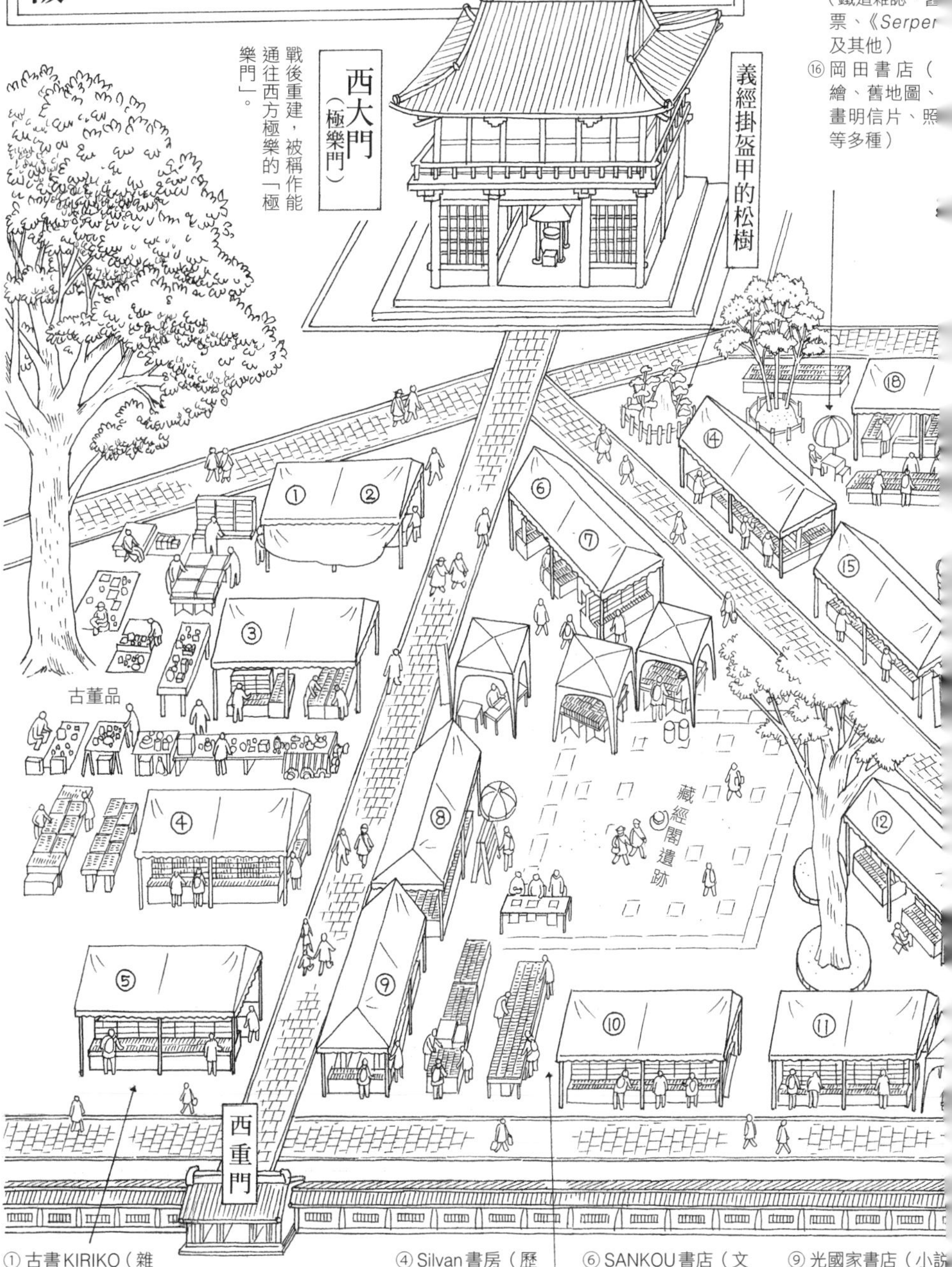

⑭ 五陵閣書店（
誌、鐵道相關
⑮ KAIRASU 書
（鐵道雜誌、舊
票、《*Serpe*
及其他）
⑯ 岡田書店（
繪、舊地圖、
畫明信片、照
等多種）

① 古書KIRIKO（雜誌、絕版文庫）
② 空閑文庫（小說）
③ 飛鳥BOOK（美術、版畫、一般古書、古董）

中心寺院

④ Silvan書房（歷史、小說、外文書）
⑤ 大仙堂書店（民俗、電影、歷史、一般古書）

⑥ SANKOU書店（文學、一般古書）
⑦ 漣書店（社會科學及其他）
⑧ 清泉堂倉地書店（文學、推理、科幻、雜誌）

⑨ 光國家書店（小說
⑩ 古書樂人館（文學、歷史、鄉土誌、圍棋、宗教）
⑪ 奧田書店（傳記、動植物、鳥、昆蟲

還有五重塔、金堂、撞鐘堂等尊貴的建築環繞。明明是寺院，卻設有鳥居，相當罕見（鳥居原本是從印度傳來，為聖地結界的四門，所以寺院似乎也可以設鳥居）。附帶一提，四天王寺長期歸屬於天台宗，但戰後獨立，取聖德太子十七條憲法中的語意，改名為和宗總本山。

索取得來的導覽手冊中，有以前參拜方式的解說，可以一面逛院內的園藝店、攤販，一面踏上歸途。經這麼一提才想到，一些來參拜的婆婆媽媽，對舊書市完全不屑一顧。就算是隨便逛逛也好，好歹也過來看一看嘛。

待我完成素描的概略後，覺得心情輕鬆許多，下午便開始找尋舊書，順便採訪。懷念的清泉堂倉地書店（⑧）從甲子園趕來參加。我聽年輕的新店主說，以前書店位於「SANPARU古書街」，現在已經搬遷。大海灘傘底下的書架塞滿了推理小說，也擺了長長一排早川口袋推理小說較新的舊書。我在這裡發現克蕾格．萊斯（Craig Rice）的《錯誤的謀殺》（*The Wrong Murder*，昭和三十一年）初版，四百日圓。M先生也以五百日圓買到《第四郵局》（昭和二十五年）。一見萊斯，我們兩人馬上拋下工作，展開激烈的爭奪戰。

此外，我還發現情色雜誌《*COLOR*小說》（昭和四十五年），於是我說「加入這種東西，雜誌版面會熱鬧許多。」硬將它塞給M先生。它裡頭有豐富的照片彩頁和插圖，而且總編應該也很喜歡泰迪片岡[1]的小說才對，M先生決定以它當伴手禮。

每一家店都價格便宜。本以為全是雜書，但仔細淘尋，還從中發現像北原白秋《啼唱的黃鶯》（書物展望社，昭和十年，附書盒）這類的書。二萬五千日圓，價格普通。為木刻版畫外裝，相當精美。我自己的藏書則沒有書盒。

會場有一區是參拜者免費休息室，裡頭既新又寬敞，除了能吃點心、喝飲料放鬆一下，還能在寬敞的桌子上修正我畫的素描。真是幫了我個大忙。

嗜好得不到菩薩的救贖

編輯M先生每次都大量買書。他狂買的模樣，不禁令人懷疑他是否打算日後要開一家社會、人文科學、落語相關的古書店。有時甚至覺得，他該不會是在進貨吧……？這次也一樣，他買了書都用宅配運送回家，所以我無法以插畫一一介紹。

我因為素描採訪優先，都得晚點才能去淘書。總有不少遺珠之憾。

第二天，M先生對我說：「有本很適合池谷先生的書哦。」原來他幫我找到一本插畫集《壽多袋》。那是薄薄二十頁、B6大小、謄寫版印刷的雜誌。編輯為酒井德男，自稱水曜莊主人。他是名愛書家，服務於《東京新聞》，同時也委託朋友寫稿，集結成冊，這可說是愛書家通訊的一種嗜好書。

創刊號的投稿人有詩人岩佐東一郎，愛書家同時也是日本CARBON重要人物的坂本一敏、日本古書通信社社長八木福次郎、畫家宮本匡四郎等等。根據以專門收集禁書聞名的城市郎所整理的水曜莊著作書誌《愛書家的哀愁》（限定一百本）所述，《壽多袋》發行到三十號。各發行了三百多本，有手摺木刻版畫、藏書票、展覽票等實物，以及作者近照（貼上黑白照片）等，充滿自己動手做的樂趣，相當快樂的一本雜誌。能從嗜好中尋求同好以及表現場所。

此外，不僅舊書，各種書籍也都收集的作者，在他的《蒐集物語》中說道：「我收集物品，就像在黃泉河邊堆石塔。愈堆愈寂寞。就算堆得再高也只是白費力氣。嗜好得不到菩薩的救贖。」我很能了解他的心情。能在四天王寺的一隅巧遇此書，也算是一種緣分吧。

1 片岡義男成為作家之前的筆名。

這次的收穫

（I）池谷
（M）編輯

▶《遙遠的道頓堀》（M）

三田純市，九藝出版，以作者從小生長的道頓堀為主，描寫明治到昭和時期的演員實川延若。昭和53年，1,000日圓

▶《舶來雜貨店》，獅子文六

白水社。與西洋有關的隨筆。收集讀物的隨筆集。以作者在法國的見聞和書籍介紹為主。昭和14年，第五版，500日圓（M）

◀《人類毀滅的選擇》（M）

安田喜憲，學研。從事長江文明發掘工作的環境考古學者，解開古文明盛衰的原因。平成2年，500日圓

◀《COLOR小說》（M）

芳文社。送給總編的伴手禮。出版社寫道「以圖來閱讀的小說誌」。由川上宗薰、藤本義一、泰迪片岡等人執筆。昭和45年2月號，300日圓

《壽多袋》創刊號（I）

酒井德男，私家版雜誌。謄寫版，二十頁。身為愛書家的新聞記者，向詩人、雜誌社社長邀稿發行。昭和42年，2,500日圓

◀《源平之盛衰》松林伯圓（M）

文事堂，明治講談界高手所作的源平盛衰記速記本。明治30年，2,000日圓

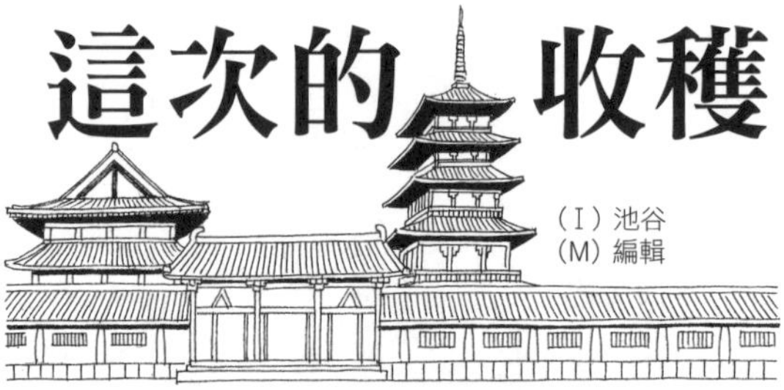

▶《每日年鑑》，每日新聞社（M）

收集政治、經濟、文藝、運動等主題的年鑑。昭和10年，500日圓

（M）

克蕾格・萊斯，新樹社（黑色選書）。左邊為《第四郵局》，妹尾韶夫譯，500日圓。右邊為《憤怒的審判》，長谷川幸雄譯。醉鬼律師馬龍有活躍表現的推理小說。都是昭和25年出版。右邊是在光國家書店的梅田店購得。1,000日圓

（I）

《河童會議》，火野葦平，文藝春秋新社。關注的對象從火野葦平身邊的事物，乃至於國內外的隨筆集。以《糞尿譚》聞名的作家，其電影化的故事也非常有意思。昭和33年，初版，300日圓

◀《綠色車廂內的孩子》（I）

戶板康二，講談社文庫。老經驗的偵探中村雅樂的推理短篇集。以意外的觀點解開身邊的謎團，此作風為其特色。昭和57年，1,200日圓

《錯誤的謀殺》▼

克蕾格・萊斯，早川口袋推理小說。我與M先生展開激烈爭奪戰的作家。昭和31年初版，400日圓（I）

◀《沒人寫過的台灣》（M）

鈴木明，產經新聞社。從台灣棒球、歐陽菲菲、北投溫泉來看台灣。昭和49年，200日圓

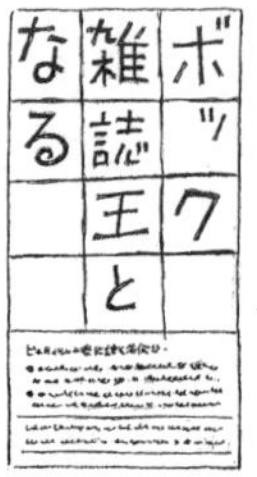

京谷大助，自由國民社。《Ladies' Home Journal》總編的傳記。昭和31年，再版，100日圓（M）

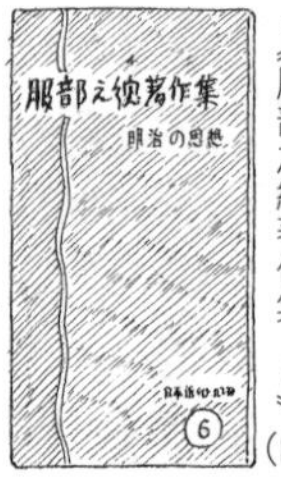

◀《服部之總著作集・6》（M）

收錄有理論社《明治之思想》。昭和30年，500日圓

幼兒書《蜜蜂的國度》，武井武雄繪、文。福祿貝爾館。昭和27年，1,000日圓（I）

宮本三郎，《水崎町旅館，社會運動家群像回想》。手寫稿影印而成的私家版。三部曲。昭和56年，各1,000日圓（M）

這是我第一次得到水曜莊的雜誌。要是我不買的話，它可能會就此被埋沒在書海中。M先生，發現得好啊。兩千五百日圓。不過，悄悄在關東某個角落發行的這本書，竟是在關西的大阪購得。古書還真是流通天下呢。

我利用上午時間進行素描的修正，並確認各家店的藏書狀況。之後，我集中火力，在販售大量日本書的青山書店⑲淘書。

M先生購得松林伯圓的講談速記本《源平之盛衰》。這是明治三十年（一八九七）的古書，但卷頭畫彩色木刻版畫相當搶眼。此外，他還買了一本明治七年文部省發行的《小學讀本》。連這種書也買，可見M先生買舊書的嗜好已經病入膏肓。

同一家店內還有京都、和泉、攝津、河內這幾處畿內名勝圖集，也全都便宜賣。這些都是我喜歡的領域。此外，蕪村的兩本彩色木刻版畫集，也相當出色，雖然蟲咬的痕跡有點顯眼，但三千五百日圓的確划算。當時要是能買下就好了，現在有點後悔。

另外，插圖中介紹的宮本三郎私家版三部曲的《三郎少年備忘帖》系列，是只有在舊書市才買得到的戰利品。一般店裡難得一見。作者的父親與兄長在大阪從事勞工運動，從大正到昭和年間，一直提供自己的住處給社會主義人士居住。是了解大阪勞工運動的珍貴資料。只出了三十套左右。

下午我拜訪了舊書市中的梅田店鋪，又追加了一些收穫。心情也就此平穩不少。真拿自己沒辦法。

13

拜訪九州的珍貴書籍

福岡篇・之一

博多人偶肥嘟嘟

到客人住家去收購不需要的書籍，稱之為「到府收購」。這是古書店的重要進貨方式之一。以前曾在電視上見過某位古書店老闆到府收購的畫面。

古書店老闆朝房裡的書瞄過一遍後，估價道：「值數十萬日圓吧。」這樣真的就能估價嗎？當中可能有初版書，也可能有畫滿線的書。也可能有完好無缺、書況絕佳的好書。多年的經驗，真能練就如此高超的估價神技嗎？當時我感到不可思議，但經由這次的採訪，我明白了箇中祕訣。

古書店這生意，一言以蔽之就是「進貨」

大阪的某家古書店看板上寫著：「讓客戶認識我排第一，讓客戶賣我書排第二，讓客戶買我書排第三。」而在其他古書店裡，儘管有整倉庫的庫存書，談論的卻還都是「進貨」一事。我問老闆：「你明明已經有這麼多庫存書，為什麼還是非得每天進貨不可呢？」老闆回答我：「放在倉庫裡的，都是賣剩的貨。」嗯，這生意可不輕鬆啊。我一定做不來。

福岡的「葦書房」老闆宮徹男先生，出生於昭和十九年（一九四四），今年六十二歲。包含當店員的期間，其舊書店資歷長達四十六年，是箇中老手。總之，宮先生極力強調進貨的重要性。「舊書店最辛苦的，就只有進貨。如果進貨順利的話，販售就沒什麼大問題了。進貨占七成，其他占三成。」的確，只要好書齊備，看是要店頭販售、書目清單販售、網路販售，還是要書市販售，販售的方法多得是。

如今店頭販售的方式，到處都不太順利，但擁有寬敞的店面，有另一個原因是為了取信於客戶，讓人認為「這家店或許會把我的書全部買下」。到府收購對古書店而言，是有利可圖的一種進貨方式。收購時，宮先生會親自前去，約莫花兩個小時的時間審查。這時，我腦中出現前面所提的疑問。

「我會先看房間，挑出當中比較特別的書，看看其書況。若有蓋印章或是破損，便大致可了解持有者的藏書觀。」

原來如此，經這麼一提才想到，我的藏書大多是蓋過章、沒有書盒，或是再版書，古書價值並不高。就算沒看遍所有書的書況，還是能靠經驗來審查。話雖如此，他還是花了兩個小時，可見進貨還是要審慎進行。

老闆還告訴我：「九州有福岡的黑田、熊本的細川、鹿兒島的島津等奉祿五十萬石以上的大名，所以古文書也不少。除了九州的鄉土誌外，也會全力收購古文典籍。」

的確，九州相關的領域，從古文書到近代文學，相當廣泛且齊備。但由於鮮少出現在地方上的書市中，所以他平均每兩個月便會上一次東京書市。得標率約五成。在珍品齊聚的「大市」裡，要得標似乎沒那麼順利。

福岡有一家同樣名叫「葦書房」的出版社，以出版作家石牟禮道子的著作而聞名。我和編輯M先生一開始也以為這是那家出版社的古書部門，後來才知道是完全不同的公司。宮先生當初開店時，就決定命名為「葦書房」，當時他帶著糕餅禮盒前去拜訪前任社長，對方還鼓勵他「好好幹」。他能大搖大擺地前往拜會對方，令人欽佩，而對方爽快地鼓勵他，也頗有豪氣。確實是很有九州風味的軼聞。如果是我，可能就會多管閒事地建議他「不如改成葦紙書房算了」。附帶一提，之所以取名「葦」字，是來自於葦紙以及當地的小說家火野葦平。

購得《舊書福岡》

我很討厭坐飛機。這次採訪不得已得坐飛機，但我一聽說航空公司是曾經保留機體凹陷而不處理的S航空時，內心頓時凹了一個比機體還要大的洞。

以前我曾搭乘一架小飛機前往北海道的上湧別，當時在大雪山上空劇烈搖晃，嚇得我魂飛天外。前來迎接我的人對我打氣道：「小飛機不會引發大事故的。」但他又補上一句「就算墜機，頂多也只有二十個人」，令我心情跌落谷底。關於飛機事故的玩笑話，我可一點都不覺得好笑。

在這方面，同行的M先生可就顯得輕鬆自在多了。雖然他一再告訴我「我會帶你平安抵達目的地」，但又不是你在開飛機。

M先生給人的感覺就像怎樣也殺不死。我心想：「跟這種人在一起，應該不會有問題才對。」心情就此平靜不少。

《舊書福岡》創刊號～第3號

福岡是個大都市，但並沒有多少大型古書店。不過，有特色的古書店倒是隨處可見。也許是看準古書業界日漸活絡，以及顧客挖寶的心態，從前年開始當地發行了《舊書福岡》。以福岡周邊的古書店書目清單為主，一併收錄了舊書店地圖、作家、古書店老闆等人的隨筆。在造訪地方的古書店時，正確的地圖不可少。此外，也會介紹福岡周邊地方出版社的新書，不僅只有古書，用來找書也相當方便。

結束葦書房老闆的採訪後，我在市內四處信步而行，想看看其他店家的情形。一開始映入眼中的，是三和書房。那是一家很有鄉下味道，現今難得一見的舊書店。店內擺設零亂，舊書堆積如山，找起書來相當辛苦。不過，這種店還能安好地存在，很令人高興。M先生在這裡購得九州相關的小冊子，以及一本與《諸君！》的特色相當吻合的書。很像是編輯會做的選擇（我平時誇他的部分都被刪除了，所以在此不再多說）。

看過三和書房後，我們又造訪了另一家離這裡有點距離的幻邑堂。這家店正面並不寬敞，但店內頗深。擺滿了社會、人文科學、藝術、思想等比較艱澀的書。幾乎沒有小說，也沒漫畫。這是一家走專門領域的好書店，位在神保町一點都不奇怪。店內還擺有兩本我的著作。真是一家很棒的店。

M先生在這裡買了《無冠的群像》上下兩冊、《俄國、中國、西方》等書。我沒有特別想要的書，但我發現一本書，外面以印有「積文館書店」的漂亮書皮包覆，我相當中意。隨興畫成的插畫、深綠搭黑色的配色感，都相當傑出。

書皮裡頭是文庫本的《變身》，但我並不會特別想要。問了價格，老闆開價五十日圓。我遞錢給老闆，向他說道：「這本書我不需要，請給我它的書皮。它很漂亮……」老闆聽了之後應道：「那送你吧。」慷慨地送我。聽說幻邑堂老闆會為了顧客保存之用，而備有不少書皮，免費替客人包上。我也會收集書店此外還有《青木繁書簡》（寫給住在八女的妹妹），680萬日圓。近現代文學、當地作家的著作，相當豐富。火野葦平的書，據説有八成都是初版。

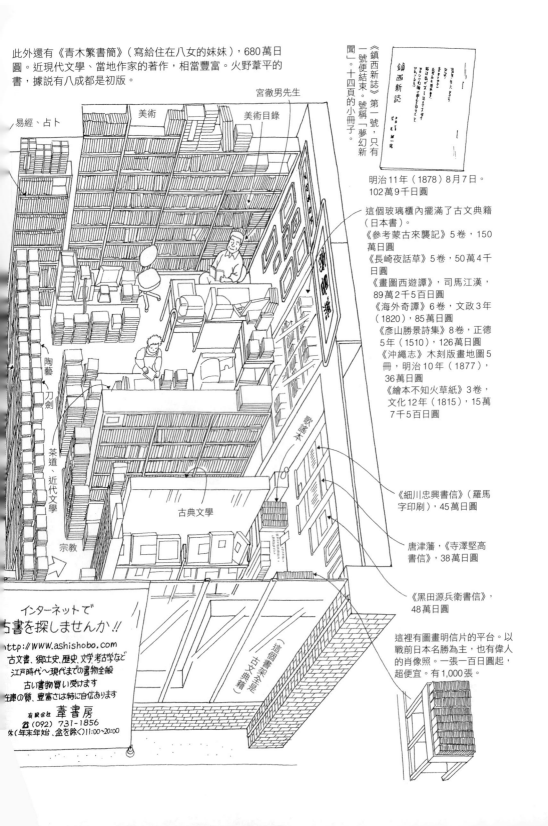

《鎮西新誌》第一號，只有一號便結束。號稱「夢幻新聞」。十四頁的小冊子。

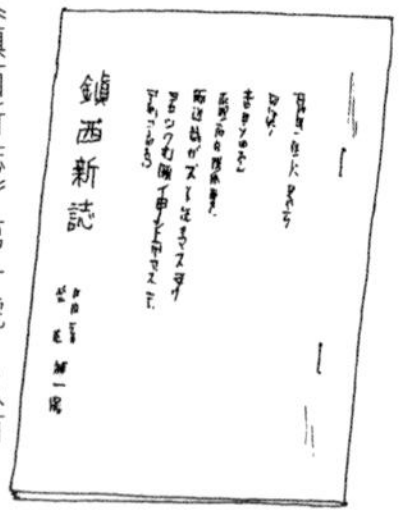

明治11年（1878）8月7日。102萬9千日圓

這個玻璃櫃內擺滿了古文典籍（日本書）。
《參考蒙古來襲記》5卷，150萬日圓
《長崎夜話草》5卷，50萬4千日圓
《畫圖西遊譚》，司馬江漢，89萬2千5百日圓
《海外奇譚》6卷，文政3年（1820），85萬日圓
《彥山勝景詩集》8卷，正德5年（1510），126萬日圓
《沖繩志》木刻版畫地圖5冊，明治10年（1877），36萬日圓
《繪本不知火草紙》3卷，文化12年（1815），15萬7千5百日圓

《細川忠興書信》（羅馬字印刷），45萬日圓

唐津藩，《寺澤堅高書信》，38萬日圓

《黑田源兵衛書信》，48萬日圓

這裡有圖畫明信片的平台。以戰前日本名勝為主，也有偉人的肖像照。一張一百日圓起，超便宜。有1,000張。

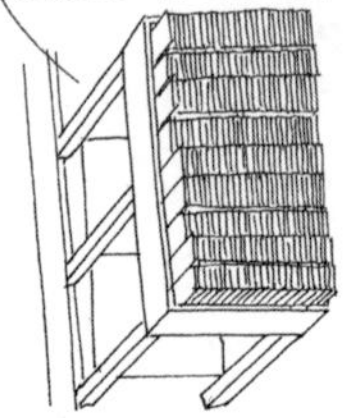

葦書房 福岡市中央區草香江2-5-19

九州首屈一指的古書店。說到葦書房，福岡有家知名的同名出版社，但兩者沒有關聯。社長宮徹男先生出生於昭和19年，現年62歲。他在古書店當了十二年店員後，於昭和46年獨立開業。從文庫本到鄉土誌、古文典籍都有，範圍相當廣泛。葦書房發行的書目清單，有許多九州相關的古文典籍。西南戰爭的錦繪和地圖當然也在它的藏書領域內。《西鄉南洲史料》實物相片版，52,500日圓；《荷蘭語譯撰》（中津藩主奧平昌高在江戶出版的日荷對譯辭典），1,300萬日圓。

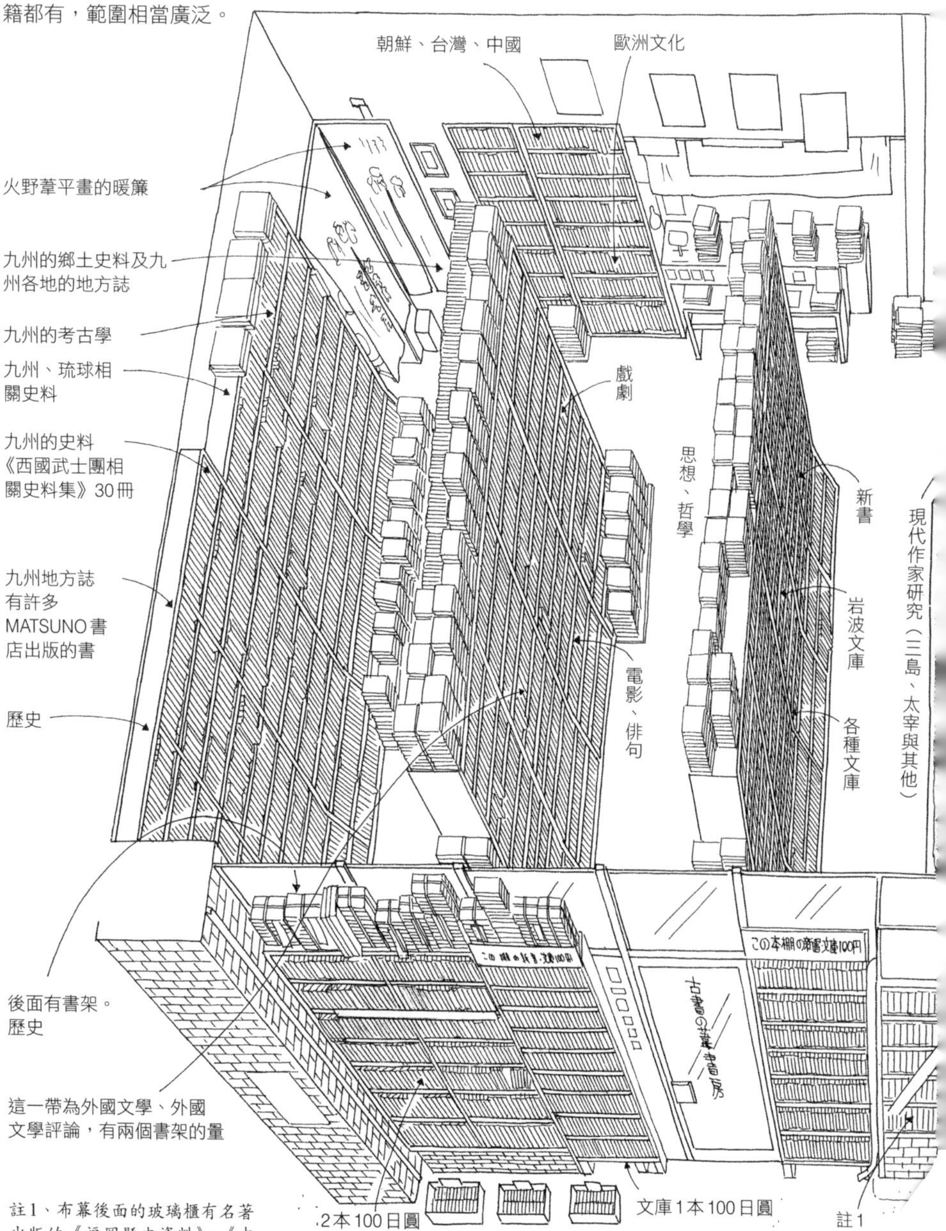

朝鮮、台灣、中國
歐洲文化
火野葦平畫的暖簾
九州的鄉土史料及九州各地的地方誌
九州的考古學
九州、琉球相關史料
九州的史料《西國武士團相關史料集》30冊
九州地方誌有許多MATSUNO書店出版的書
歷史
戲劇
思想、哲學
新書
現代作家研究（三島、太宰與其他）
岩波文庫
各種文庫
電影、俳句
この本棚の新書文庫100円
後面有書架。歷史
這一帶為外國文學、外國文學評論，有兩個書架的量
2本100日圓
文庫1本100日圓
註1

註1、布幕後面的玻璃櫃有名著出版的《福岡縣史資料》、《中村平左衛門日記》10卷、《長崎市史》9卷、《三國名勝圖會》薩摩、大隅、日向的地方誌、《修猷館二百年史》《長崎印刷百年史》、《柳川史話》全、《柳川藩史料集》、《甘木市史資料》等鄉土誌。

《無冠的群像》上下兩冊，花田衛等人。西日本新聞社。從多種角度來談論伊東滿所、上野彥馬、機關儀右衛門、川上彥齋等出身九州的人物，集結而成的一本評論傳記集。昭和51年，上下兩冊共2,000日圓（M）

▶《俄國、中國、西方》（M）

艾薩克・多伊徹（Isaac Deutscher），TBS Britannica。從史達林之死到文化大革命為止，做了一番評論。昭和53年，1,500日圓

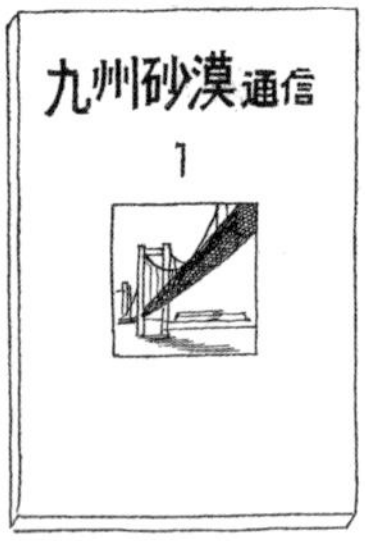

擔任過火野葦平私人祕書的詩人小田雅彥的個人誌。六冊合訂本。昭和56年起。500日圓（M）

（M）

朝日新聞山口分局編，葦書房。料理老店第五代店主齋藤清子女士的回憶錄。岸信介、佐藤榮作等人都在書中登場。平成2年，500日圓

在機場購得的博多人偶（I）

（M）▶《zondag、山笠、放生會》

井上精三，葦書房。介紹博多三大祭典的歷史、祭禮儀式等。「zondag」是荷蘭語的休假日。昭和59年，850日圓。

《松永耳庵收藏》，福岡市美術館。松永是出生於壹岐的電力王。這是美術收藏品的展覽目錄。平成13年，1,000日圓（M）

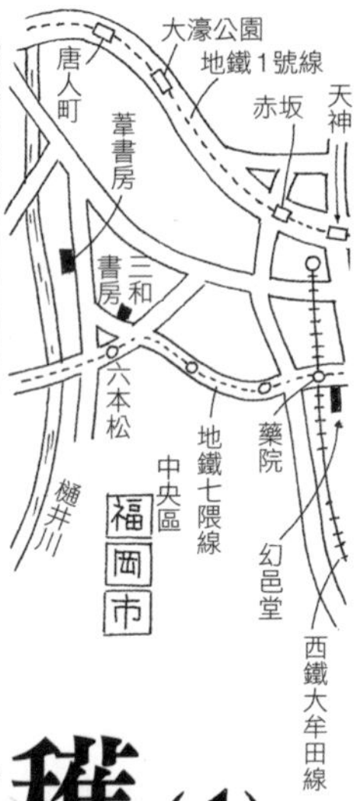

白衣觀音

白衣觀音。三十三觀音之一。富態的模樣，感覺不太像觀音，反倒有幾分像老闆娘。內心得到療癒。2,100日圓

福岡 這次的收穫(1)

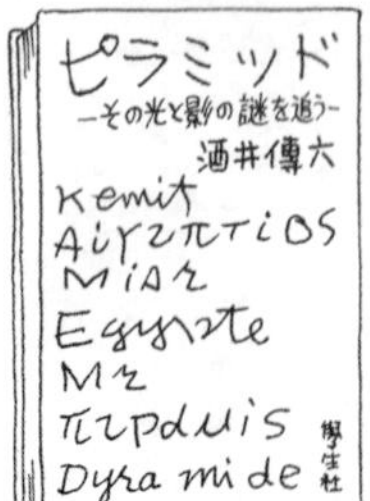

（I）

酒井傳六，學生社。這本埃及故事，充分活用作者擔任朝日新聞中東特派員時代的見聞。佐野繁次郎裝幀。昭和54年（7版），1,500日圓

（I）

《革命前後》，火野葦平

中央公論社。透過火野的觀點，以辻昌介的身分來描述太平洋戰爭開始到戰後的出版界、文學界情勢。《小麥與軍隊》《糞尿譚》也在書中登場。本作品是作者最後的作品，昭和35年，3,800日圓

《準確的謀殺》，克蕾格・萊斯

（M）

早川口袋推理小說。上一篇我購得的那本書續集。封面插圖相當棒。昭和31年，500日圓

▶《大規模殺人》（I）

米基・史畢蘭（Mickey Spillane），早川口袋推理小說。私家偵探邁克・漢默令人熟悉的活躍表現。我被封面吸引，就此買下。昭和28年（7版），400日圓

福岡市中央區六本松的三和書房

的書皮，算是有收藏家的習性。我這可不是精打細算哦。

幻邑堂是家意想不到的好書店，我在那裡待了不少時間。如果是《諸君！》的讀者，想必會有人和它波長吻合。如果您有機會前往福岡，希望也能到這家店逛逛。

我在機場的商店發現一尊「白衣觀音」（參照插圖），深受它所吸引，就此將它加入我的戰利品中。

下一篇也是福岡的續篇。

14

有「愛」、有「痛快」，也有「!!」

福岡篇・之二

松本清張的成名作《點與線》的事件開端，就是以我們接下來要採訪的香椎町作為舞台。身為清張迷的我，擁有這本書的多種版本，此次我想得到單行本的初版。我家中的收藏本都是再版。

在福岡買書或是在東京買書，其實都一樣，不過，在當地購得，有其特別的意義。知名的糕點「小雞」（ひよ子）並非東京特產，它原本來自福岡。既然這樣，我想直接從福岡買回家。書也一樣。抱持著這樣的執著，病得不輕的舊書蟲才有其存在的意義。

「I書林」的氣氛

上午十點半左右，我和編輯M先生在JR香椎車站下車。

在《點與線》中，被視為殉情者的女人曾說「這地方真落寞」，不過，事隔五十年後的今天，它已成為繁華的土地。

我和M先生從香椎車站前的大路走過，找尋那家作為水果店原型，曾在作品中登場的店家。但據說它早已不在。不過話說回來，要期待它仍保留至今，或許才是緣木求魚吧。

插個題外話，小說中的鳥飼刑警對於殉情的海岸滿是堅硬的岩壁提出疑問：「要是選擇柔軟的草地，感覺應該比較舒服吧？」這個問題委實奇怪，難道是擔心受傷之後該怎麼辦嗎？

到達「I書林」拜訪時，石原宜子女士親自接待。光是往店內瞄過一眼，便覺得有不少好書。我一面描繪整理書本的宜子小姐，一面向她問話，從中得知，香椎海岸似乎已被掩埋，在《點與線》中發現殉情者屍體時的畫面已不復存在。

西鐵香椎名店街

進入古書店時，都會感覺到一種氣氛。在I書林裡，這種氣氛尤為強烈。店內的書全都用透明PP書套包覆。

常可看到有些店家用蠟紙（其實是玻璃紙），但蠟紙遮掩了裝幀和書況的好壞，所以這種方法不見得好。但I書林的書就像我在插圖頁所畫那樣，採用透明書套，所以裝幀精美的書可以讓人享受其設計，遇上髒污的書，也能在有心理準備的情況下購買。完全沒有欺瞞蒙混。而且封面折頁內貼上雙面膠，不會在對頁留下膠帶的膠痕。

走進店內，感覺到一股「良心」的氣氛。

I書林似乎是已故的店主所開設。如果客人拿起仍未包書套的書，據說店主會警告客人：「那本是還沒包PP書套的重要書籍，請勿碰觸！」

另外，他還會大聲吼道：「舊書要是不以書背平放在手掌上，會整個散開的！」

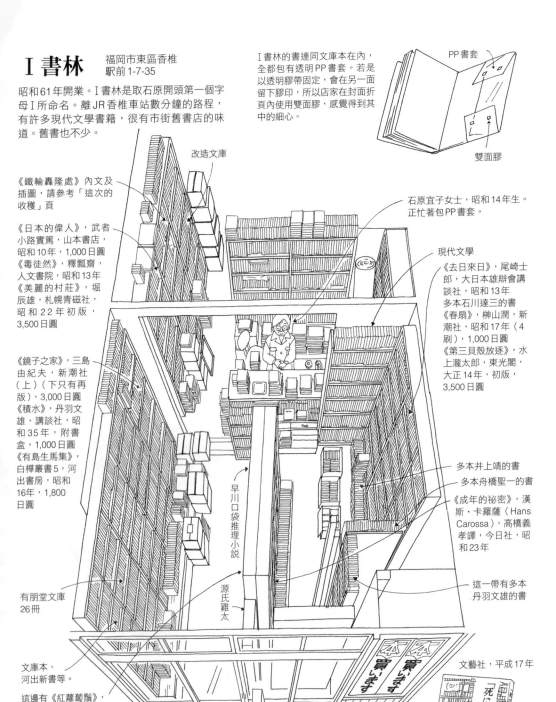

I書林

福岡市東區香椎
駅前1-7-35

昭和61年開業。I書林是取石原開頭第一個字母I所命名。離JR香椎車站數分鐘的路程，有許多現代文學書籍，很有市街舊書店的味道。舊書也不少。

I書林的書連同文庫本在內，全都包有透明PP書套。若是以透明膠帶固定，會在另一面留下膠印，所以店家在封面折頁內使用雙面膠，感覺得到其中的細心。

PP書套
雙面膠

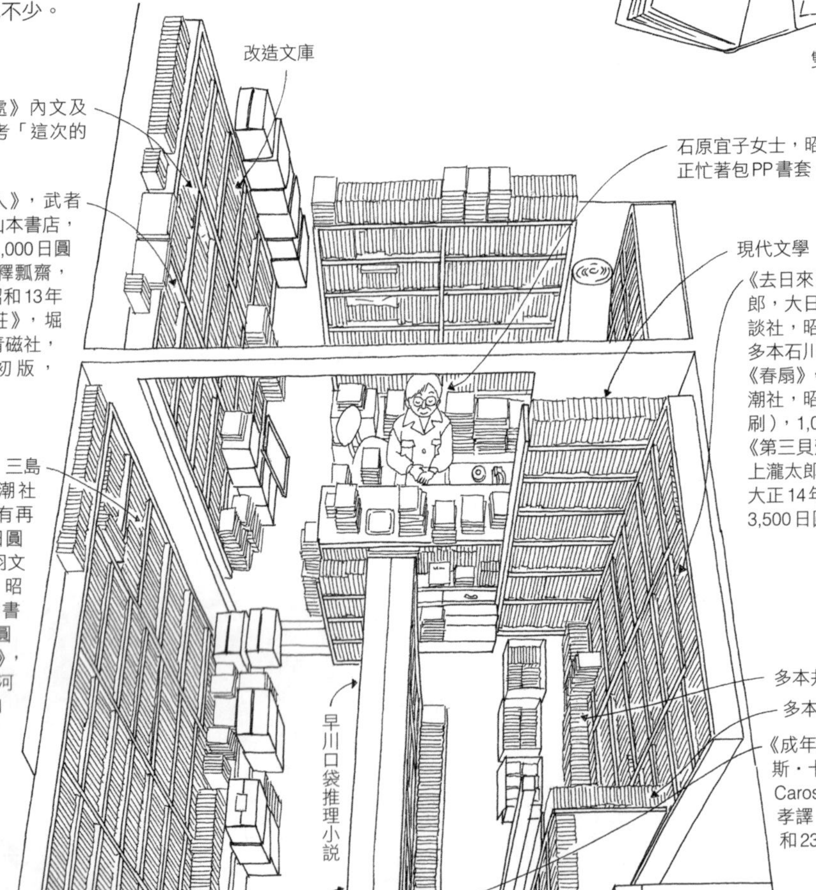

改造文庫
早川口袋推理小說
源氏雞太
本
買います
本
買います

《鐵輪轟隆處》內文及插圖，請參考「這次的收穫」頁

《日本的偉人》，武者小路實篤，山本書店，昭和10年，1,000日圓
《毒徒然》，釋瓢齋，人文書院，昭和13年
《美麗的村莊》，堀辰雄，札幌青磁社，昭和22年初版，3,500日圓

《鏡子之家》，三島由紀夫，新潮社（上）（下只有再版），3,000日圓
《積水》，丹羽文雄，講談社，昭和35年，附書盒，1,000日圓
《有島生馬集》，白樺叢書5，河出書房，昭和16年，1,800日圓

有朋堂文庫26冊

石原宜子女士，昭和14年生。正忙著包PP書套。

現代文學

《去日來日》，尾崎士郎，大日本雄辯會講談社，昭和13年
多本石川達三的書
《春扇》，榊山潤，新潮社，昭和17年（4刷），1,000日圓
《第三貝殼放逐》，水上瀧太郎，東光閣，大正14年，初版，3,500日圓

多本井上靖的書

多本舟橋聖一的書

《成年的祕密》，漢斯・卡羅薩（Hans Carossa），高橋義孝譯，今日社，昭和23年

這一帶有多本丹羽文雄的書

文庫本、河出新書等。

這邊有《紅蘿蔔鬚》，勒納爾（Jules Renard），岸田國士譯，瓦洛東（Felix Vallotton）插畫等多本。白水社，昭和9年（5刷），2,000日圓。

此外還有《大人好可怕》，松井玲子等國內外古典文學和小說。

文藝社，平成17年

「死に損のうて」
「カワイソウニ死ニ損ノウテ」

石原女士描述自己前半人生的自傳。在拖吊船的意外故事中失去家人，養父母和丈夫也因病相繼過世，但她還是積極地面對人世。充滿力量的一本書。

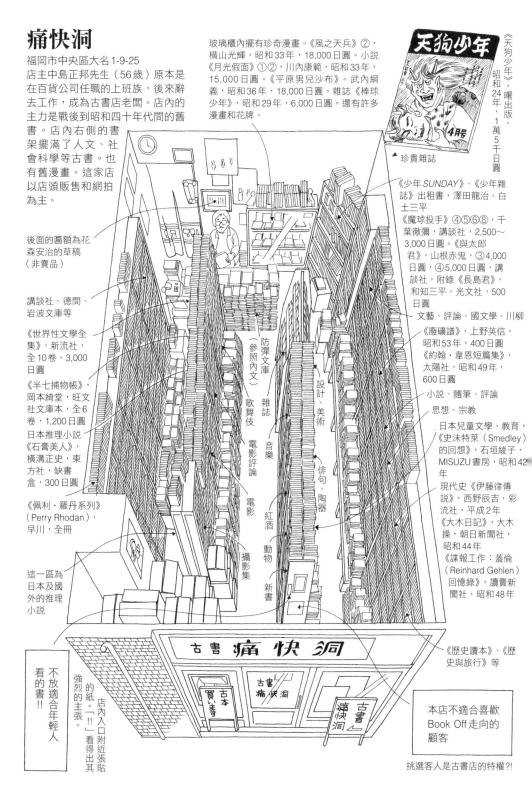

痛快洞

福岡市中央區大名1-9-25

店主中島正邦先生（56歲）原本是在百貨公司任職的上班族，後來辭去工作，成為古書店老闆。店內的主力是戰後到昭和四十年代間的舊書。店內右側的書架擺滿了人文、社會科學等古書。也有舊漫畫。這家店以店頭販售和網拍為主。

《天狗少年》，曙出版，昭和24年，1萬5千日圓

▲ 珍貴雜誌

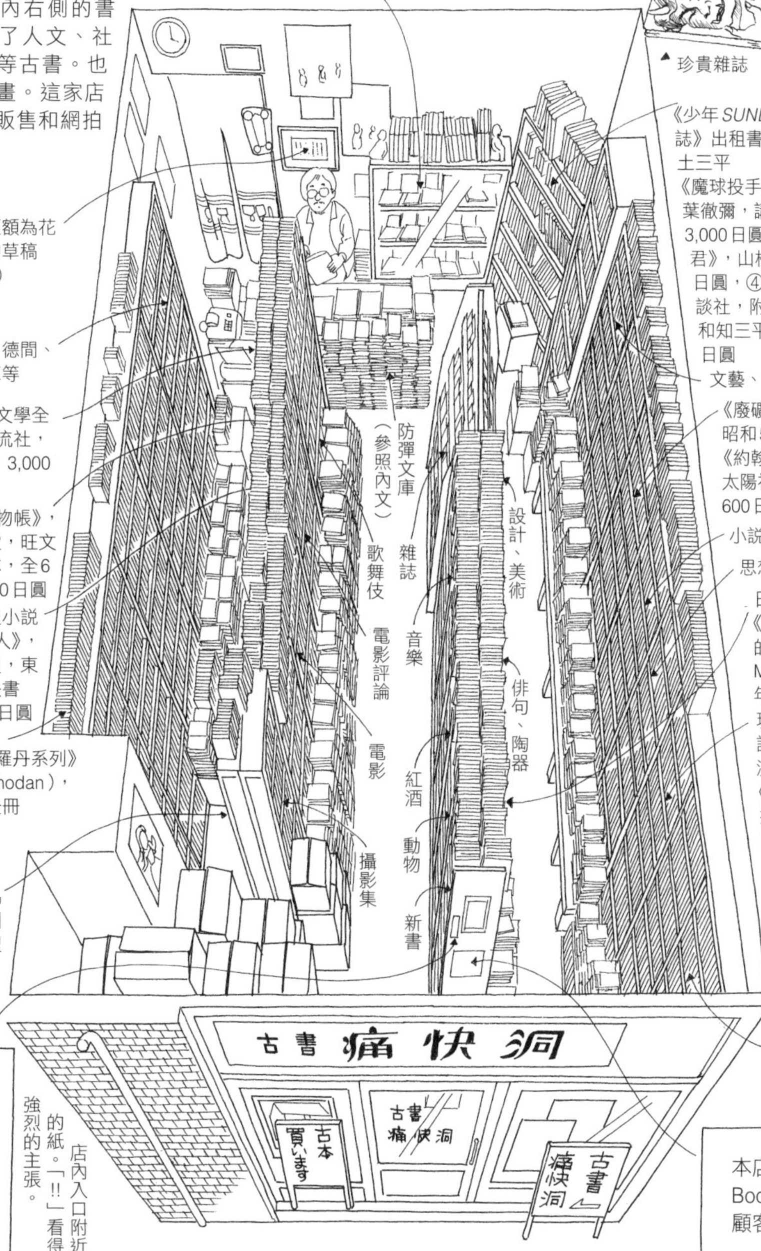

店內入口附近張貼的紙。「!!」看得出其強烈的主張。

不放適合年輕人看的書!!

本店不適合喜歡Book Off走向的顧客

挑選客人是古書店的特權?!

這種人我常見。因為發自內心喜歡書，所以對於善待書的客人，會親切地招呼。話雖如此，要替每一本書都包上書套，是很辛苦的工作。連文庫本也包上書套，此舉令同業皆大感吃驚。

I書林也許是因為店主也喜歡讀書的緣故，店內擺滿許多現代文學的舊書。特別是丹羽文雄、石川達三、井上靖、舟橋聖一等。其他也有不少舊書，頗有淘書的樂趣。它便宜的價格，也很令人開心。身為市街的一家古書店，這實屬難得。

如今由店主的兒子繼承家業，除了店頭販售外，也舉行特賣展和網路販售。

我在這裡購得一本珍奇書，名叫《鐵輪轟隆處》（請參照插圖）。

雖然我不知道長崎惣之助這號人物，但裝幀者是我喜歡的佐野繁次郎。佐野的裝幀本頗多，但這本書並未列在他的裝幀書目中。它本來放在整理中的書架上，是我央求店主將它賣給我。原本打算冷靜地工作，但收藏和工作的分界往往動不動就變得模糊不明，真是糟糕。

正當我畫完素描，準備離去時，得到石原女士的自傳《沒跟著一起死》。石原女士的父母、姊妹、弟弟六人，因拖吊船的意外事故而喪命，只有她和哥哥兩人倖存。鄰居一位叔叔哭著安慰她：「真可憐，沒跟著一起死！」這句話成了此書的標題。這本書可以感受出宜子女士的力量。

有「防彈文庫」（？）的書店

福岡有許多風格獨具的古書店。

從地鐵一號線赤坂車站走一小段路，便可抵達「古書痛快洞」。店內深處可看到以前熟悉的出租漫畫、雜誌、單行本，而右側的書架上則擺滿了昭和四十年代前的社會、人文科學類舊書。店主中島正邦先生在百貨公司工作五年後，自己獨立開業。一開始是借高利貸，過得相當艱苦。他原本立志當一名漫畫家，他在店內擺漫畫時，東京的「全是漫畫」[1]還沒開始營業。

我對店內齊全的書目也很感興趣，但更令我在意的，是櫃檯前堆積如山的文庫本。雖然像這種店頗為常見，但這家店的氣氛略顯不同。看起像一座碉堡。

「哦，你說這個啊。這是防彈用的。以前樓上是一家黑道的事務所，所以要是黑道火拼時被流彈射中，那可不妙，所以我用它來擋子彈。」

因此稱之為「防彈文庫」。

我曾看過有店家將文庫本墊在均一價的平台底下，用來保持穩固，但這還是第一次看到有人拿它當防彈用。

也許是因為福岡的火拼事件較多的緣故吧，換個地方，也能看到這種情形。

「黑道的組員買了我不少書。聽說是要送進監獄用的，賣了不少文庫本和法律書籍。」

我一面聽一面作畫，不知何時，M先生買了克蕾格．萊斯的《準確的謀殺》。早期的早川口袋推理小說，其封面圖畫是具象畫，正合我的口味。我如果發現了也會買下，但卻被M先生捷足先登。

「這應該是我買的書才對。」我把工作丟向一旁，朝他發火。不妙！我又展現出收藏者的鬥志了。不過，我也發現了一本五百日圓的口袋推理小說《猶大之窗》。我還沒讀過約翰．狄克森．卡爾（John Dickson Carr）的這部作品，我決定上了年紀之後再來看。就快了。

中島先生五十六歲，屬於最後的團塊世代[2]，乍看之下給人灑脫之感，但仍感覺得到他這個世代特有的力量。店內入口有張貼紙寫著「本店不適合喜歡Book Off走向的顧客」，我能明白他的想法。此外還有

1 專門經營漫畫舊書買賣的一家公司。
2 於一九四七到一九五一年間二次大戰後出生的嬰兒潮人口。

澤田一矢
真打志願

《真打志向》，澤田一矢，弘文出版。以落語世界為題材的小説集。實際存在的落語家、寄席家也在書中登場。昭和53年，800日圓（M）

可否道
獅子文六
可否道

《咖啡道》
獅子文六，新潮社。以四十三歲的女演員坂井萌子為主，一群喜愛咖啡的同好，要像茶道一樣建立咖啡道，一部特別的喜劇。昭和38年（2刷），1,000日圓（M）

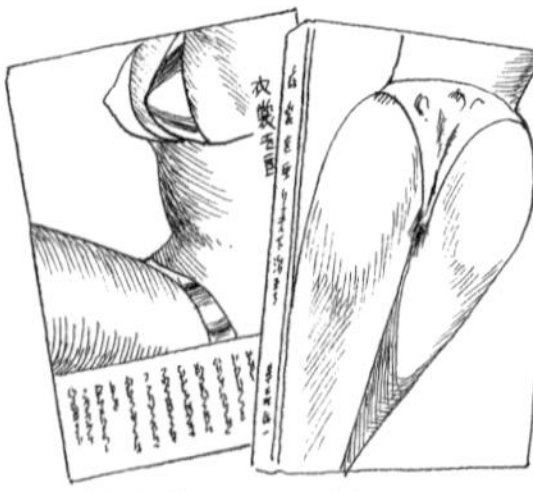

《衣衫褪而天下治》，草森紳一，駸駸堂出版，山口春美插畫裝幀。大肆談論時尚、女性、愛欲。昭和49年，1,500日圓（M）

ポケットにライ麦を
A Pocket Full of Rye
A HAYAKAWA

《黑麥滿口袋》（*A Pocket Full of Rye*），阿嘉莎・克莉絲蒂的名著。早川口袋推理小說。「黑麥」真不錯！昭和29年，1,000日圓（I）

這次的收穫(2)

福岡篇之2

（I）池谷　（M）編輯

ひっくり返す

《推翻》，吉安碧天，人文書院。一位活躍於戰前的記者所寫的時事、歷史隨筆集。昭和11年，800日圓（M）

ユダの窓
THE JUDAS WINDOW

《猶大之窗》，狄克森・卡爾，早川口袋推理小說。我打算上了年紀後再來看。昭和31年，500日圓（I）

福觀音也加入收藏行列中。
蓮花的花蕾很可愛。
衣服外緣的金箔相當鮮豔。

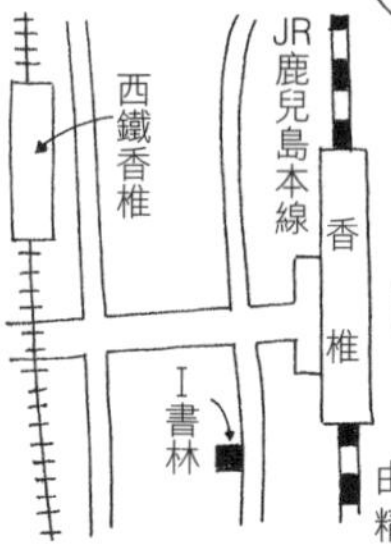
西鐵香椎
JR鹿兒島本線
香椎
I書林

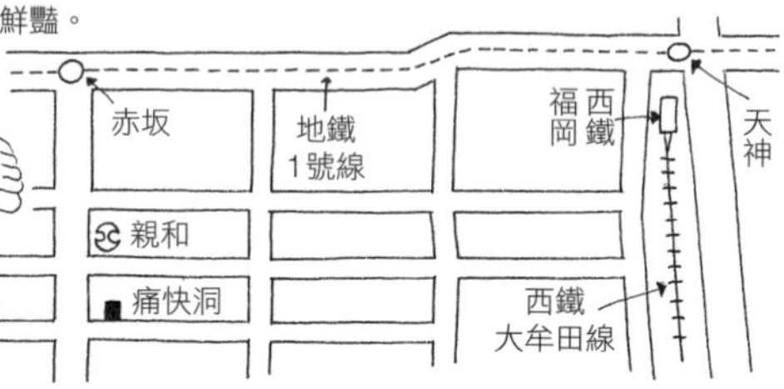
赤坂
地鐵1號線
西鐵福岡
天神
親和
痛快洞
西鐵大牟田線

由於上次的博多人偶「白衣觀音」相當精美，所以我又買了。10,500日圓（I）

（M）

明治十年と今日

《明治十年與今日》，木村秀明編，福岡地方史談話集。回顧明治10年（1935）以後的西日本。昭和42年，800日圓

りきぞうさん

《力象山》，大日本雄辯會講談社。搭力道山熱潮所畫的繪本。瀨尾太郎、瀨越健等人執筆。昭和30年，800日圓

（I）

鐵輪の轟くところ
長崎惣之助

《鐵輪轟隆處》，長崎惣之助，交通研究所。曾擔任過鐵路局次長的作者所提的鐵路論。佐野繁次郎裝幀，文庫本大小。昭和18年，800日圓

（I）

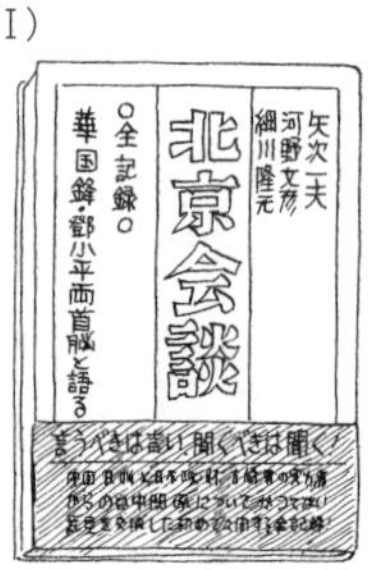
北京会談
矢次一夫
河野文彦
細川隆元

《北京會談》，矢次一夫、河野文彥、細川隆元，三天書房。與中國首腦的會談集。昭和55年，500日圓（M）

（M）

官能の夜

《感官之夜》，龍膽寺雄，AMATORIA社。現代主義作家所寫的「耽美派異色作品集」。昭和32年，700日圓

「不放適合年輕人看的書!!」貼紙，它是寫「不放」，而不是「沒放」，看得出店主堅定的決心，想必今後也會繼續拒絕客戶的要求。可能周遭變成年輕人的市街，他心裡不太高興吧。經這麼一提才想到，附近有另一家古書店「樂團花車」（Band Wagon），它貼的告示更為激進。「沒有在Book Off殺價的鬥志，就別在這裡殺價!!」這裡也用了「!!」。在Book Off不殺價，到古書店就殺價，這種客人的鬥志似乎很不討店主喜歡。要是手中拿著想要的書，猶豫要不要買，有時心地善良的店主會主動算你便宜一點。當然了，這也得看價格而定。

福岡的古書店老闆帶有俠氣，但性子也比較急躁，不過算是相當有男子氣概。來店的客人要特別注意。古書店內的書全都是店主的藏書，所以店家有挑選顧客的權利，這點最好事先有所了解。

到頭來，我想購買《點與線》初版的願望還是沒能達成。憾甚！

15

繼「劇場」之後為「按摩」（？）當中到底有何名堂？

邂逅一家好古書店時的喜悅，該如何表現好呢？這是個難題，但若是以數字來表示，那就像撿到千圓鈔一樣開心。不過話說回來，我是個老實人，撿到錢都會送交警局，但我曾經撿過一個裝有一千五百日圓的錢包，送交警局後，後續的處理相當繁雜，所以現在我都會放棄這項權利。

這次要介紹的「往來座」，其商品的齊全度、便宜度、庫存書量、待客的親切度、地理條件等，都像是撿到五千日圓一樣，是相當有價值的一家店。更重要的是店主年紀輕輕便全力投入這項生意，我想好好替他加油打氣。

在藝術中心地開店

池袋一帶以前住有不少藝術家。在西武池袋線的椎名町、南長崎一帶，年輕畫家組成一個工房村，熊谷守一、長谷川利行、寺田政明、松本竣介、野見山曉治等人時時舉行創作活動。小熊秀雄將此村莊喚作「池袋蒙帕納斯（Montparnasse）」。那是大正時代到戰前時的事。

昭和三十年（一九五五），椎名町的「常盤莊」曾聚集許多年輕漫畫家，聞名一時。最早在此居住的，是手塚治蟲、寺田博雄、藤子不二雄、石森章太郎、赤塚不二夫等人，都是打下今日世界漫畫基礎的傑出人士。

此外，此次登場的「往來座」附近，有東京音樂大學。昔日這裡有位創作《交響幻想詩》（哥吉拉主題曲）的學長，名叫伊福部昭。

從店裡徒步走十分鐘左右，來到雜司谷靈園，夏目漱石、泉鏡花、永井荷風、竹久夢二等人就長眠於此。往來座可算是坐落於古今藝術中心吧？

走進店內，首先映入眼簾的，是介紹池袋一帶遺產的完善導覽手冊及資料，看得出其重視地方文化的態度。此外還有豐富的古書，令人為之瞠目。

店主瀨戶雄史先生今年三十一歲，相當年輕。在古書店歷練過一段時間後，才獨立開業。他開設往來座至今只有兩年，但能維持如此大規模的古書店相當不簡單。他總是面帶微笑，充滿陽光，給人好感。不會老坐在櫃檯前不動。

還有，店內四處都有獨特的收納道具，看得出瀨戶先生在設計製作上下了一番工夫。店外備有等候公車用的長椅，細心周到。店主很喜歡做木工，徹底發揮了他

都電雜司谷車站

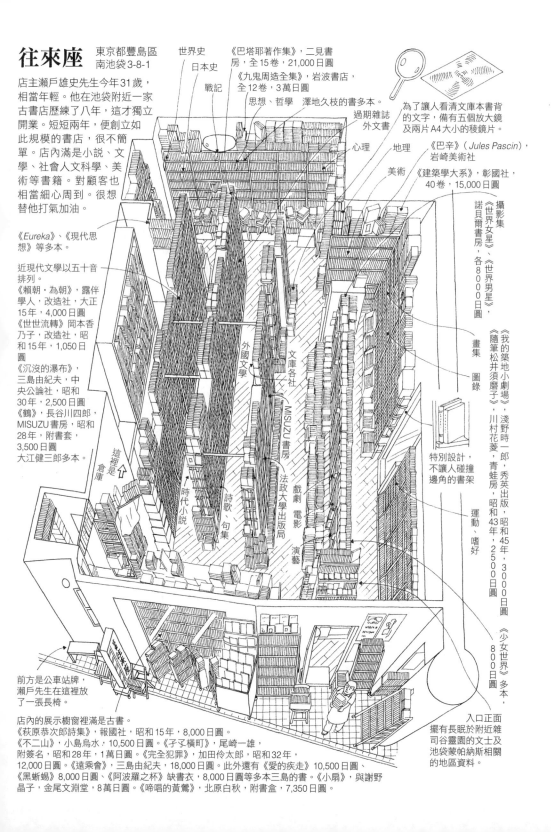

往來座

東京都豐島區
南池袋3-8-1

店主瀨戶雄史先生今年31歲，相當年輕。他在池袋附近一家古書店歷練了八年，這才獨立開業。短短兩年，便創立如此規模的書店，很不簡單。店內滿是小說、文學、社會人文科學、美術等書籍。對顧客也相當細心周到。很想替他打氣加油。

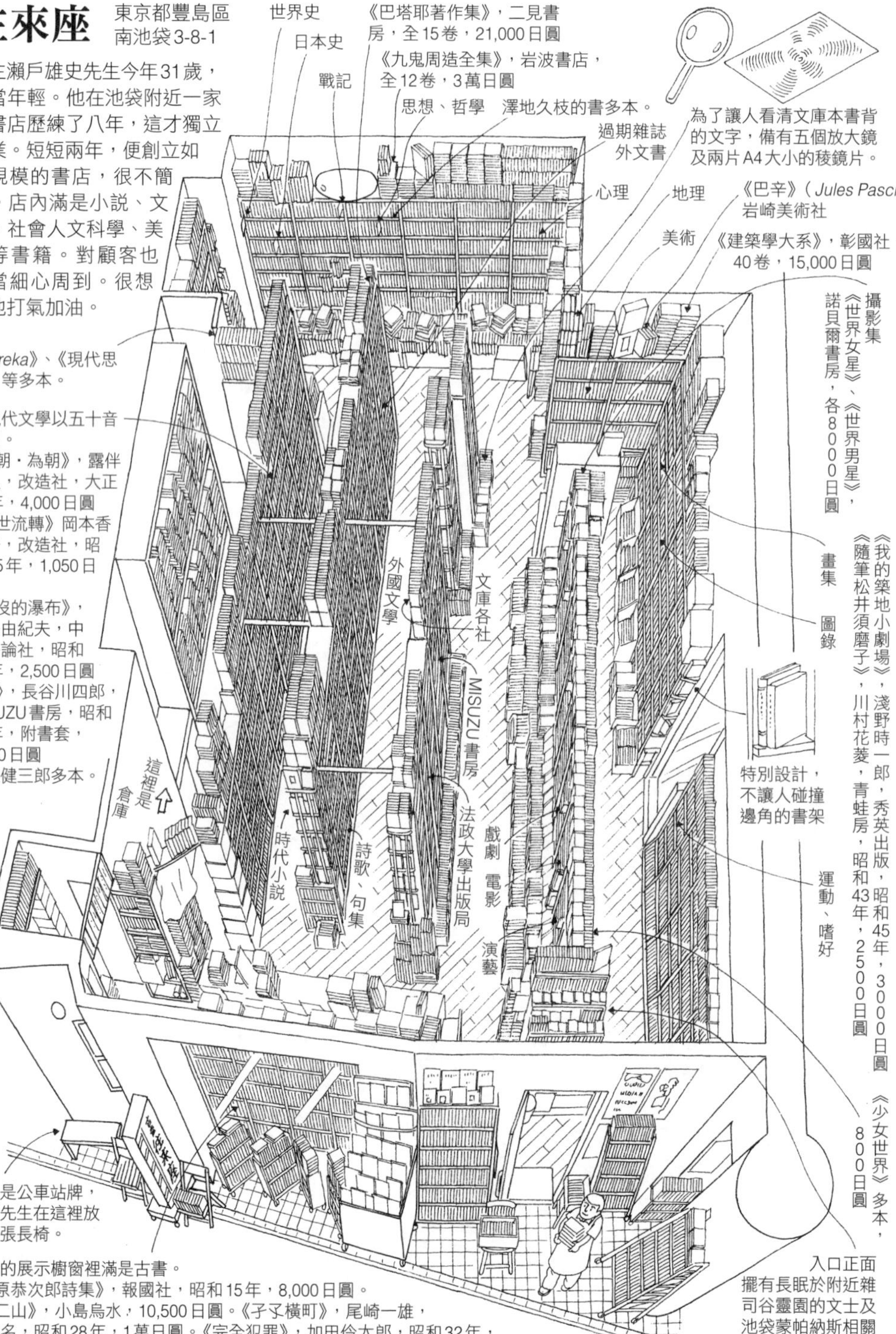
世界史
日本史
戰記
《巴塔耶著作集》，二見書房，全15卷，21,000日圓
《九鬼周造全集》，岩波書店，全12卷，3萬日圓
思想、哲學
澤地久枝的書多本。
過期雜誌
外文書
為了讓人看清文庫本書背的文字，備有五個放大鏡及兩片A4大小的稜鏡片。
心理
地理
《巴辛》（*Jules Pascin*），岩崎美術社
美術
《建築學大系》，彰國社，40卷，15,000日圓
攝影集《世界女星》、《世界男星》，諾貝爾書房，各8000日圓
畫集
圖錄
《我的築地小劇場》，淺野時一郎，秀英出版，昭和45年，3000日圓
《隨筆松井須磨子》，川村花菱，青蛙房，昭和43年，2500日圓
特別設計，不讓人碰撞邊角的書架
運動、嗜好
《少女世界》多本，800日圓
外國文學
文庫各社
MISUZU書房
法政大學出版局
戲劇
電影
演藝
時代小說
詩歌、句集
這裡是倉庫

《*Eureka*》、《現代思想》等多本。

近現代文學以五十音排列。
《賴朝・為朝》，露伴學人，改造社，大正15年，4,000日圓
《世世流轉》岡本香乃子，改造社，昭和15年，1,050日圓
《沉沒的瀑布》，三島由紀夫，中央公論社，昭和30年，2,500日圓
《鶴》，長谷川四郎，MISUZU書房，昭和28年，附書套，3,500日圓
大江健三郎多本。

前方是公車站牌，瀨戶先生在這裡放了一張長椅。

入口正面擺有長眠於附近雜司谷靈園的文士及池袋蒙帕納斯相關的地區資料。

店內的展示櫥窗裡滿是古書。
《萩原恭次郎詩集》，報國社，昭和15年，8,000日圓。
《不二山》，小島烏水，10,500日圓。《孑孑橫町》，尾崎一雄，附簽名，昭和28年，1萬日圓。《完全犯罪》，加田伶太郎，昭和32年，12,000日圓。《遠乘會》，三島由紀夫，18,000日圓。此外還有《愛的疾走》10,500日圓、《黑蜥蜴》8,000日圓、《阿波羅之杯》缺書衣，8,000日圓等多本三島的書。《小扇》，與謝野晶子，金尾文淵堂，8萬日圓。《啼唱的黃鶯》，北原白秋，附書盒，7,350日圓。

的手藝。

我好像淨是寫他好話，但這是真有其事，我也沒辦法。與我三十一歲的時候相比，他更加光輝耀眼。最重要的是他投入這項生意的模樣相當迷人。

我問店主：「往來座聽起來不像古書店，反而比較像劇場。」他回答道：「因為以前我在附近東京藝術劇場內的一家舊書店工作了八年……」

劇場的氣氛似乎相當好。

店內的廣告傳單寫道：「書是書架的延伸，書架是書店的延伸，書店是往來的延伸」。嗯，文句接得漂亮！

如同我之前造訪這家店一樣，作畫時相當有趣，但也覺得很辛苦，因為店內有各種書架、自己製作的台架、橫梁和各種凹凸起伏，難以掌握店內全貌。

同行的編輯M先生又忙著淘書了。有時我很想對他說一句，「換一下手好嗎？」

午休後，我再度展開素描。等忙完後，我也非得有一番收穫才行。M先生已經迅速將戰利品堆在櫃檯上了。

「喂，留點給我好不好。」

往來座有新書也有舊書，店頭的展示櫥窗裡擺了古書、古文典籍。北原白秋的《啼唱的黃鶯》，附書盒，七千三百五十日圓，便宜到爆。森本東閣的《蟲類畫譜》兩萬五千日圓，我當初可是花了四萬日圓才買到的呢……。這時候，我的血壓竄升了二十

往來座特製的「正面展示」台架

媒體按摩

東京都豐島區南池袋2-42-5
2005年4月開幕的新店。店主牧進一先生只有28歲，相當年輕。店內擺有國內外的繪本、立體繪本、畫集、攝影集等視覺類古書。也進行網路販售。

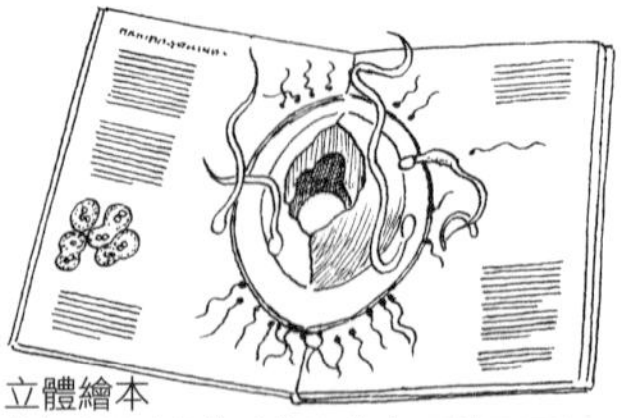

立體繪本
《生命的奧祕》（精子與卵子的頁面）

《巴哈馬書》，吉田勝，3,000日圓
《夏季的殘響》，藤代冥砂，950日圓
《天使祭》，荒木經惟，4,800日圓
《生命的奧祕》，2,300日圓
《*Amphigorey Also*》，愛德華・高栗（Edward Gorey），2,400日圓

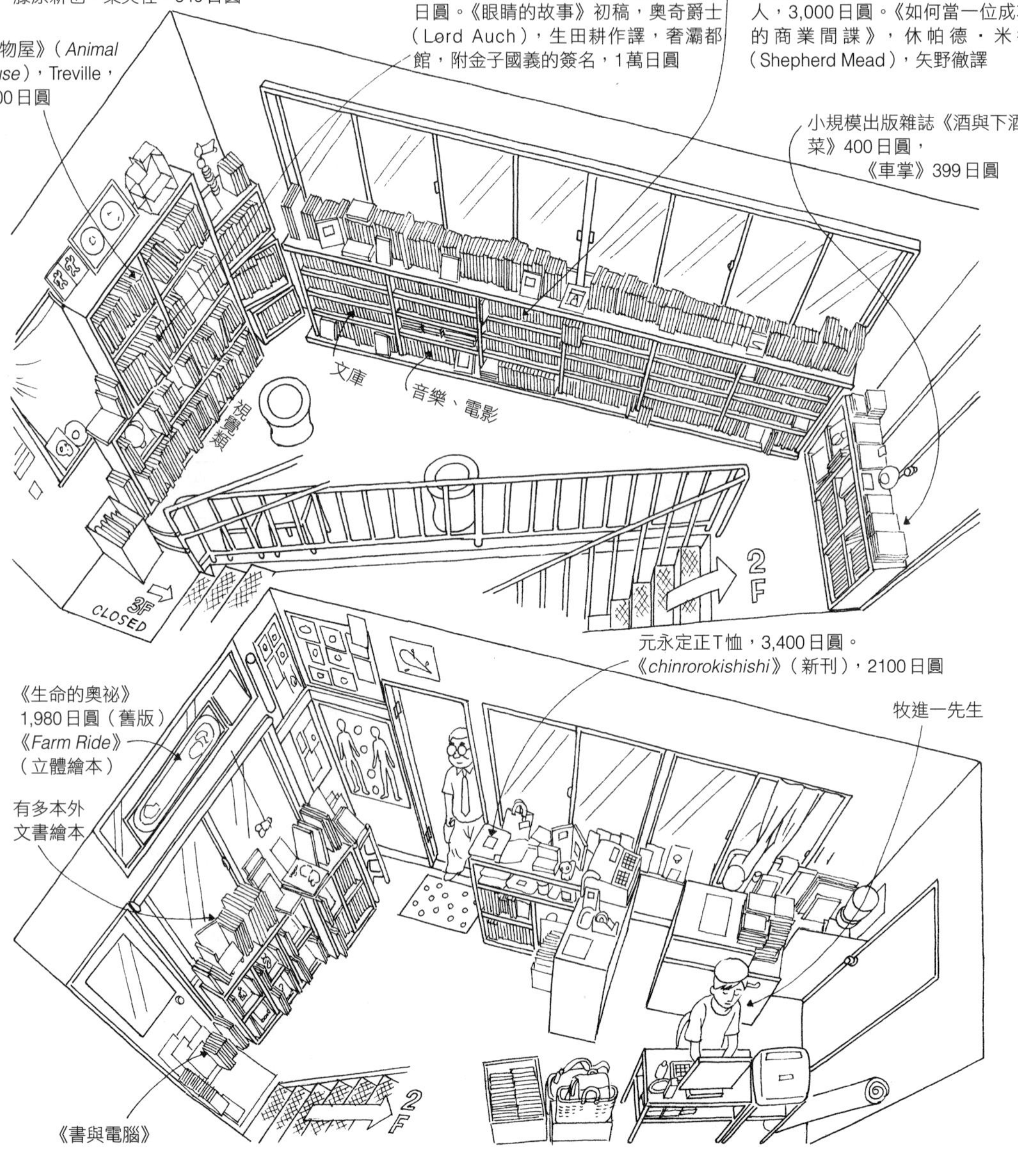

這一帶擺滿攝影集。《東京》，丸田祥三，洋泉社，2,400日圓。《東松照明作品集》6,000日圓，《戀愛寫真》伴田良輔編；《風之橫笛》，藤原新也，集英社，840日圓
《橫尾忠則SPIRITUAL POP 1994 with Love Document》，同朋舍出版，2,400日圓。《新月旅行》，橫尾忠則，2,100日圓。《眼睛的故事》初稿，奧奇爵士（Lord Auch），生田耕作譯，奢灞都館，附金子國義的簽名，1萬日圓
《性的衝動》，柯林・威爾遜（Colin Wilson），1,300日圓
《漂亮打扮很重要哦》，大橋步，640日圓。《媒體按摩》，馬歇爾・麥克魯漢（Marshall McLuhan）等人，3,000日圓。《如何當一位成功的商業間諜》，休帕德・米德（Shepherd Mead），矢野徹譯
動物屋》（*Animal*
ouse），Treville，
000日圓
小規模出版雜誌《酒與下酒菜》400日圓，
《車掌》399日圓
文庫
音樂、電影
視覺類
3F CLOSED
2F
元永定正T恤，3,400日圓。
《*chinrorokishishi*》（新刊），2100日圓
牧進一先生
《生命的奧祕》
1,980日圓（舊版）
《*Farm Ride*》
（立體繪本）
有多本外文書繪本
《書與電腦》
2F

mmHg。除此之外，三島由紀夫和澀澤龍彥的書也相當多，但真正令我在意的是店內的近代文學和美術書。M先生購得石黑敬七的《老爺的奇談》。店內的獨到之處一樣沒錯過。

我在昭和三十年代到四十年代，都有聽NHK「機智教室」的習慣。當時是廣播的全盛時期，那是當紅節目之一。記得當時我雖然心裡想著「老說些無聊的事」，但還是很樂在其中。播報員青木一雄的「點名。石黑敬七同學、春風亭柳橋同學、長崎拔天同學」，那知名的說話口吻真教人懷念。

時間已將近三點，我終於畫好全貌，也寫好書名。

下個採訪時間已將近，我大致看過書架後，選了四本書。日後，我又以一千八百日圓購得獅子文六的《彩虹工廠》（東方社，附書盒，昭和三十八年）。第一次拜訪時，我發現有岡本綺堂的戲曲集《龍女集》（春陽堂，大正十年，三千八百日圓）。知道有店家擺放這種書籍，我心裡高興不已。

M先生買了十多本書，無法在插畫中一一介紹。他還是一樣狂買，令人看得瞠目結舌。

從雜司谷前往視覺館

在瀨戶先生的指引下，我們前往離往來座約十分鐘路程的採訪地點「媒體按摩」。這裡離都電的雜司谷以及東池袋四丁目，距離都一樣遠。

這家店為三角形建築，模樣就像水果酥餅般。走進店內，映入眼簾的是讓人以為是年輕女性走向的繪本及T恤。我一面心想「嗯，這和《諸君！》的讀者群不太一樣呢」，一面走上二樓。正想說店內竟然有木村伊兵衛、東松照明、藤原新也、荒木經惟等人的攝影集時，便發現裡頭還擺有橫尾忠則的畫集、尚．賈克．桑貝（Jean Jacques Sempe）的漫畫、最近頗受歡迎的愛德華．高栗（Edward Gorey）畫集（外文書）等。

這次的收穫

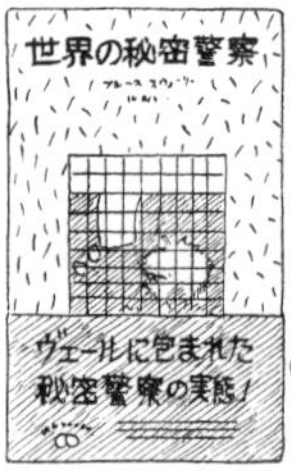

《世界的祕密警察》（M）

布魯斯・奎利（Bruce Quarrie），現代教養文庫。報導CIA、KGB及其他世界各地的祕密警察。平成3年（1991），310日圓

《不忍一帶》，木村東介（M）

大西書店。打破傳統的美術商隨筆集。還有販售芭蕉和白隱的作品給約翰・藍儂的一段故事。昭和53年，940日圓

《現代史的目擊者》（M）

大衛・布朗、理查・布魯納編，讀賣新聞社。見證歷史發生瞬間的新聞記者獨家新聞集。昭和43年，300日圓

《少女世界》（M）

《少年世界》▲（I）

這兩本雜誌都是博文館發行，巖谷小波主筆。少年雜誌有時代小説，少女雜誌則是有新詩等文藝，以及科學文章、讀者諮詢室。左邊為明治42年，右邊為明治41年，各800日圓

《漂泊的靈魂》（M）

瑪莉・麥卡錫（Mary McCarthy），角川文庫。《這一群》（*The Group*）的作者將自己失敗的婚姻寫成小説。昭和46年，630日圓

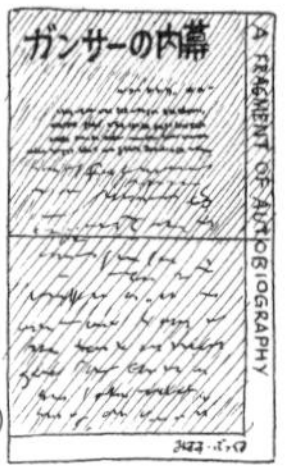

《約翰・根室的內幕》（M）

約翰・根室（John Gunther），MISUZU書房。以《內幕》系列聞名的記者自傳。昭和38年，400日圓

喬治・麥克斯，南雲堂。匈牙利出身的知名幽默文學作家所寫的日本論。昭和47年，100日圓（M）

（I）

特地不讓圖面被書本中線遮住的裝幀書。《佛蘭斯蒂德（Flamsteed）天球圖譜》恒星社版。有三十張跨頁圖。昭和26年（3版），2,000日圓

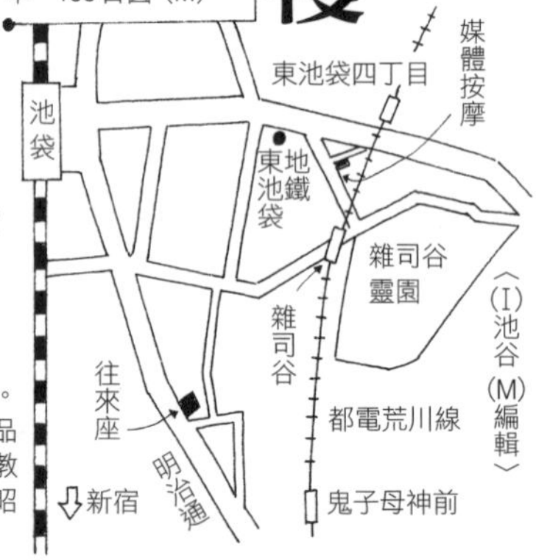

〈（I）池谷（M）編輯〉

《圓周之羊》，望月通陽作品集，新潮社。個性派美術家的立體、版畫、特別裝幀本作品集。平成8年，3,000日圓（I）

（M）

《考試年鑑》，研究社雜誌《考試與學生》大正10年（1921）新年號附錄。刊登學校的招生要項、考試科目等。840日圓

（M）《老爺的奇談》

石黑敬七，住吉書店。作者是柔道老師、珍品收藏家，在《機智教室》中演出而聞名。昭和31年，1,000日圓

《文藝春秋隨筆選》（M）

創刊六十週年紀念的隨筆精選。吉行淳之介、森繁久彌、松本清張、向田邦子、盛田昭夫等人執筆。昭和57年，非賣品，300日圓

（I）《聖托佩斯》（*Saint-Tropez*），桑貝，荻野安奈譯，太平社。桑貝線條流暢的度假區諷刺漫畫集。平成11年，1,500日圓

日本攝影師《木村伊兵衛》平成10年，1500日圓

岩波書店。串連「人」與「街」的高手，木村作品集。他戰後作品的名作《神谷酒吧》、《本鄉森川町》、《月島》等，不採取攝影師的觀點，崇尚自然的作風，相當出色。（I）

《席夢》谷川俊太郎・作　圓池茂・繪

CBS SONY出版。以住在畫中的少女席夢所看到的城市與人為主題，所畫成的繪本。圓池茂的盧梭風格畫風絕佳。是我一直渴望獲得的書。昭和54年，1,500日圓（I）

此外也有幾本外文書的妖精畫集、立體繪本。以我的嗜好來說，這感覺就像撿到三千日圓一樣。

我還瞄到幾本七〇年代文化相關的古書。有麥克魯漢（Marshall McLuhan）的《媒體按摩》。這家店的店名似乎就是從這本書得到靈感。

當初開店時，似乎還有人詢問：「有沒有賣心電圖的機器？」或者「可以幫我按摩嗎？」「這本書在學者間的評價似乎不高。」店主牧進一先生如此說道，但因為他喜歡這本書，便借用書名當作店名。他今年才二十八歲呢。

最近的年輕人真有一套。

他似乎沒有古書店的資歷，但之前他一直在新書書店工作，直到去年四月才獨立開業。也就是說這家店才開幕一年半。

他的進貨方式，據說是與國外交易，直接進口。這家店的繪本和畫集以外文書居多，就是這個緣故。此外，打開書後，立即呈現出立體畫的「立體繪本」，也是這家店的「賣點」之一。從受精到懷孕的過程，全部以立體畫呈現的《生命的奧祕》（*The Facts of Life*），店內擺了好幾本。除了科學之外，還給人一種超現實感，很神奇的一本書。

我在這裡買了《席夢》（參照插圖）。這是我尋找多年的書。以盧梭的畫風畫插畫的人相當少，圓池茂便是其中一位。谷川俊太郎的故事也很不錯。

我還買了三本木村伊兵衛和桑貝的書，合計四千五百日圓。之前那彷彿像撿到三千日圓的感覺，這下子一口氣提升為四千五百日圓。

M先生買了幾本均一價的書。

媒體按摩也從事網路販售。當中還加入圖片，方便觀看。各位務必要上網瞧瞧哦。

16

找尋咖啡與舊書，關鍵都在「認真」[1]

舊書與咖啡，不知為何，有許多相似之處。像啤酒和檸檬水，若不在短時間內喝完，等它變溫可就難喝了。另外，紅茶不論是大吉嶺還是格雷伯爵茶，都有其格調，也許很適合搭配外文書或英國文學，但若是配上柘植義春或江戶川亂步，就總覺得很不搭調。購得舊書後，還是適合在咖啡廳裡悠哉地喝杯咖啡，消磨時光。近年來，在古書店裡設咖啡區的店家愈來愈多。這次我造訪了東京的幾家店。素描、舊書、咖啡。真是愈來愈辛苦了。

喝咖啡時，小心別噴出喔

採訪時，我都會想問一件事。那就是「您會不會擔心重要商品被飲料弄髒呢」。有些新書書店備有桌椅，提供顧客服務。有些店則是讓親子享受閱讀繪本的樂趣。我很反對這麼做。店內的童書有一半都已

1 日文的「認真」與「豆子」同樣都念成「まめ」（mame）。

Flying Books

東京都澀谷區道玄坂1-6-3 澀谷古書中心2樓
地下1樓和1樓是「古書SANEY」。二樓的Flying Books也是古書SANEY的一員。店主山路和廣先生為昭和50年生，31歲。曾在大型連鎖租書店工作，累積不少經營店舖的經驗，在古書SANEY工作一年半後，於2003年開業。書籍有強烈反映出美國文化的外文書，以及思想、神祕學、宗教等書，配合不同世代感興趣的內容來收購舊書。此外，音樂、美術、娛樂、西洋繪本、西洋雜誌也相當完備。飲料也很多樣，咖啡280日圓、濃縮咖啡200日圓，口味很道地，價格卻很便宜。有11種非酒精飲料，也有紅酒和啤酒，能在店內放鬆身心。拉大兩個書架中間的距離，有時也會舉辦朗讀會和音樂活動，相當有趣的一家古書店。

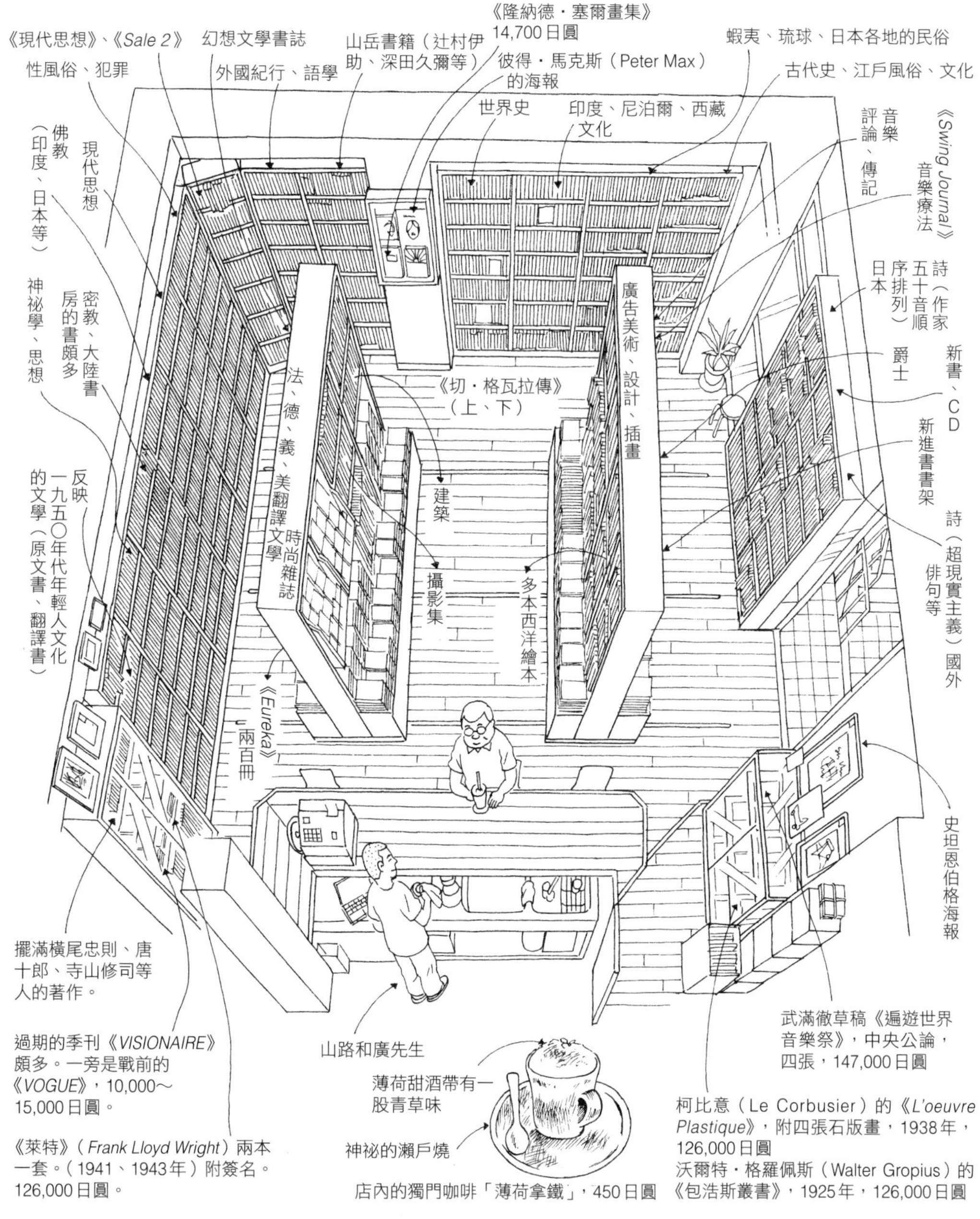

《隆納德・塞爾畫集》14,700日圓
《現代思想》、《Sale 2》
幻想文學書誌
山岳書籍（辻村伊助、深田久彌等）
彼得・馬克斯（Peter Max）的海報
蝦夷、琉球、日本各地的民俗
性風俗、犯罪
外國紀行、語學
古代史、江戶風俗、文化
世界史
印度、尼泊爾、西藏文化
音樂評論、傳記
《Swing Journal》
音樂療法
佛教（印度、日本等）
現代思想
詩（作家五十音順序排列）日本
神祕學、思想
密教、大陸書房的書頗多
廣告美術、設計、插畫
爵士
新書、CD
法、德、義、美翻譯文學
《切・格瓦拉傳》（上、下）
新進書書架
建築
反映一九五〇年代年輕人文化的文學（原文書、翻譯書）
時尚雜誌
詩（超現實主義）國外俳句等
攝影集
多本西洋繪本
《Eureka》兩百冊
史坦恩伯格海報
擺滿橫尾忠則、唐十郎、寺山修司等人的著作。
過期的季刊《VISIONAIRE》頗多。一旁是戰前的《VOGUE》，10,000～15,000日圓。
《萊特》（Frank Lloyd Wright）兩本一套。（1941、1943年）附簽名。126,000日圓。
山路和廣先生
薄荷甜酒帶有一股青草味
神祕的瀨戶燒
店內的獨門咖啡「薄荷拿鐵」，450日圓
武滿徹草稿《遍遊世界音樂祭》，中央公論，四張，147,000日圓
柯比意（Le Corbusier）的《L'oeuvre Plastique》，附四張石版畫，1938年，126,000日圓
沃爾特・格羅佩斯（Walter Gropius）的《包浩斯叢書》，1925年，126,000日圓

「舊書化」了。有些書甚至因為被用力翻開而破損。書店可不是圖書館。

就這點來說，雖然舊書很少有近乎全新的書況，但要是沾上污漬，那可就麻煩了。

位於澀谷的「Flying Books」老闆山路和廣先生說：「我們店內的書，也可自由地在咖啡區閱讀，因為我們希望顧客能多花點時間挑選。」我向他提出疑惑已久的問題後，他回答道：「到目前為止，還沒發生過因飲料弄髒書本的問題。大家都是很有規矩的人。」聽到這樣的回答，我姑且放心不少。

Flying Books有十一種非酒精性飲料，也有紅酒和啤酒，一點都不馬虎。而且一杯咖啡才兩百八十日圓，濃縮咖啡兩百日圓，超便宜。

我瞄了一下菜單，發現有一種名叫「薄荷拿鐵」的咖啡，四百五十日圓。我馬上點了一杯，嘗嘗看是什麼滋味。這是在拿鐵咖啡中加進薄荷甜酒，散發出一股淡淡的甜味和薄荷的香氣。聽說咖啡杯也是在瀨戶挑選的。編輯M先生點了冰咖啡。沒想到還能坐在櫃檯前和古書店老闆討論舊書。這樣就能悠哉地挑書了。

除去採訪的時間不算，待在古書店裡的時間還真短。只有我一位客人的情形，頂多只有五分鐘。只要待上十五分鐘，便會開始引起老闆的注意。要是覺得沒什麼好買的，便會在意什麼時候離開才恰當。就這方面來說，在舊書店咖啡廳喝飲料，當然得付錢，所以也就成了咖啡廳的顧客。能和書店保有另一種不同的關係。

要販售飲料，得要有衛生局的營業許可證。而要販售酒精類飲料，則需要餐飲店的營業許可證。不過，申請好像不會太困難。今後像這種同時販售咖啡和雜貨的複合式古書店，應該會愈來愈多才是。

Flying Books也會舉辦朗讀會或是小型音樂會。

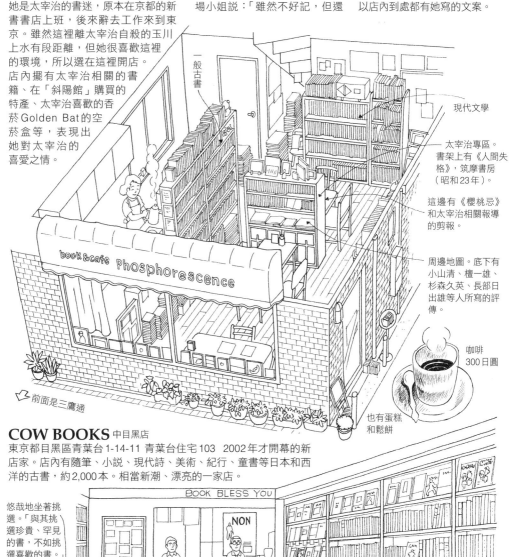

Phosphorescence

東京都三鷹市上連雀8-4-1 1F

店主駄場美雪小姐，昭和41年生。她是太宰治的書迷，原本在京都的新書書店上班，後來辭去工作來到東京。雖然這裡離太宰治自殺的玉川上水有段距離，但她很喜歡這裡的環境，所以選在這裡開店。店內擺有太宰治相關的書籍、在「斜陽館」購買的特產、太宰治喜歡的香菸Golden Bat的空菸盒等，表現出她對太宰治的喜愛之情。

Phosphorescence是「燐光」的意思，在太宰治的同名短篇（收錄於新潮文庫《*Good Bye*》）中，以神祕花朵的形態登場。駄場小姐說：「雖然不好記，但還是以喜好優先。」她還說：「太宰治長得好帥！會激發人們的母性本能。」駄場小姐原本在新書書店裡就是負責寫廣告文案，所以店內到處都有她寫的文案。

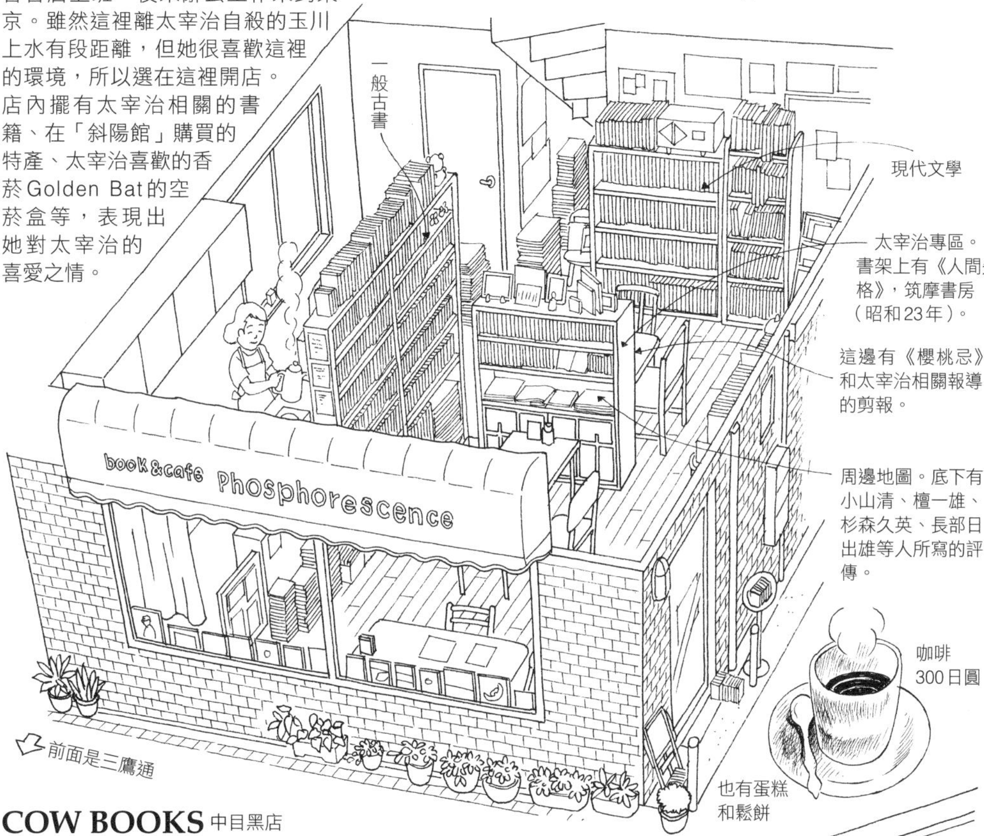

一般古書
現代文學
太宰治專區。書架上有《人間失格》，筑摩書房（昭和23年）。
這邊有《櫻桃忌》和太宰治相關報導的剪報。
周邊地圖。底下有小山清、檀一雄、杉森久英、長部日出雄等人所寫的評傳。
book&cafe Phosphorescence
咖啡300日圓
也有蛋糕和鬆餅
前面是三鷹通

COW BOOKS 中目黑店

東京都目黑區青葉台1-14-11 青葉台住宅103　2002年才開幕的新店家。店內有隨筆、小說、現代詩、美術、紀行、童書等日本和西洋的古書，約2,000本。相當新潮、漂亮的一家店。

BOOK BLESS YOU
NON

悠哉地坐著挑選。「與其挑選珍貴、罕見的書，不如挑選喜歡的書。」咖啡、奶茶315日圓。拿鐵咖啡367日圓。冰咖啡420日圓。共四種。

已不再是傳統的古書店

我與M先生約在三鷹碰面，前往古書與咖啡廳的複合商店「Phosphorescence」（我花了一整晚的時間才記住這家店名）。

之後又接著拜訪「combine」「COW BOOKS」。已不再有「XX堂書店」這種傳統的店名，這也是時代趨勢。至於像「臥遊堂」、「伽藍堂」、「靄靄書房」這種日語派的店名，也算是一種新傾向。

說到「Phosphorescence」，聽店主駄場美雪小姐說，她是因為喜歡太宰治的同名短篇小說，才借用這個標題當店名。店內如同插畫所示，到處都是太宰治的相關書籍、商品、資訊報導的剪報，這裡似乎也成了太宰治迷的交流場所。

她說太宰治「長得好帥」。雖然多少帶有一點我個人的偏見，但我覺得他不過是個「長髮蓋住額頭的中年男子」。不過，這當然是摒除他文學方面的才能才這麼說……。

我在Phosphorescence畫好素描，喝了今天第一杯咖啡。三百日圓。有三張桌子、六張椅子，規模雖小，卻有十足的咖啡廳情趣。飲料除了紅茶、綠茶、果汁外，菜單上還有今日蛋糕、鬆餅、法式吐司，很像女性店主的作風。

我在這裡提出心中疑惑許久的問題。她回答我：「目前從未發生過客人將咖啡灑出弄髒書的情形。」難道是客人因應店裡的情況，而遵守規矩嗎？或許該說這是「不破窗理論」。我姑且感到放心。這家店外觀貼飾瓷磚，相當美觀。

太宰治作品主要以文庫本為主，相當完備，但為了營造出特別的氣氛，如果可以，希望盡可能擺上戰後時期的初版舊書。太宰治的書大多為再生紙版，價格也不會太貴。

這次的收穫

（I）池谷（M）編輯

『ニューズウィーク』の世界
Newsweek

◀奧斯朋・艾略特（Osborn Elliott）（M）

時事通信社。曾訪問、晉見過五位總統、兩位羅馬教宗、昭和天皇等人的知名總編回憶錄。昭和59年，800日圓

DEUTSCHER LASTENAUSGLEICH
GÜNTER GRASS
ギュンター・グラス著
ドイツ統一問題について

◀君特・格拉斯（Günter Wilhelm Grass）

中央公論社。曾待過納粹親衛隊的諾貝爾獎作家，畢生反對德國統一。書中有他的演講實錄。平成2年，1,000日圓

読み捨て詩集
死亡遊戯
北川透
弓立社

◀《死亡遊戲》，北川透

弓立社。集結新聞連載的諷刺詩、時事詩，標榜「看過就丟的詩集」。久內道夫裝幀。昭和58年，1,000日圓（M）

作家のシルエット
THE OXFORD BOOK OF LITERARY

◀詹姆斯・薩瑟蘭（James E. Sutherland）編

研究社出版。由點綴英國文學的軼聞、傳言、笑話集結而成的書。昭和54年，800日圓（M）

木田安彦展

《木田安彦展》圖錄，每日新聞社。京都出身的版畫家圖錄。附書盒，精裝版文庫本大小。畫風精細的木刻版畫，也曾當作電視劇的標題畫面。平成8年，800日圓（I）

わが日本精神改造計画
大島渚

◀《我日本精神改造計畫》

大島渚，產報，四處參加歐洲電影展，並針對女星、痔瘡、尚盧・高達（Jean-Luc Godard）導演、天皇等議題抒發感想的隨筆集。昭和47年，1,500日圓（M）

青春の賭け

《青春的賭注　小說織田作之助》，青山光二，現代新書。將織田作與青春融合在一起的作者實名小說集。昭和30年，500日圓（M）

RONALD SEARLE
The Square Egg

◀《The Square Egg》

隆納德・塞爾（Ronald Searle），英國。諷刺的構想與充滿個性的線條，極具魅力的單格漫畫集。1968年，1,000日圓（I）

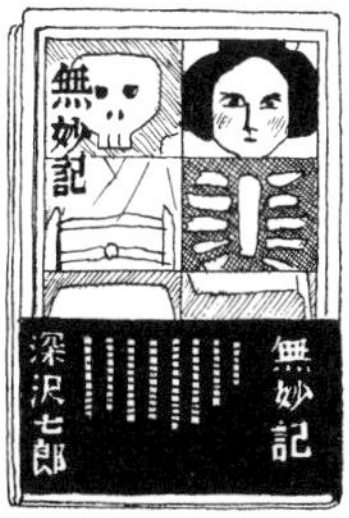
無妙記
深沢七郎
無妙記

▶《無妙記》，深澤七郎

河出書房新社。耗時七年才發表的七篇短篇小說，也收錄了〈戲曲楢山節考〉。昭和50年（1975），1,000日圓（M）

COW BOOKS中目黑
東急東橫線
澀谷
combine
山手通
中目黑
目黑川

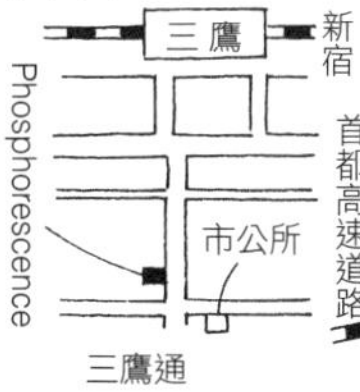
三鷹
新宿
Phosphorescence
市公所
三鷹通

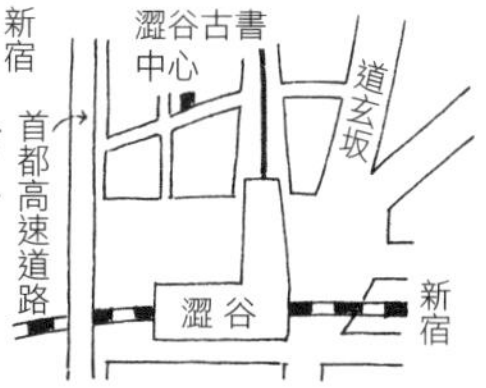
澀谷古書中心
道玄坂
首都高速道路
澀谷
新宿

稲生家＝化物コンクール
稲垣足穂

◀《稻生家＝妖怪競賽》（M）

稻垣足穗，人間與歷史社。以平田篤胤所寫的江戶時代怪談《稻生異聞錄》為題材，以此集結而成的三部短篇小說。平成2年，1,200日圓

江戸よいとこ
星川清司
浮世の風も受け流し本音で生きる江戸者の侠気と俠義の心意気

◀（M）

《江戶好地方》，星川清司，平凡社。直木賞作家所寫的江戶風俗隨筆集。三谷一馬插畫。平成9年，700日圓

All Butterflies
An ABC
Cut by
Marcia Brown

《*All Butterflies*》，瑪西亞・布朗（Marcia Brown），美國。三次獲得凱迪克大獎的巨匠。運用木刻版畫技術的繪本。1974年，2,100日圓（I）

THE GREAT BIG
FIRE ENGINE
BOOK

《*THE GREAT BIG FIRE ENGINE BOOK*》，提伯・喬治里（Tibor Gergely），美國。34×27cm的大型繪本。傳統式的消防車氣勢十足。1950年，1,890日圓（I）

combine books & foods

東京都目黑區中目黑 1-10-23-103

咖啡餐廳的老闆與古書店老闆合夥經營，很特別的一家店。古書店老闆顧店時，會替顧客帶來的古書估價，可交換飲料。

走進店內，左邊牆壁滿是古書。有種村季弘、澀澤龍彥、中井英夫、小栗蟲太郎、薩德侯爵（Marquis de Sade）、尚・考克多（Jean Cocteau）等之奇幻文學、科幻、翻譯小說。也有MISUZU書房、法政大學出版局等人文科學書。美術、設計、廣告、攝影集、畫集、古典音樂、搖滾音樂等，擺放了許多定價高的書籍，頗為壯觀。如果是專為挑古書而來，當然沒問題！

下午三點，我們抵達採訪地點「combine」。這也是很不像古書店的店名。因為是餐廳與古書店的組合，所以才取名為「combine」。店主也同樣是兩人合夥。

其中一位店主不知是否突然有急事，始終不見他現身。

據說這家店只要顧客帶古書前來，估價後可更換飲料，所以我也準備了兩本書。

分別是橫光利一的《機械》，昭和六年（一九三一）初版，無書盒，以及幸田文的《番茶菓子》，昭和三十三年初版，有書盒。不過，我還是先著手進行素描。人文科學、奇幻文學、美術等高價的書籍滿滿一排，這幕景象相當壯觀。此外，隔著入口的那一整面玻璃窗，映照出目黑川沿岸的油亮綠意，風景如畫。

畫完素描，買完戰利品，還喝了冰咖啡（五百日圓），雖然與另一位舊書老闆緣慳一面，有點遺憾，但我還是決定就此告辭。

目黑川沿岸還有另一家舊書咖啡店，所以我也順道去逛逛。這是一家清爽、新潮的店家，店名叫「COW BOOKS」。還看到牛的ＬＯＧＯ圖案。

在店內逛了一圈後，我帶來的兩本書重重壓在我背後，所以我取出轉賣給店主。附帶一提，店主以一千兩百五十日圓收購。差不多是四杯咖啡的價錢……

17

店去店來，輕井澤、追分「起風」[1]

世上好像有許多人一面在公司上班，一面在心裡盤算著日後要開古書店。據說報名參加古書店開業講習會的人數多得超乎預期。還有人對辭去上班族工作，改坐在櫃檯前的店主說：「真羨慕，我也好想當舊書店老闆。」

這次我前往採訪的「追分COLONY」老闆，也是打算跳脫上班族的人。目前只有週末，他們夫妻倆才會從東京搭車來到店裡。店主今年仍繼續在東京的銀行上班，打算從明年春天開始搬家，加入古書公會，正式展開活動。兩人今年都即將滿五十歲。

店內有幅〈五十雀〉的圖……

我與編輯M先生約在東京車站碰面，一同搭長野新幹線前往輕井澤。一個多小時便抵達，真是一眨眼就到了。我已有十多年沒來過輕井澤，站前的模樣已今非昔比，令人吃驚。

這裡離信濃追分還有兩站的距離。我們搭計程車前去，路上看到一棟嶄新的旅館式建築。這就是追分

COLONY。

我們馬上登門拜訪，環視店內，發現一幅鳥的圖畫。不知是石版畫還是平版印刷，我頗感興趣。詢問後得知，這是〈五十雀〉圖。似乎是店主夫婦目前心境的象徵。

在《論語》的時代，總說「五十而知天命」；幸若舞的〈敦盛〉當中也有一節唱道：「人生五十載……」在以前的年代，總說五十歲是人生晚年。

齋藤夫婦決定在男主人退休後開一家古書店。兩位都是愛書人。但兩人並不是一開始就對古書感興趣，他們對古書感興趣的主要原因，是所住的東京西荻窪一帶，有家頗具特色的古書店。

以五十歲為轉機，踏出嶄新的一步，真令人羨慕。「想開舊書店，展開我的第二人生」，聽說世上有很多男性抱持這種理想，但很少有這樣的女性。也許是因為女性會以直覺來判斷古書店的未來走向。至於以自己喜歡的事當工作，則向來都是男性的夢想。

之所以將五十歲以後的生活寄託在追分，是因為妻子的祖先曾在追分經營中型旅館，基於這個緣分，親戚重建舊日風貌的旅館，並要他們保證掛出昔日屋號的看板，這才同意租借。此外，老闆的妻子大學時代專攻堀辰雄，深愛這塊土地，這也是很重要的因素。

追分COLONY位在「堀辰雄文學紀念館」前面。此次的輕井澤之行，我一直幻想著或許能便宜買到堀辰雄的舊書《魯本斯的偽畫》。據說前一陣子，神田有一家古書店以五百五十萬日圓的價格賣給來店裡的客人，而且還附有古賀春江親筆所畫的玫瑰畫，為「夢幻逸本」。世界真是遼闊啊！附有親筆畫的書還有另外一本，據說是東鄉青兒的玫瑰畫，但至今從未有人見過「真品」，這一直是夢幻逸本（參見16頁之〈補充〉）。

1《起風》（風立ちぬ）為堀辰雄的一本著作。

追分COLONY

長野縣北佐久郡輕井澤町追分612重現昔日位於中山道與北國街道驛站町的中型旅館「柳屋」外觀。這家剛完成的古書店，名叫「追分COLONY」。COLONY這個名字，是特別考量到ecology（生態學）與economy（經濟）的結果。這對夫婦在五十歲之後才開始經營古書店，算是跳脱上班族的一群。話雖如此，男主人今年仍在東京上班，只有週末，夫妻倆才搭車到追分開店，很與眾不同的經營方式。我前往採訪時，他們才剛開店一個月左右。明年起，他們將正式加入古書公會，想經營成店內有咖啡區的古書店。另外，他們想將二樓當成會員制的圖書館，經濟相關書籍和手工藝的庫存書都可在此閱覽，夢想不斷擴張。

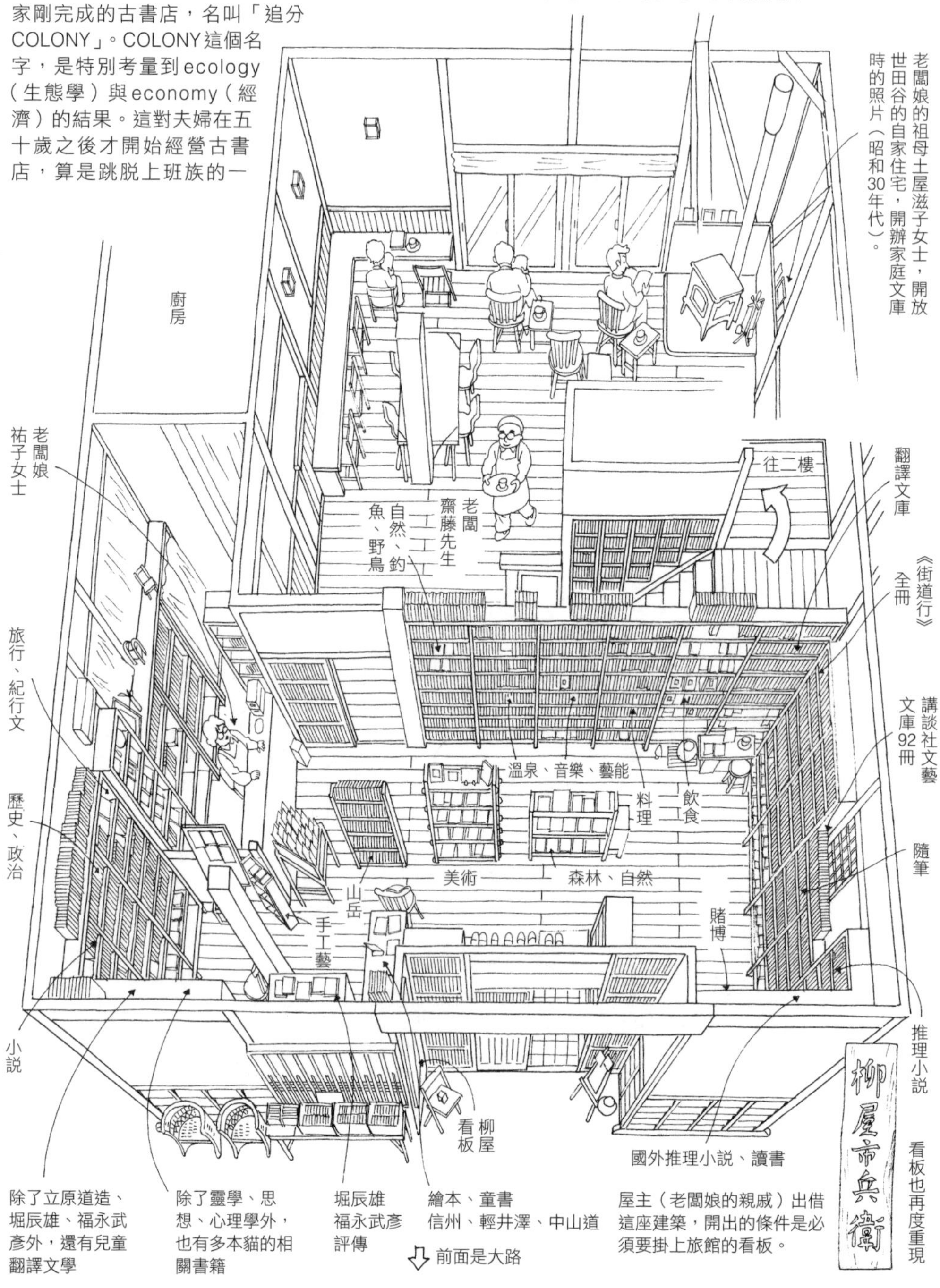
老闆娘的祖母土屋滋子女士，開放世田谷的自家住宅，開辦家庭文庫時的照片（昭和30年代）。
廚房
老闆娘祐子女士
老闆齋藤先生
自然、釣魚、野鳥
往二樓
翻譯文庫
《街道行》全冊
講談社文藝文庫92冊
旅行、紀行文
歷史、政治
溫泉、音樂、藝能
料理
飲食
美術
森林、自然
山岳
手工藝
賭博
隨筆
推理小說
小說
柳屋看板
國外推理小說、讀書
柳屋市兵衛
看板也再度重現
除了立原道造、堀辰雄、福永武彥外，還有兒童翻譯文學
除了靈學、思想、心理學外，也有多本貓的相關書籍
堀辰雄福永武彥評傳
繪本、童書 信州、輕井澤、中山道
前面是大路
屋主（老闆娘的親戚）出借這座建築，開出的條件是必須要掛上旅館的看板。

我所找尋的，當然不是那種遙不可及的書，但我仍心存幻想，或許能以便宜的價格買到沒附親筆畫的《魯本斯的偽畫》（江川書房版）。不過，真要買的話，少說也得要二十萬日圓。

追分COLONY的商品，目前大多是老闆個人的藏書，以文庫本居多。不過，經營古書店，大多會擺出店主的藏書，成為同業間仲介買賣的對象。雖然目前以文庫本居多，但都是一手書，所以像初期的講談社文庫本這類的書，全都書況良好。此外還有像《街道行》這類內容充實的書籍，相當不簡單。

我還在書誌、讀書的書架上發現我的拙作。初版時，我將仍健在的人物列為已故，嚴重誤記，但現在那位人士已成故人。在對方生前，我曾寫信前去對我的誤記道歉，對方回信道：「在下於八年前罹患腦中風，與死無異，請您放心。」如今想起，仍會嚇出一身冷汗。聽我說完此事後，齋藤先生便收起我這本著作。他認為這是一本帶有軼聞的著作，還是認為這個故事不吉利，我不得而知。據說他開設這家古書店時，曾參考我所畫的插圖。深感榮幸。

感覺就像沿著腸子來到胃部

結束追分COLONY的採訪時，已太陽西下，一天就這麼結束。明天將採訪「林道文庫」。

堀辰雄山莊

林道文庫下午兩點才開店，所以整個上午我都在「輕井澤高原文庫」參觀「復活的遠藤周作與狐狸庵」展。堀辰雄山莊及野上彌生子的書齋也遷至此地重建。堀辰雄山莊所呈現的氣氛，與輕井澤森林非常搭調。

吃完午餐後，也該前往林道文庫了。聽說店內相當複雜，我不禁為之手癢。

我提早到達林道文庫，店門已開。簡單寒暄幾句後，我馬上踏進店內。從一樓開始是一道斜坡，九彎十八拐的道路一路綿延。兩側的書架，有的直立，有的傾斜。腳下堆放的書本直逼而來。這樣的構造相當有趣，但我愈來愈擔心自己是否畫得成。

從入口開始轉了四個彎，終於抵達二樓。眼前開闊的空間，到處可見大大小小的書櫃，還會走進死胡同。有書架包圍而成的區塊、斜向配置的櫃子，以及一路通往閣樓的階梯。雖然覺得手癢，但也感到心跳零亂。

在插圖中，書本已經過整理，通道也畫得略為寬敞些，所以看起來簡單明瞭，但實際走進店內，宛如在電影《玫瑰之名》（*Le Nom de la Rose*）中登場的迷宮圖書館一般。感覺就像沿著體內的腸子抵達胃部。

店內除了小說、歷史等一般書籍外，就屬長野縣、輕井澤等完備的地方資料較為顯眼。店內有不少「林道文庫」的匾額，就像在展示店主與輕井澤相關文人之間的交誼。

店主大久保先生擔任輕井澤的文化財產專門委員，所以對保護文化財產和促進市鎮繁榮投注了不少心力。

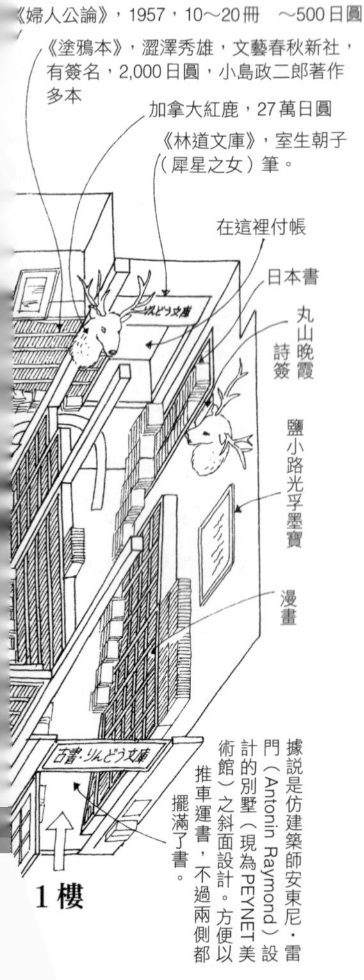

《婦人公論》，1957，10～20冊　～500日圓
《塗鴉本》，澀澤秀雄，文藝春秋新社，有簽名，2,000日圓，小島政二郎著作多本
加拿大紅鹿，27萬日圓
《林道文庫》，室生朝子（犀星之女）筆。
在這裡付帳
日本書
丸山晚霞詩簽
鹽小路光孚墨寶
漫畫
古書・りんどう文庫
據說是仿建築師安東尼・雷門（Antonin Raymond）設計的別墅（現為PEYNET美術館）之斜面設計。方便以推車運書，不過兩側都擺滿了書。
1樓

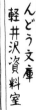

古書**林道文庫**

長野縣北佐久郡輕井澤町東22-1

從輕井澤車站前直走400公尺，有一家奇異空間的古書店。入口雖窄，但天花板頗高，順著彎彎曲曲的通道轉四個彎，便能抵達寬敞的2樓。我還是第一次見識這樣的古書店。真有趣！到處堆滿了書，有漫畫、小說、人文科學、日本書等，庫存書廣泛。特別是信濃的地方誌、地方史，相當豐富。樓（3樓，不公開）有川端康過的椅子、堀辰雄睡過的床、多代的水彩畫等，有不少珍貴品。店主大久保保先在古書市發現的明半時期輕井澤手圖，連街道及建築詳細記載，彌足珍貴大久保先生加以重版，對輕井澤文化保護活動助益頗多。

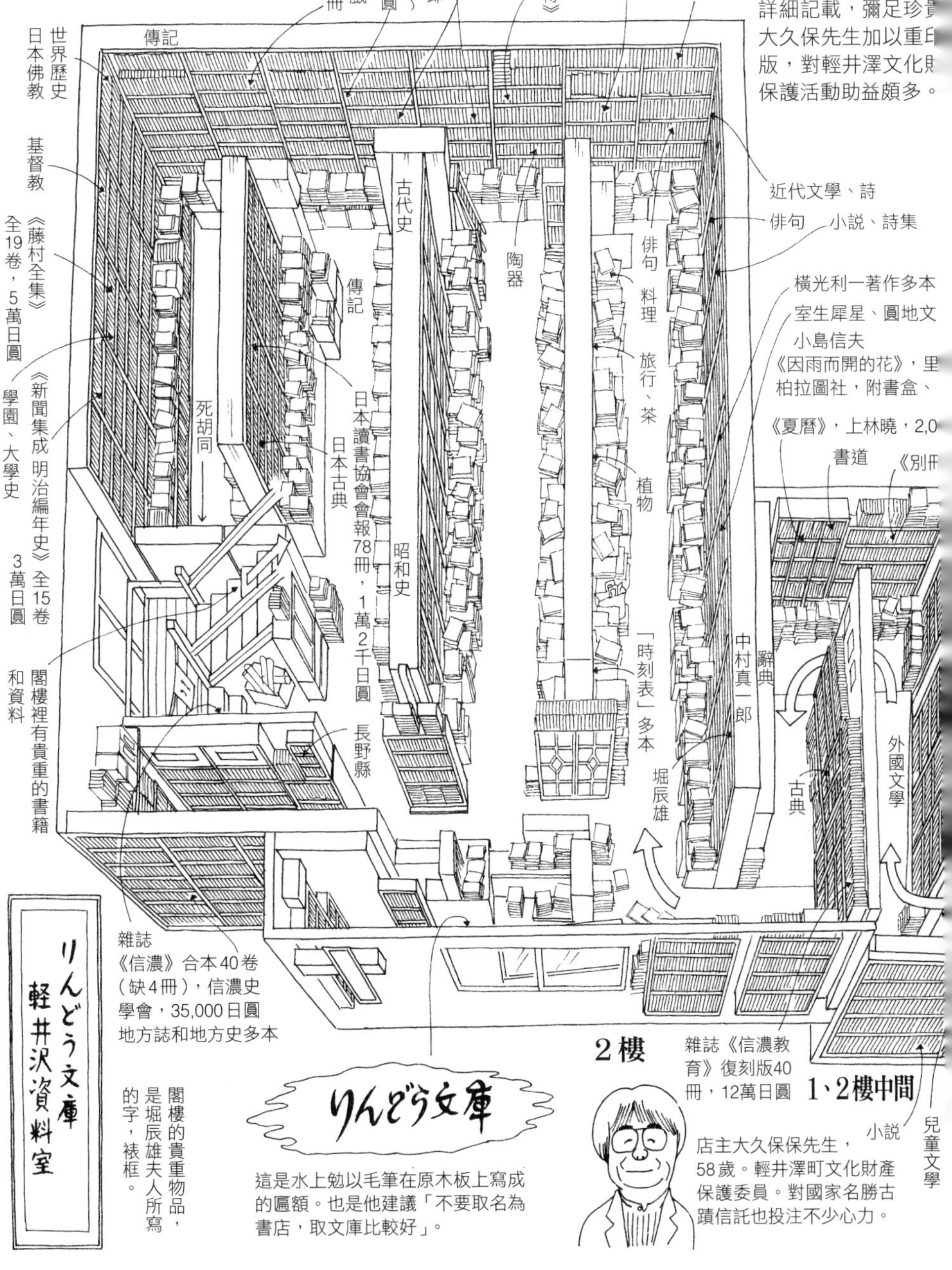

《日本文學大辭典》
竹久夢二 復刻本24冊 諾貝爾書房
《福原有信傳》資生堂 3千日圓
古董
《福原麟太郎著作集》1～12冊 8千日圓
《鏡花小說戲曲選》全12冊
傳記
世界歷史
日本佛教
基督教
《藤村全集》全19卷，5萬日圓
《新聞集成 明治編年史》全15卷 3萬日圓
學園、大學史
閣樓裡有貴重的書籍和資料
古代史
昭和史
陶器
傳記
死胡同
日本讀書協會會報78冊，1萬2千日圓
日本古典
長野縣
俳句
料理
旅行、茶
植物
「時刻表」多本
近代文學、詩
俳句
小說、詩集
橫光利一著作多本
室生犀星、圓地文
小島信夫
《因雨而開的花》，里
柏拉圖社，附書盒、
《夏曆》，上林曉，2,0
書道
《別冊
辭典
中村真一郎
堀辰雄
古典
外國文學
雜誌
《信濃》合本40卷（缺4冊），信濃史學會，35,000日圓
地方誌和地方史多本
雜誌《信濃教育》復刻版40冊，12萬日圓
2樓
1、2樓中間
小說
兒童文學
りんどう文庫
軽井沢資料室
閣樓的貴重物品，是堀辰雄夫人所寫的字，裱框。
りんどう文庫

這是水上勉以毛筆在原木板上寫成的匾額。也是他建議「不要取名為書店，取文庫比較好」。

店主大久保保先生，58歲。輕井澤町文化財產保護委員。對國家名勝古蹟信託也投注不少心力。

鬼の詩
藤本義一

《鬼之詩》，藤本義一

講談社文庫。以關西寄席藝人當題材的短篇集。更以標題作品贏得直木賞。昭和55年（5刷），300日圓（M）

ショパン

（M）

《蕭邦》，河上徹太郎，音樂之友社。《大音樂家・人與作品》系列之一。深愛蕭邦作品「純真」的河上，探尋蕭邦的一生。昭和55年（17刷），450日圓

高井鴻山

《高井鴻山》（M）

小布施町教育委員會。介紹「將北齋帶來小布施的男子」之足跡。平成3年（7刷），1,000日圓

農村學

《農村學》，橘孝三郎（M）

建設社。參加515事件的農本主義者主要著作。在獻辭中提到「要特別獻給風見章先生」，提到近衛文麿親信的名字。昭和6年，500日圓

残照
石川

石川桂郎，角川書店。以《剃刀日記》等小說而聞名的俳人隨筆集。昭和51年，300日圓（M）

折本設計

《御寶色帖》。從昭和11年到13年，由朝鮮半島前往滿洲各處名勝旅行，一路上所作的印章簿。這位旅人是服務於丸之內的金井滿先生。印章共有100個。500日圓（I）

新詩人詩集
1951年版

（I）《新詩人詩集》一九五一年版

新詩人社，刊登有江間章子、深尾須磨子、岩佐東一郎、金子光晴、川路柳虹、田中冬二、高橋新吉、小野十三郎等一百一十一人的詩。1,000日圓

黒い鳥
戸板康二

《黑鳥》戶板康二（I）

集英社文庫。提到戶板的推理小說，當屬歌舞伎演員中村雅樂的小說最為有名，但本書是由一名刑警解開謎題的八篇短篇所構成。昭和57年，初版，500日圓

這次的收穫

（I）池谷　（M）編輯

在追分的舊道具店買到的竹墜子。上頭刻有仙人。3,000日圓

這裡也有仙人

ED EMBERLEY'S
HALLOWEEN
Learn to draw the Ed Emberley

《萬聖節》，愛德華・安柏利（Edward Emberley），以簡單、奇異、幽默的筆觸聞名的插畫家之繪畫範本。1906年8月，700日圓（I）

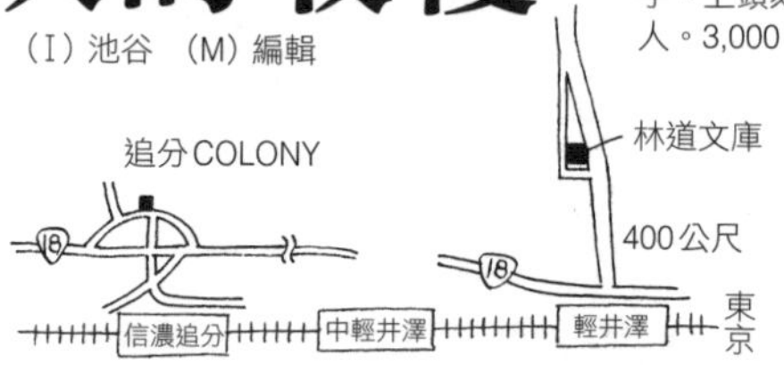
追分COLONY
林道文庫
400公尺
18
18
信濃追分
中輕井澤
輕井澤
東京

鳴滝日記
岡部伊都子

《鳴瀧日記》（M）

岡部伊都子，新潮社。居住於京都鳴瀧的作者隨筆集。於《藝術新潮》中連載。昭和47年（2刷），400日圓

プロ野球
22シーズンとトラブルの歴史
大井廣介著

（M）

《職棒22季與問題之歷史》，大井廣介，棒球雜誌社，昭和31年，1,500日圓

マグダレナ

《Magdalena》（I）

池谷信三郎，ATHENS文庫。以前的筆名いけのや（池之谷），現在的筆名いけたに（池之谷）。他是我父親——才怪。昭和23年，500日圓

梵雲庵雑話

《梵雲庵雜話》（I）

淡島寒月，岩波文庫。西鶴研究家、文人、玩具收藏家，為嗜好而活的寒月翁雜記。平成11年，500日圓

日産コンツェルン讀本

《日產Concern讀本》

和田日出吉。訪問對嗜好的圖書也有涉獵的鮎川義介，令人頗感興趣。昭和12年，2,000日圓

店主看起來是位個性大剌剌的人，店內沒有櫃檯，要付錢時得向一樓裡頭大聲叫喚才行。賣場占地廣，庫存書量也多。難道不擔心小偷光顧嗎？

老闆對我說：「客人會來的時間，就只有夏天那一個多月以及黃金週，所以我打算今年要關閉這家店。再加上相交多年的作家和學者老師都相繼過世了……」他打算遷往小諸，全年開店。換言之，要看看這座迷宮古書店，今年是最後的機會了。沒去過的人，至少利用我的插圖享受一下在這奇特店內散步的滋味吧。

18 田園調布、成城學園
得見諾貝爾獎作家和都知事的身影

「在田園調布蓋房子」，這是以前的一句流行語。當初發明這句話的漫才師已過世，但高級住宅地仍在，有大田區的田園調布、世田谷區的成城學園、澀谷區的松濤。住在港區白金的婦人，似乎叫作「白金女」。這樣說的話，住在墨田區鐘淵的婦人，難道要叫「鐘金女」嗎？小津安二郎的名作《東京物語》，就是以這一帶當舞台。這同時也是與永井荷風相當搭調的市街。

如今仍有作家住在田園調布。成城學園建有柳田國男的洋館，採仿半木建築樣式，相當漂亮。

成城學園有諾貝爾獎作家……

上午十一點，我和編輯M先生約在成城學園的「砧文庫」碰面。M先生今天穿一件駱駝色的短大衣，模樣瀟灑，與這個市街相當搭調。

我也配合採訪地點，戴上我在銀座新買的圓頂禮帽。凡事都先從外形下手，這是我的慣用手法。

已有好幾年沒來過成城學園了。砧文庫離車站很近，只有約五分鐘的路程。街上蓋滿了豪宅。有些人

家甚至讓人覺得「裡頭可能會走出一位公主……」

砧文庫與之前我拜訪時相比，有很大的變化。店內有一半開放為畫廊。擺有繪畫、版畫、美術書籍等，圓桌和老舊的行李箱也很有氣氛。

原本這家店在美術書籍和外文書方面就有不少好書，現在更加充實了。之前拜訪時，我以三千八百日圓購得艾德蒙·杜拉克（Edmund Dulac）的《童話故事》（*Fairy Book*，一九一六年，倫敦）。書背和封底的布面曾經泡水，但內文和圖片底紙（指的是某些舊時代出版品的插圖另印，裝訂時再加工浮貼於書頁上。）還是保存良好。如果書況好，應該值七萬日圓左右。

成城學園的市街

跨頁有倫敦三菱公司一九二一年的印章，以及多人的手寫英文字。也許是因為換工作或是歸國等原因，夥伴們才送他這項贈品。可能就是這個市街出身的人。看得出這裡居民的生活品質。

走進店內，第三代店主永島和幸先生前來迎接。他是昭和四十年（一九六五）出生，四十一歲。在神保町誠進堂書店當了三年的店員後，才回到這家店裡。果然有不少日本書，櫃檯後面擺有《國書總目錄》。這是販售古文典籍的店家不可或缺的資料。

「這三、四年，成城也改變不少。因為世代交替，有很多年輕人來此居住。好像是ＩＴ產業相關工作的人。總覺得整個市街變得愈來愈高級。」和幸先生談起近來市街的情況。

店主還說：「這些新居民與舊書無緣。店內的客人都是來自成城周邊，而我們收購的對象，也大多是世田谷一帶的客人。」難道這就是時代的變遷嗎？

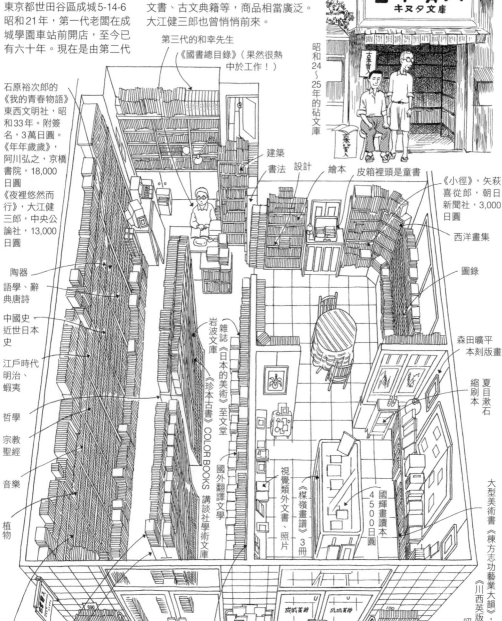

砧文庫

東京都世田谷區成城5-14-6

昭和21年，第一代老闆在成城學園車站前開店，至今已有六十年。現在是由第二代永島斐夫先生與第三代的和幸先生父子一同經營。店內有文學、美術、外文書、古文典籍等，商品相當廣泛。大江健三郎也曾悄悄前來。

古本買入
キヌタ文庫

昭和24～25年的砧文庫

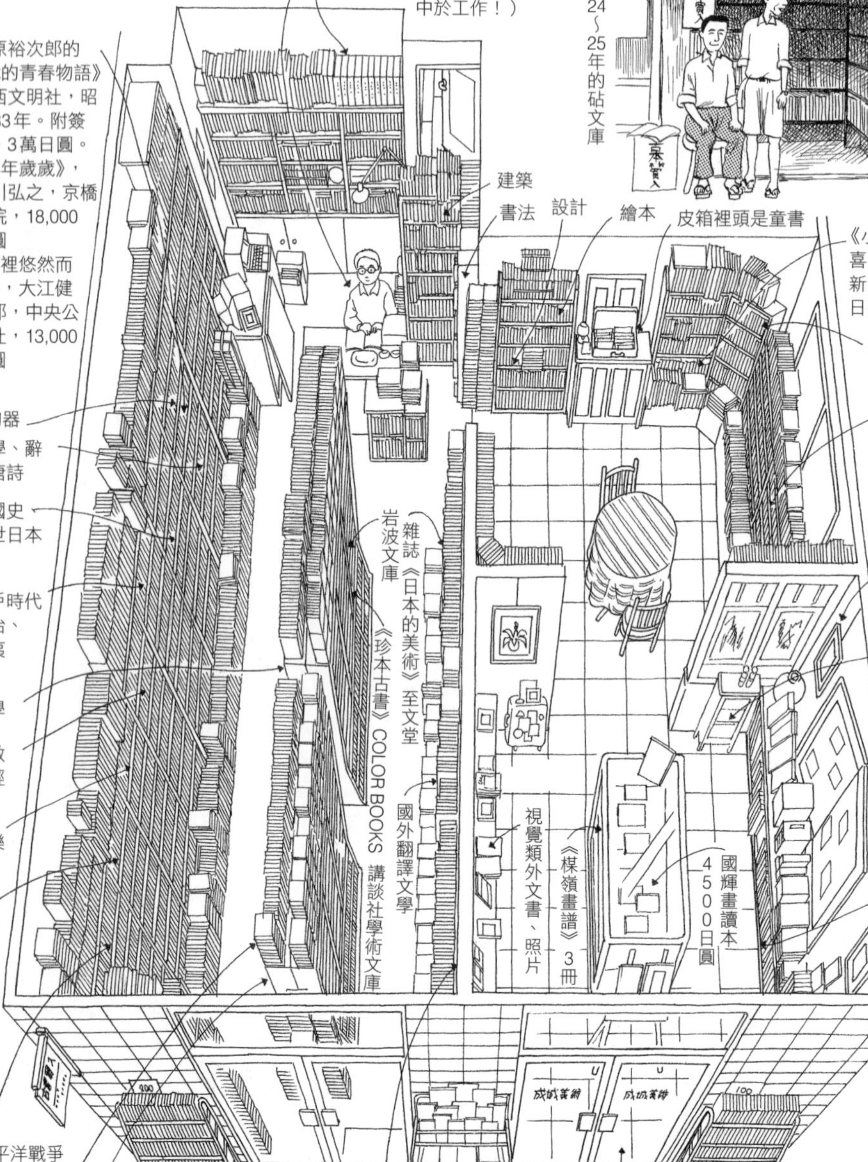
第三代的和幸先生
《國書總目錄》（果然很熱中於工作！）
石原裕次郎的《我的青春物語》東西文明社，昭和33年。附簽名，3萬日圓。
《年年歲歲》，阿川弘之，京橋書院，18,000日圓
《夜裡悠然而行》，大江健三郎，中央公論社，13,000日圓
陶器
語學、辭典唐詩
中國史
近世日本史
江戶時代
明治、蝦夷
哲學
宗教
聖經
音樂
植物
太平洋戰爭
近代史
武術
伊斯蘭教
建築
書法
設計
繪本
皮箱裡頭是童書
《小徑》，矢萩喜從郎，朝日新聞社，3,000日圓
西洋畫集
圖錄
森田曠平本刻版畫
夏目漱石縮刷本
岩波文庫
雜誌《日本的美術》至文堂
《珍本古書》COLOR BOOKS 講談社學術文庫
國外翻譯文學
視覺類外文書、照片
《楳嶺畫譜》3冊
國輝畫讀本4500日圓
大型美術書
《棟方志功藝業大韻》，講談社，昭和45年
《川西英版畫集》，形象社，昭和54年
成城美術
堀口大學，第一書房，附書盒本，各種
這邊為「成城美術」（畫廊部門）

砧文庫裡有舊書迷熟知的照片。我在前頁便以插畫複製了一張。這是昭和二十一年，第一代老闆永島富士雄先生在成城學園車站前開店三年後的照片。

這簡陋的店面，呈現出絕佳的氣氛。之後四度搬遷，才在現今的場所安定下來。

櫃檯附近能看到附有石原裕次郎簽名的《我的青春物語》，以及大江健三郎的《夜裡悠然而行》初版。很有成城學園的風格。

隔壁的畫廊「成城美術」，陳列畫集、版畫、西洋童書、視覺相關、讀本（《南總里見八犬傳》）、幸埜楳嶺的花鳥畫本、攝影集等。其中，交雜貼有奈良繪本場景的半雙屏風格外顯眼。朝圓桌前坐下，能沉浸在悠閒的美術空間中。聽說這裡以前是倉庫。

成城學園的大路兩旁有高大的櫻花樹，賞花時節以及嫩葉油綠時，散步在這閑靜的住宅地中，想必是人生一大樂事。

這座市街除了開頭提到的柳田國男外，已故的大岡昇平、水上勉、野上彌生子也曾在此居住。據說諾貝爾獎作家大江健三郎最近也曾來店光顧。真希望有機會和他見面。雖然他的著作我只看過一本……

也曾有不少電影工作相關人士在此居住，諸如黑澤明導演，以及三船敏郎、志村喬、加東大介等黑澤組的演員，但如今都已不在人世。

我從年輕時代便一直是三船的影迷，真想見識一下三船敏郎喝醉酒，一面咆哮，一面走在成城寧靜街道上的模樣。

田園調布有舊書店？

我初次造訪田園調布時，還不像現在這樣，到處都是可輕鬆興建的外牆建材，而是有不少使用傳統工

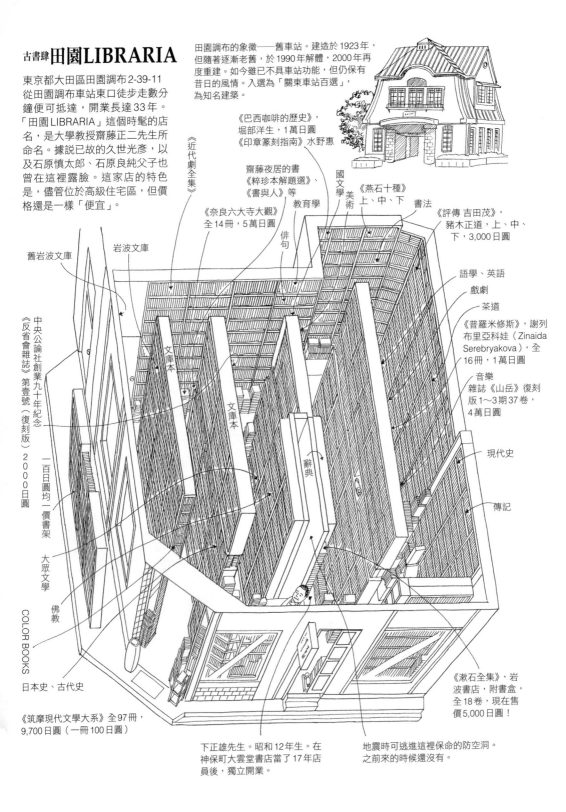

古書肆田園LIBRARIA

東京都大田區田園調布2-39-11
從田園調布車站東口徒步走數分鐘便可抵達，開業長達33年。「田園LIBRARIA」這個時髦的店名，是大學教授齋藤正二先生所命名。據説已故的久世光彥，以及石原愼太郎、石原良純父子也曾在這裡露臉。這家店的特色是，儘管位於高級住宅區，但價格還是一樣「便宜」。

田園調布的象徵——舊車站。建造於1923年，但隨著逐漸老舊，於1990年解體，2000年再度重建。如今雖已不具車站功能，但仍保有昔日的風情。入選為「關東車站百選」，為知名建築。

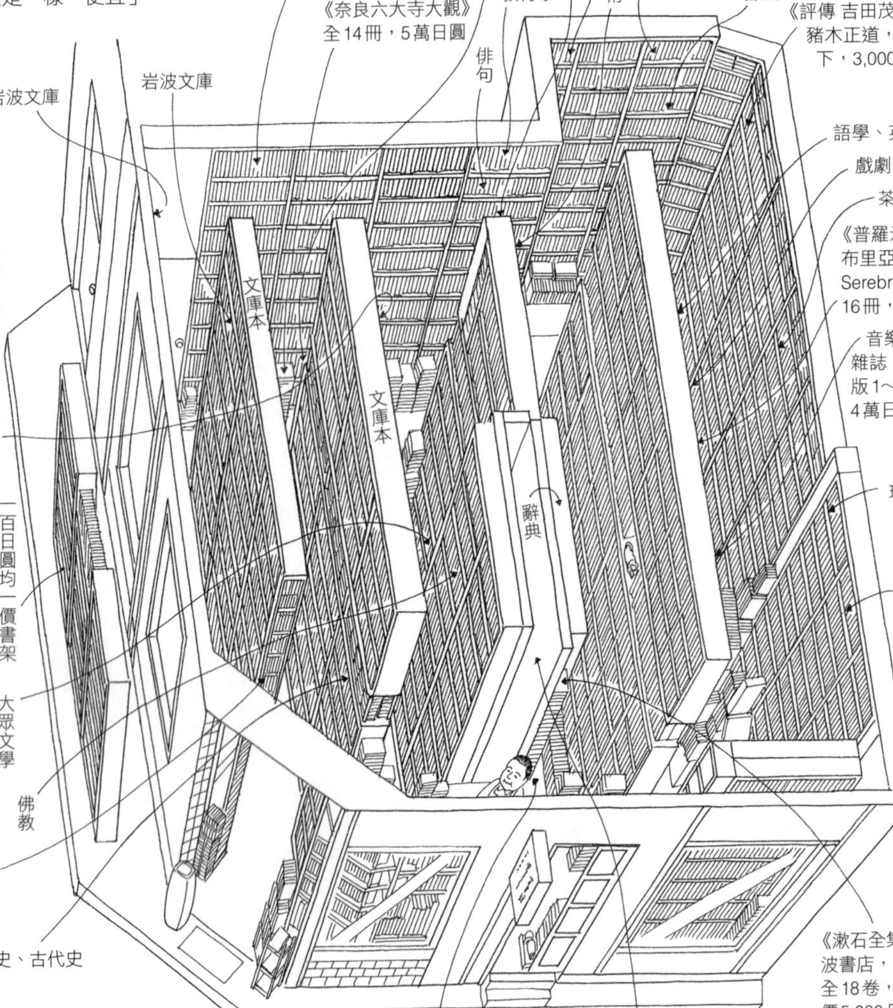

法興建的住宅，別具情趣。街道祥和閑靜。所以當時我不認為田園調布會有舊書店。

後來我拜訪了「田園LIBRARIA」，這好聽的名字令我感動。「是我最喜歡的ＸＸ之一」，雖然有這種說法，但我這個人不愛說這種含糊話。田園LIBRARIA是我最喜歡的店名。

命名者是擔任過東京電機大學教授，後來改到創價大學任教的齋藤正二先生。「LIBRARIA」是圖書館的拉丁語，不過，若是直接用「library」，則顯得過於平凡。由於它寫成平假名「りぶらりあ」，少了原本的學術味，多了一點柔和。

這家店最大的特色就是價格便宜。

店主下正雄先生在神保町大雲堂書店當了十七年的店員，之後才自己獨立開業。他在田園調布開店已將近三十三年了。

「昂貴的書我不熟悉，所以都以便宜的價格販售。」這應該是謙遜之詞吧。

因為不方便道出書名，請恕我隱而不表，但在南部古書會館特賣展的書目清單上，田園LIBRARIA列出的某本古書，價格曾經便宜得令人跌破眼鏡。一般值五、六萬日圓的商品，竟然只賣兩千日圓。當然有不少客人下訂。

抽選的結果，由我幸運抽中。還記得在會場領書時，負責人遲遲不肯把書給我。也許他心裡認為「下正雄先生不會是少算了一個零吧」。之後我也從該店的書目清單中，以五千日圓購得某套價值兩萬五千日圓的人氣全集。

「雖然常有人對我說，我可以賣貴一點，但我並不在乎。既然賣出去就算了。客人也覺得賺到，這樣不是很好嗎？」他若無其事地說道。

「之前住在田園調布的學者和藏書家的宅邸，正值世代交替的時期，有不少屋子都清出家中的藏書。所以之前我不愁沒書可以收購，但最近這種情況愈來愈少了。」

《雜談》 (M)
白鷗社，1～7（缺4號）。高田保編輯的隨筆雜誌。卷頭插圖，梅原龍三郎、安井曾太郎等人。是久保田萬太郎、德川夢聲、水原秋櫻子、澀澤秀雄等人的同人雜誌。昭和21年，合訂本，3,000日圓

(M)
《學鐙》，丸善創業一百年紀念號。《外文書與我》由大佛次郎、吉田健一、小汀利得等人執筆，昭和44年，400日圓

(M) ▸《林布蘭的世紀》
約翰・赫伊津哈（Johan Huizinga），創文社。以《遊戲者》（*Homo Ludens*）一書聞名的歷史學家所陳述的祖國荷蘭文化史。昭和45年（2刷），350日圓

(I)
尚・考克多（Jean Cocteau），講談社。本世紀最偉大的詩人（封面稱頌的文句）生平唯一的奇幻作品。考克多的畫也相當棒。平成6年，600日圓

神吉拓郎，新藝能研究室。作者死後集結成的隨筆集。平成6年，200日圓（M）

▸《探訪民眾的智慧》 (M)
宮本常一，未來社。作者是位民俗學者，將他在旅行中所發現的人類智慧集結成書。昭和38年，300日圓

▸《畫家的後裔》 (I)
福田蘭童、石橋英太郎，講談社文庫。是兒子和孫子對畫家青木繁的描寫。昭和55年（2刷），300日圓

《酒書》，山本千代喜，龍星閣。講洋酒的名著。昭和16年發行本的新版。昭和30年，3,800日圓（I）

▸《贋・久坂葉子傳》 (M)
富士正晴，講談社文庫。十九歲時作品入選芥川獎，兩年後自殺的作家之評傳。昭和55年，600日圓

渡邊幸次郎，東京LIFE社。作者在華北、華中擔任過特別高等警察課長、憲兵分隊長。昭和31年，100日圓（M）

▸阿部青鞋
現代俳句協會。書名《火珠》，是指聚集日光點火用的古代凸透鏡。風格特異的俳人俳句集。昭和58年，300日圓（M）

▸《維多利亞時代的傑出人士》
史特雷奇（Lytton Strachey），福村書店。作者是英國具代表性的傳記作家。譯出南丁格爾、戈登將軍這兩篇。昭和25年，100日圓（M）

▸《紅門綺譚》
式場隆三郎，山雅房。珍奇領域醫學小説集當中的一本書。式場是精神病理學家。他捧紅了畫家山下清，與梵谷有關的著作達五十本以上。調查怪建築的《二笑亭綺譚》相當有名。昭和14年，2,000日圓（I）

這一帶的情況與成城學園有類似的傾向。不論田園調布還是成城學園，過去那些作家、學者、企業家受這裡的環境所吸引，開始在此居住時，這裡還不算是什麼高級住宅區，但如今老街的歷史也隨著舊書一起面臨世代交替的到來。

「會常看到哪位作家嗎？」

「有啊，已故的久世光彥先生常賣書給我。石原慎太郎先生在選舉時也會來。他兒子良純先生也會來喔。」石原良純先生在富士電視台播報氣象，所以相當熟悉。此外，三浦朱門、曾野綾子夫婦也住在這條街上。

其實我這是第二次畫田園LIBRARIA。第一次畫純粹是為了興趣，所以當然沒素描和攝影。走進店內，記下它的構造後，在附近的咖啡廳素描。有不清楚的地方，便重複同樣的動作，加以完成。

和以前不一樣的部分，是店主將櫃檯前的書架鏤空，作為地震時的防空洞。不過，以前畫的插圖雖然有點拙劣，但感覺專注力猶勝現在。一切都在改變中。

19——這次我也參與其中！我自己的「神田舊書祭」

「全部交由你去辦，愛怎麼做就怎麼做。」這是今年（二〇〇六年）六月二十一日的事，我們在討論工作時，有人對我這麼說，地點在東京古書會館。那是我第一次製作秋天的「神田舊書祭」手繪地圖。不論大小、用色、呈現方式，都隨我高興，就連背面要怎麼運用，也由我全權作主。

像這種毫無限制的工作，可遇不可求啊；不過，責任相對也沉重許多。而且一次就要印三萬份。

「嗯，會不會印太多了？」

「不，我們打算全部發送完。」N書店的神田分部副分部長說。

今年的立場是迎接客人前來

負責宣傳的O書房老闆和G書房老闆也一同出席。他們是老店的接班人。

由於我不用電腦，所以除了原畫外，一律使用稿紙，印刷公司的負責人也明白這點。現場決定地圖的大小，確認要加進圖中的要素，畫好草圖，以此掌握整體的大致風格。這是我的作法。

第47屆「神田舊書祭」會場 10月27日～11月1日

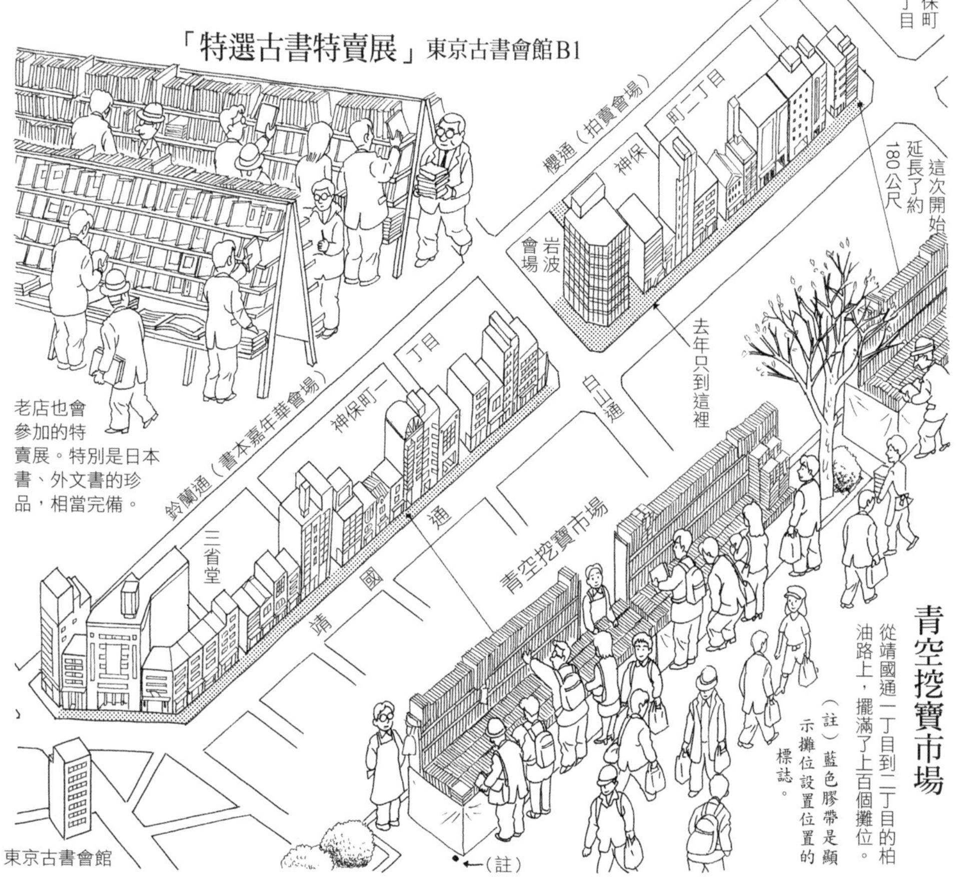
「特選古書特賣展」東京古書會館B1
神保町三丁目
櫻通（拍賣會場）
神保町二丁目
岩波會場
這次開始延長了約180公尺
去年只到這裡
白山通
鈴蘭通（書本嘉年華會場）
神保町一丁目
靖國通
三省堂
青空挖寶市場
老店也會參加的特賣展。特別是日本書、外文書的珍品，相當完備。
青空挖寶市場
從靖國通一丁目到二丁目的柏油路上，擺滿了上百個攤位。
（註）藍色膠帶是顯示攤位設置位置的標誌。
東京古書會館
←（註）

神保町古書店街的插圖，除了本雜誌[1]外，我已畫過很多次，所以對我來說不算是什麼難事。大小長二十五．七公分，寬五十一．四公分。以手繪地圖來說，這樣的大小已相當足夠，但重點在於背面要如何運用。

我將它折成四面，第一面當封面，二、三面寫享受舊書市樂趣之類的隨筆，封底為了添加一些樂趣，我決定加入名為「神田人物誌」的人物畫，來介紹各位古書店老闆。說書師傅田邊一鶴先生（古書店店主）、在神保町常令客人敬而遠之（其實為人很和善）的T書店老闆、日本古書通信社Y

1本書文章原刊於《諸君！》雜誌。

社長、缺顆門牙卻總會大笑的K書林先生，不知道他們會不會生氣。

在討論席上，N書店老闆另外提出一個要求。他希望我在會期期間，能在古書會館的二樓活動會場舉辦原畫展之類的展覽。

這我可就有點為難了。其實早在四年前，為了紀念漫畫畫集的發行，我有時也會配合舊書祭舉辦個人展，地點同樣在神保町，至今記憶猶新。

本以為會來不少人，沒想到根本就沒客人上門。由於我沒什麼名氣，而且來的都是淘尋舊書的客人，個人展的事完全被晾在一旁。有時一整個上午連個客人也沒有。到最後，在會期中前來看展的客人，大半都是工作相關人士、朋友，以及內人的朋友。

「嗯，現在辦畫展，我沒這個意願耶……」儘管我感到猶豫，但盛情難卻，所以我也希望能幫得上忙。於是我接下這份工作。可是，我的畫都是古書店的黑白原畫，沒有彩色；因此，我決定展出畫集裡一些和書有關的彩色原畫，以及神保町周邊的雜貨、玩具、標本等。不過，在會期間累積沒處理的工作又該怎麼辦？

今年已是第四十七屆的「神田舊書祭」，是攤販形態的「青空挖寶市場」以及在東京古書會館舉辦的「特選古書特賣展」、「慈善拍賣會」之總稱。個個都是由東京古書公會神田分部（神田古書店聯盟）主辦，而且早從數年前便得到東京都的援助。說起來，算是與「東京國際女子馬拉松」同等級。可能是因為「神田舊書祭」雖是營利事業，但也算是文化事業吧。經這麼一提才想到，馬拉松選手高橋尚子曾死命地緊追在土佐禮子身後，衝過神保町的十字路口（和這沒關係是吧）。

由於三省堂書店的活動場地成了雜誌賣場，所以從這次開始，舊書祭就不能再使用三省堂會場了。因此，青空挖寶市場的場地，從岩波會場一路延長至二丁目邊，長一百八十公尺，攤位的台座（花車）也大幅增加為一百二十五個。包括特選會場在內，參加的店家有七十八家，擺出的商品數量有一百萬冊之多。

連同特選會場擺出的珍本奇書也考慮在內的話，這可說是質與量皆屬日本之冠的舊書市。

我的手繪地圖從九月開始進行顏色校正，為群青色與黃土色的雙色印刷。各個顏色的濃淡，其分開或是合併使用，都是靠「直覺」來指定。由於顏色校正指定的墨水顏色有點奇特，所以與我印象中的顏色有些出入，不過大致上還可以。

十月一到，手繪地圖便馬上印製。風評好像還不錯。

各處紛紛展開

十月二十六日，展覽就此展開。到二十九日結束的這段會期中，我不是神保町的客人，而是站在迎接客人前來的立場。

展覽前一天，我帶來兩百張古書店原畫以及插畫，但無法全部擺出展覽。不過我還是完成展示，在桌上擺出《COM》，上頭刊登了我高二時第一部漫畫，共十四頁。關於《COM》，我前年在神保町的漫畫專賣店發現刊登它的那一期雜誌，算是暌違多年的重逢。我決定影印刊登的那幾張頁面，另外再擺放兩份。我心想，要是有很多人想看，到時候恐怕不夠用（真傻啊我）。

結果卻不如預期，別說有人看了，根本就沒客人上門。「今天是平日，舊書市從明天才正式開始，這也是沒辦法的事。」我向擔任櫃檯小姐的N書店Y小姐發牢騷，她倒是反過來安慰我，「不過，上午來了三個人呢。」我嘆了口氣。這時，店內走進兩名年輕客人。我正暗自竊喜，但他們卻待沒多久就走了。「難道就不能好好多看幾眼嗎？」我轉頭望向桌子，才發現有一份影印不翼而飛。原來是被他們帶走了。

最近的年輕人似乎把什麼都看成是免費雜誌。不得已，我只好在剩下的那份影印本封面上寫下「請勿帶走」這幾個字。我心想，他們或許是想看才拿走，以此安慰自己。「最好能再多一些展覽品。」我如此

「書街插畫」展

2006年10月26日～29日，在東京古書會館舉辦的活動。除了展示約200張的古書店原畫外，還有書籍相關的漫畫、在神保町周邊收集得來的雜貨、玩具等。

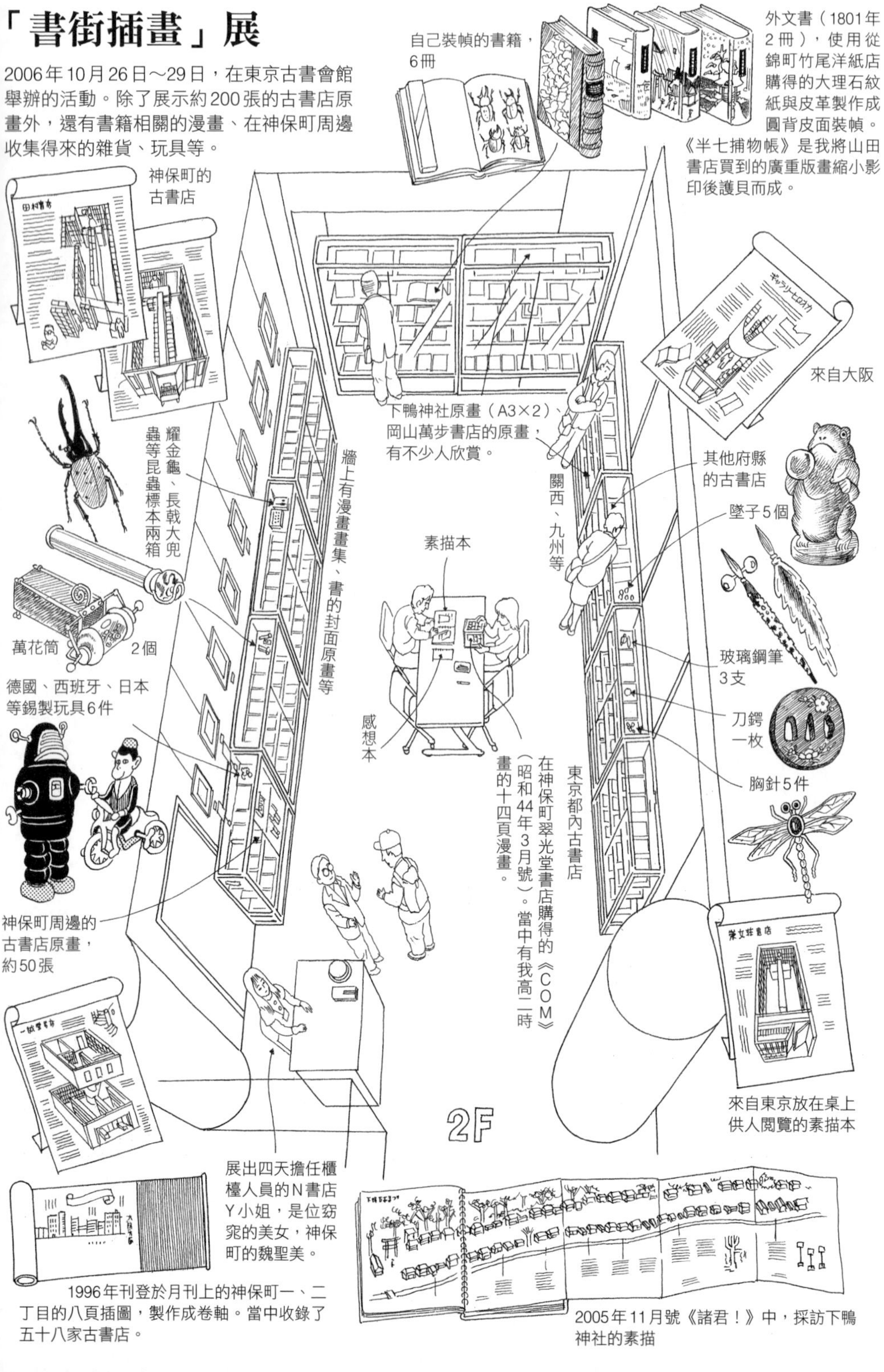

自己裝幀的書籍，6冊
外文書（1801年2冊），使用從錦町竹尾洋紙店購得的大理石紋紙與皮革製作成圓背皮面裝幀。《半七捕物帳》是我將山田書店買到的廣重版畫縮小影印後護貝而成。
神保町的古書店
來自大阪
下鴨神社原畫（A3×2）、岡山萬步書店的原畫，有不少人欣賞。
其他府縣的古書店
壂子5個
耀金龜、長戟大兜蟲等昆蟲標本兩箱
牆上有漫畫畫集、書的封面原畫等
關西、九州等
素描本
萬花筒　2個
玻璃鋼筆3支
德國、西班牙、日本等錫製玩具6件
刀鍔一枚
感想本
在神保町翠光堂書店購得的《COM》（昭和44年3月號）。當中有我高一時畫的十四頁漫畫。
東京都內古書店
胸針5件
神保町周邊的古書店原畫，約50張
2F
來自東京放在桌上供人閱覽的素描本
展出四天擔任櫃檯人員的N書店Y小姐，是位窈窕的美女，神保町的魏聖美。
1996年刊登於月刊上的神保町一、二丁目的八頁插圖，製作成卷軸。當中收錄了五十八家古書店。
2005年11月號《諸君！》中，採訪下鴨神社的素描暗忖，於是便多擺了一些我在神保町周邊買到的雜貨玩具。

我喜歡獨特及美麗的事物，不只是古書，我也收集昆蟲標本、胸針、玩具等。植草甚一先生好像也很喜歡雜貨，有收集的習慣。

「我散步時，如果不買點什麼回家，感覺就不像散步。」他說。我也認為「到神保町如果不買點什麼回家，感覺就像沒去過」。植草先生收藏的蜘蛛胸針、萬花筒，與我的收藏品很相似，令我大感驚訝。我這麼說的用意，可不是說我們是同樣的人種哦。

舊書祭從隔天開始，湧入不少客人。人人都拎著戰利品而來。果然還是下午人比較多。

在原畫方面，像去年在本雜誌上刊登的「下鴨納涼舊書祭」、岡山的「萬步書店」等大規模的作品，最能吸引眾人的目光。

我站在會場上，總不時有人會和我聊天，甚至有少年問我：「像你這裡的玻璃鋼筆，現在還買得到嗎？」或是「這長戟大兜蟲是在哪兒買的？」也有人在感想本上寫道「我收藏的心得到了刺激」。雖然高興，但我還是希望他們能多將心思放在原畫上。

當中有人問我：「有沒有哪幅畫能賣我？」但我並不賣畫。我告訴他：「你要是真那麼喜歡的話……」拿出我以前受文藝春秋《書的故事》之「祕密書」特集委託所畫的封面原畫，送給了他。所謂的祕密書，講明白一點，就是古代的情色小說，當時承接這份工作時，正好是由本雜誌S總編負責。S總編似乎特別擅長這個領域（聽編輯M先生所說）。

二十七日是「特選古書特賣展」首日。我與M先生約在地下會場碰面。M先生馬上手裡捧了好幾本書。今年不像去年，推出像《煩悶記》（一百四十七萬日圓）這樣的夢幻逸品，但崇文莊和田村書店有不少外文書都很出色。

威廉．布雷克（William Blake）的《純真與經驗之歌》（一九五五年，倫敦）有五十四張手繪彩色

第47屆「神田舊書祭」中的收穫

（I）池谷
（M）編輯

渡邊幾治郎，東洋經濟新報社。從事《明治天皇紀》編纂的作者，在戰時撰寫的大眾歷史書。昭和17年，400日圓（M）

中村武羅夫，留女書店。明治41年進新潮社工作，事實上是擔任過《新潮》總編輯的作家之回憶文學史。昭和24年，500日圓（M）

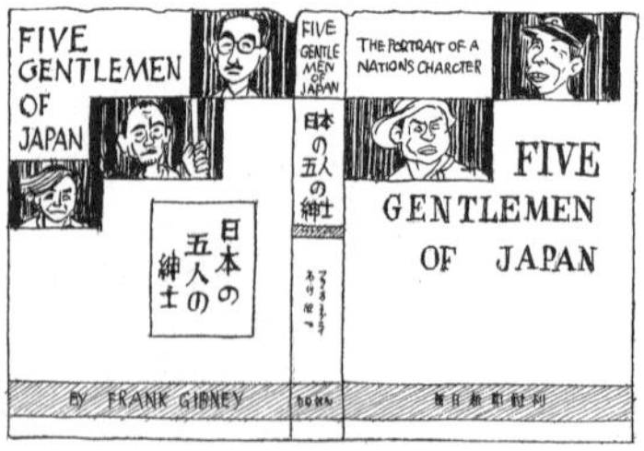

《日本五紳士》，法蘭克・吉布尼（Frank Gibney），每日新聞社。作者在海軍服役時，奉命研究日語，戰後加入時代雜誌社，以知日派記者的身分活躍一時，曾擔任過海軍中將、鑄鐵廠工人、農夫、新聞記者，此書透過昭和天皇來描寫日本。昭和28年，300日圓（M）

▶《聖經與阿多魯姆》

上林曉，目黒書店。自選作品集。阿多魯姆是戰後流行的安眠藥。卷末還有作者自己的解說。昭和26年，以400日圓便宜購得。（M）

（M）
《相生橋煙雨》
野口富士男，文藝春秋。畫下全長六十公尺的隅田川繪卷之藤牧義夫，此書一探其生平。昭和57年，400日圓

《小氣財神》查爾斯・狄更斯（Charles John Huffam Dickens），倫敦。雖是熟悉的故事，但是它將照片製版引進銅版畫中，這種凹版印刷法的插畫既珍貴又出色。1904年，5,500日圓（I）

《長谷川伸集》，筑摩書房。收錄伊藤整頗獲激賞的〈真說〉、荒木又右衛門及其他、蝮蛇阿政。昭和54年新版，500日圓（I）

▶《惜別》，太宰治（I）

講談社。初版為昭和20年。描寫在魯迅回想記中也會登場的藤野嚴九郎醫生。裝幀三岸節子。昭和22年，1,500日圓

（M）

◀《ら行的憂鬱 窗戶的喜劇》

三宅史平，表現社。作者是世界語研究者，同時也是與前川佐美雄等人交流密切的歌人。昭和10年，600日圓

彩色「赤阪」

《東海道五十三次》，水島爾保布，金尾文淵堂。畫家水島漫步於東海道上，書寫日記的同時也畫下大正時代的各地風景。19張彩色木刻版畫極美。合併收錄的10張瀨戶內各地木刻版畫也很出色，日記更是有趣。大正9年，12,000日圓（I）

◀《日本報仇異相》，長谷川伸

中央公論社。從370件報仇資料中選出13件特異者所完成的作品。當中我只知道「槍之權左」。昭和43年，480日圓（I）

畫，全書皮革裝訂，七萬日圓。小漢斯・霍爾拜因（Hans Holbein der Jüngere）的《死神之舞》（一八〇三年，倫敦），裡頭有二十八張手繪彩色銅版畫，全書皮革裝訂、十八萬日圓。《手繪彩色細密本》（一八八七年，英國），羊皮紙加上鮮豔彩色畫，極為出色，十五萬七千五百日圓。

我一直找尋的廣重《繪本江戶土產》售價六萬八千日圓，但只是十集當中的一集。沒想到現在已變得如此昂貴。

面對許多逸品，我買了狄更斯的《小氣財神》，五千五百日圓；水島爾保布的《東海道五十三次》，一萬兩千日圓；以及其他書本（參照插圖）。

我請Y小姐代為看顧展覽會場，自己則是前往靖國通的「青空挖寶市場」。裡頭人山人海，沒時間好好淘書。

店內一早便有名中年男子行竊被逮。古書店還真是辛苦啊。

我往總部窺望，看不到「手繪地圖」。他們告訴我，「才一擺出就沒了，已經一份都不剩。」照這樣看來，這三萬份已全部發送完畢。雖然很開心，但我的著作從沒賣出過三萬本。心裡真是五味雜陳啊！

今年也許是老天爺眷顧的關係，聽說客人比往年還多。這全都因為我是世上少有的「陽光之男」。以前那些擔心天氣來攪局的採訪，我全都順利完成，不受下雨干擾。多年前的那場個人展，整個會期也一直是陽光普照的好日子。

我幾乎都待在活動樓層裡，所以書本嘉年華（Book Festival）我也只是路過，慈善拍賣會則是沒機會一觀。聽說例年來都會從營業額中取三十萬日圓捐贈給千代田區。

市公所人員在會期期間也都會協助營運，或是親自站在攤位前，忙進忙出。

辛苦各位了。

20

舊書迷未曾履及之地（？）日本最北端的HAMANASU書房

終於要前往北海道最北端的古書店採訪了。之所以說「終於」，是因為打從連載一開始，S總編便一直深切期盼能到邊陲之地的古書店採訪。

「刻意在天寒地凍的日子前去拜訪舊書店，不是很有舊書蟲的氣概嗎？」他從很久以前就用這套說辭。

「我告訴你，北海道可是冷得嚇人呢。你知道嗎？一尿完尿，它便結冰，得一邊尿，一邊用棒子敲才行。要是遇上風雪，在宗谷岬或市內採訪可是很辛苦的。而且離俄國又近……（？）」

稚內以強風聞名

在真正開始變冷前的十一月，我和編輯M先生約在羽田機場碰面，一起前往稚內。夏天觀光旺季時一天兩班班機，如今只剩一班。機內座無虛席。

北海道我以前曾去過一次，只記得當時飛機劇烈搖晃，我差點活活嚇死。不知道是否飛機會在固定地點搖晃，只聽見廣播說「接下來飛機將會搖晃」，就真的劇烈搖晃了起來。難道就像鐵路一樣，飛機也有

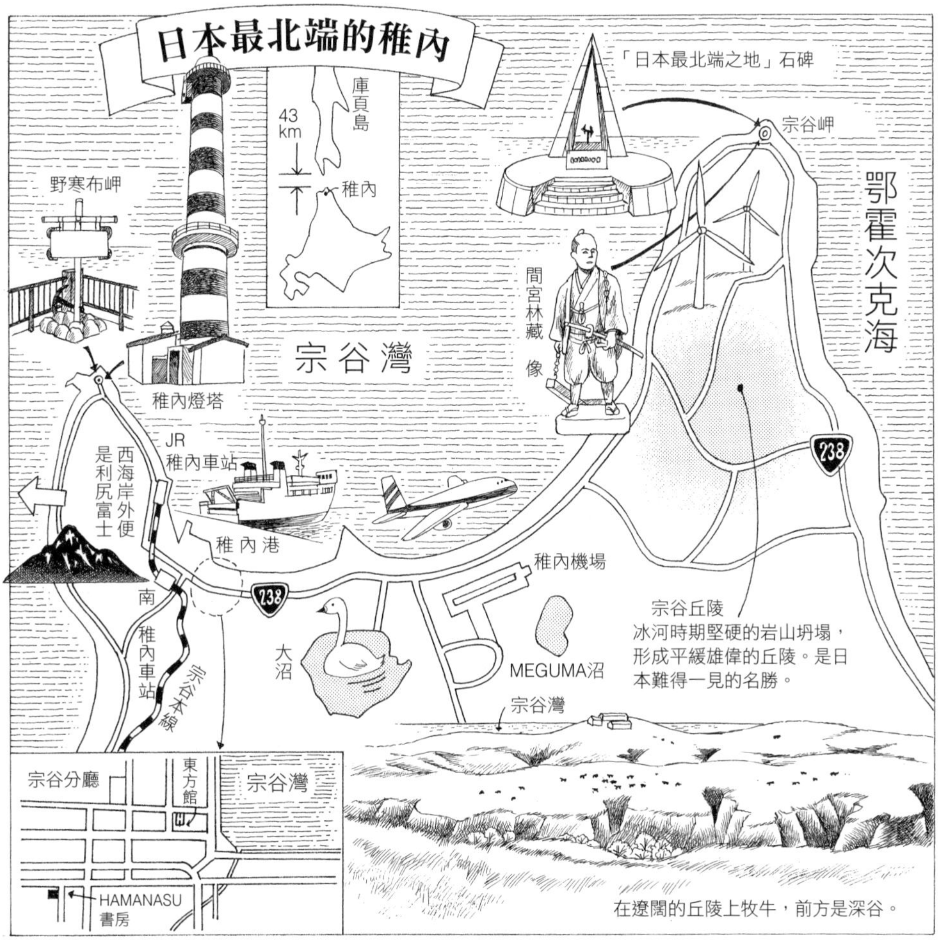
日本最北端的稚內
「日本最北端之地」石碑
宗谷岬
庫頁島
43 km
稚內
鄂霍次克海
野寒布岬
間宮林藏像
宗谷灣
稚內燈塔
JR
稚內車站
西海岸外便是利尻富士
238
稚內港
稚內機場
宗谷丘陵
冰河時期堅硬的岩山坍塌，
形成平緩雄偉的丘陵。是日
本難得一見的名勝。
南稚內車站
宗谷本線
大沼
MEGUMA沼
宗谷灣
宗谷分廳
東方館
宗谷灣
HAMANASU
書房
在遼闊的丘陵上牧牛，前方是深谷。

「航路」嗎？要是事先知道這點，我就能放心搭乘了。

下午一點還不到兩點，我們已抵達稚內機場。之後似乎已無其他班機，所以餐廳和名產店都已關門。

我們從機場直奔古書店「HAMANASU書房」。搭計程車約莫十多分鐘的路程。市內沒什麼行人，但比想像中還來得繁華。附近有類似Book Off的書店，但古書店僅只一家。HAMANASU書房肯定是位於日本最北端的古書店，而且店內相當寬敞。

我們馬上前去向店主鈴木剛先生問候。他和我一樣是昭和二十六年（一九五一）生。

「一個禮拜前，強風吹跑了看板。現在是立在店內。」

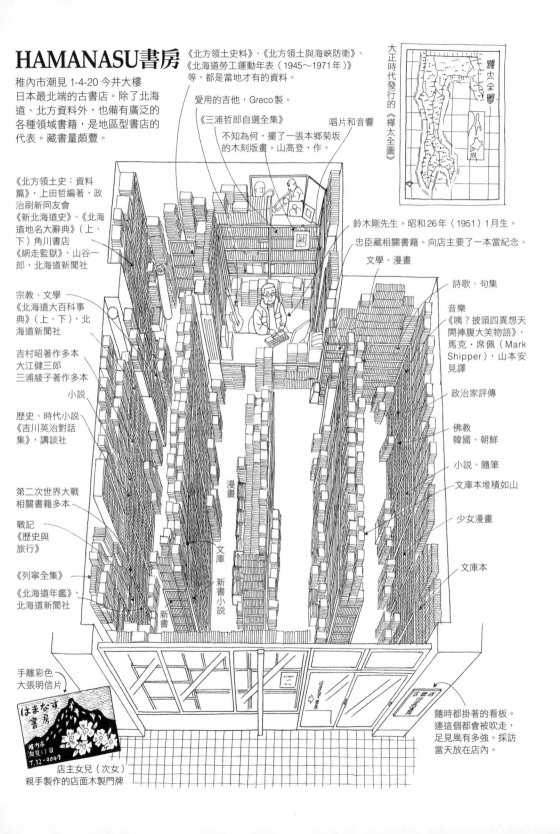

HAMANASU書房

稚內市潮見 1-4-20 今井大樓
日本最北端的古書店。除了北海道、北方資料外，也備有廣泛的各種領域書籍，是地區型書店的代表。藏書量頗豐。

大正時代發行的《樺太全圖》

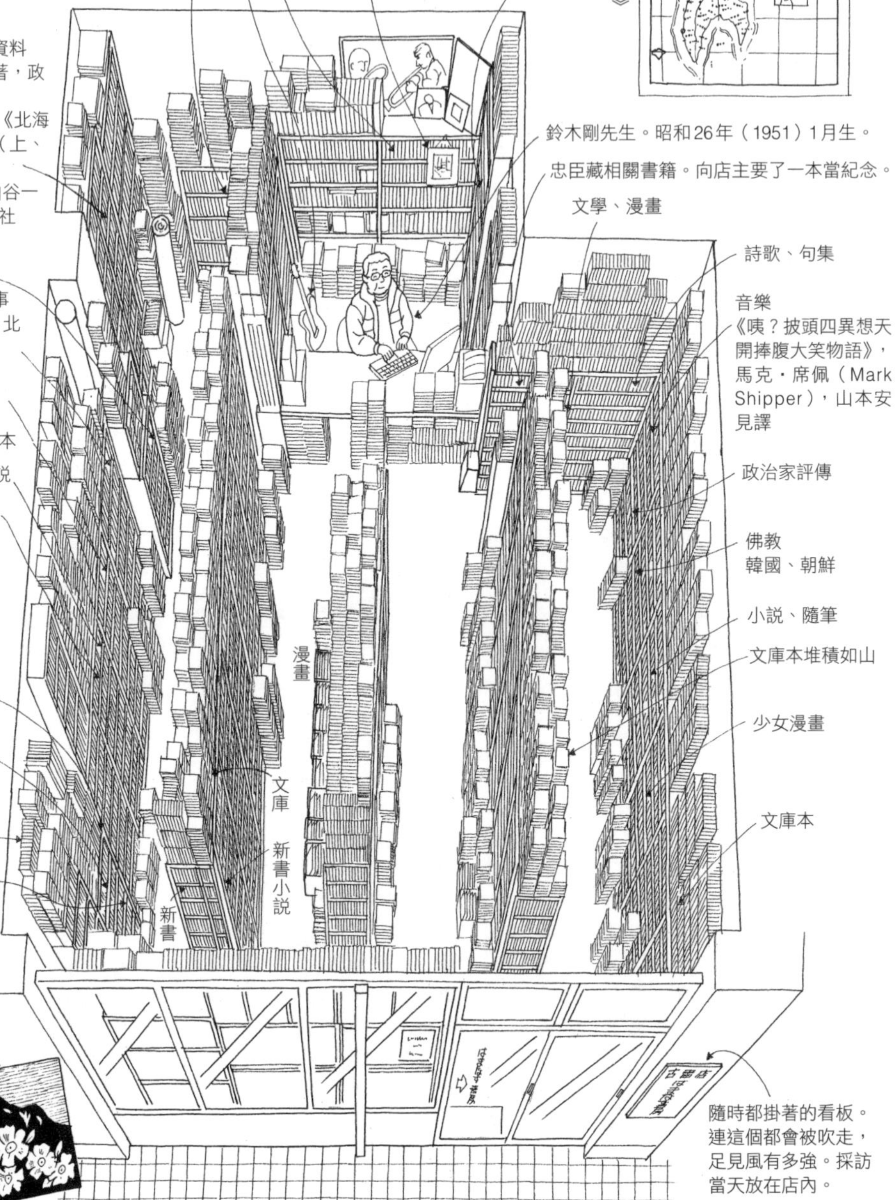

《北方領土史料》、《北方領土與海峽防衛》、《北海道勞工運動年表（1945～1971年）》等，都是當地才有的資料。
愛用的吉他，Greco製。
《三浦哲郎自選全集》
唱片和音響
不知為何，擺了一張本鄉菊坂的木刻版畫。山高登・作。
鈴木剛先生。昭和26年（1951）1月生。
忠臣藏相關書籍。向店主要了一本當紀念。
文學、漫畫
詩歌、句集
音樂
《咦？披頭四異想天開捧腹大笑物語》，馬克・席佩（Mark Shipper），山本安見譯
政治家評傳
佛教
韓國、朝鮮
小說、隨筆
文庫本堆積如山
少女漫畫
文庫本
《北方領土史：資料篇》，上田哲編著，政治刷新同友會
《新北海道史》、《北海道地名大辭典》（上、下）角川書店
《網走監獄》，山谷一郎，北海道新聞社
宗教、文學
《北海道大百科事典》（上、下），北海道新聞社
吉村昭著作多本
大江健三郎
三浦綾子著作多本
小説
歷史、時代小說
《吉川英治對話集》，講談社
第二次世界大戰相關書籍多本
戰記
《歷史與旅行》
《列寧全集》
《北海道年鑑》，北海道新聞社
漫畫
文庫
新書小說
新書
隨時都掛著的看板。連這個都會被吹走，足見風有多強。採訪當天放在店內。
手雕彩色大張明信片

はまなす書房

店主女兒（次女）親手製作的店面木製門牌

稚內風強，而且又四面環海，所以鐵皮、腳踏車、汽車等，很快便會因海風而生鏽。

在著手進行素描前，我大致朝店內看過一遍。五十平方公尺大的店內，從文學、歷史等人文類書籍，到漫畫、雜誌、唱片，一應俱全。有些北方資料只有當地才有，彌足珍貴。甚至還有昭和二十五年的稚內都市計畫設計圖、寫滿各種土地名稱的大正時代樺太全圖。雖說是全圖，但只有日俄戰爭時割讓的南樺太。日本還真是個中規中矩的國家。

鈴木先生三十九歲時，辭去上班族的工作，開始經營古書店。

「我辭去工作前，是在旭川上班。旭川有許多舊書店。我原本就想開一家中古唱片行或是舊書店，所以當我聽到人在稚內市的哥哥說有家店舖空出時，我就馬上搬了過去。」

旭川有古書公會。他平均一個月一次會到旭川進貨，但這裡到旭川有兩百五十公里遠。「不但路途遠，而且高價買進的書又賣不出去。現在已買不到什麼好書，所以我就不參加了。每年春天，我都會從顧客那裡收購不少書。在收購方面，不管什麼書我都收。若不這麼做，下次顧客就不肯賣我了。肯賣我書的顧客，我都很珍惜。這家店就是為了這樣而開。」鈴木先生如此告訴我。

我一如平時，從店門開始素描，當我進入店內時，M先生手中已捧了幾本書。他已和鈴木先生聊了開來。好像在討論電吉他。據說他曾經擁有十幾把。櫃檯旁放著一台音響，鈴木先生至今仍一樣享受著他的爵士唱片。

他和我同年，所以是寺內武和SHARP FIVE的世代。我告訴他，我也很喜歡查特・亞金斯（Chet Atkins），沒想到他竟然就送我一片黑膠唱片。我說我有寺內的〈Let's Go『運命』〉，他聽了之後告訴我「這個有簽名哦」，一次給了我兩張（參照插圖）。現在我仍享受著寺內的〈越後獅子〉、〈少女道成寺〉，重溫我的國、高中時代。

唱片是HAMANASU書房的賣點之一，都在網拍中販售。中島美雪當業餘歌手的時代，代表北海道參加的鄉村音樂祭黑膠唱片，他以九萬兩千日圓售出。

「這就是網拍的樂趣。」鈴木先生說。想必這也是地方上古書店的一種生存之道。

宗谷丘陵令人無比讚嘆

採訪隔天，HAMANASU書房老闆鈴木先生熱情地開車載我們在市內到處遊逛。

早上九點，他便來旅館接我們。稚內市有野寒布岬和宗谷岬這兩座面向庫頁島的海岬。宗谷本線行經西側。HAMANASU書房位於野寒布岬這一側。人們很容易將它與納沙布岬搞混，不過，納沙布岬位於根室半島。

他首先帶我們到野寒布岬。據說晴天時，能從這裡遠眺庫頁島，但很不巧，今天陰天，無緣一觀。也許是位處強風之地的緣故，山丘上到處可見風力發電用的風車。

途中有幾家漁夫的平房住宅。由於此地風強，所以屋頂的坡度平緩。隔著海邊平原的芒草，可以望見老舊腐朽、幾欲倒塌的小屋。我喜歡這樣的景致。

我們往回走，順道繞往ＪＲ稚內車站。這是日本最北端的車站，所以我猜這裡應該會有最北端的止衝擋。

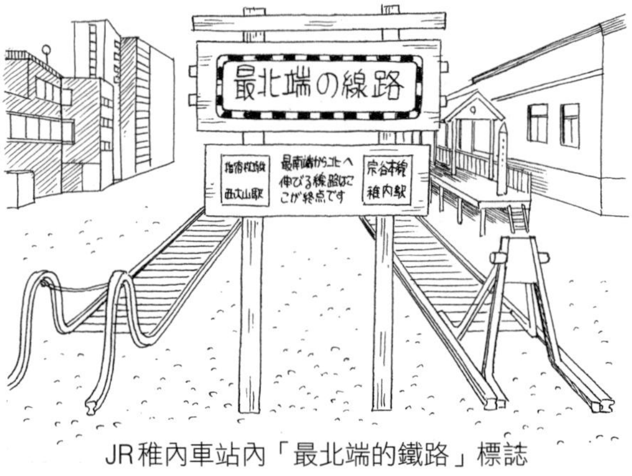

JR稚內車站內「最北端的鐵路」標誌

我從外面繞過車站，發現確實有這樣東西。「最北端的鐵路」的標誌上寫著：「從最南端（指宿枕崎線的西大山車站）一路往北延伸的鐵路，此為終點。」規模真大。如果我在稚內市問路，他們會告訴我「從這裡往鹿兒島方向走約三百公尺，位於右側」（或許吧）。

我在稚內車站買了張入場卷當紀念。一百六十日圓。接著，我們從野寒布岬朝遠方的宗谷岬前進，約三十公里遠。雖然已經過了開店時間，但鈴木先生直說「沒關係」。對他真是不好意思。

本以為會直接前往宗谷岬，沒想到他還帶我們順道前往途中的名勝。其中，有一處風景絕佳的場所，令我和M先生不由自主地發出讚嘆之聲，那就是「宗谷丘陵」。

冰河時期，這裡的岩山崩塌，形成平緩寬廣的丘陵。我們在行經丘陵中央的道路上，不時下車看得入迷。成群的黑牛映照在綠野上。由於這裡風勢強勁，草木都長不高。感覺宛如置身蘇格蘭的大草原上（雖然我還沒去過……）。

宗谷丘陵於平成十六年（二〇〇四）被指定為「北海道遺產」。此處號稱是國內規模最大的牧場。這裡離宗谷岬尖端已經不遠。不久便看到「日本最北端之地」的石碑。途中的丘陵有疊石造成的「舊海軍望樓」。建築物雖然別有風味，但只有兩層樓高。這裡原本就是視野遼闊的丘陵，所以猜測這只能供作士兵休息之用。導覽手冊上提到，這是明治三十五年（一九〇二），俄羅斯帝國與日本邦交開始惡化時，特地建設用來作為國境防守之用。

我們就快站上日本最北端之地了。如果是晴天，應該能望見前方四十三公里遠的庫頁島，但很遺憾，無緣一觀。一旁立有間宮林藏的全身立像。間宮是從宗谷遠渡樺太，發現樺太是一座島的探險家。頻頻有年輕人在間宮像前拍照。在來這裡之前，沒看到什麼人車，不過，現在雖然已不是旅遊旺季，還是有觀光客會來這裡。但遺憾的是，鄂霍次克海沿岸並無鐵路，雖有寬闊的道路，但是往宗谷岬的定期巴士卻不行

演歌師の生活

(M)

添田知道，雄山閣。作者是演歌師添田啞蟬坊的長男。曾為「PAINOPAINOPAI（東京節）」、「SUTOTON節」等歌作詞。昭和42年，800日圓

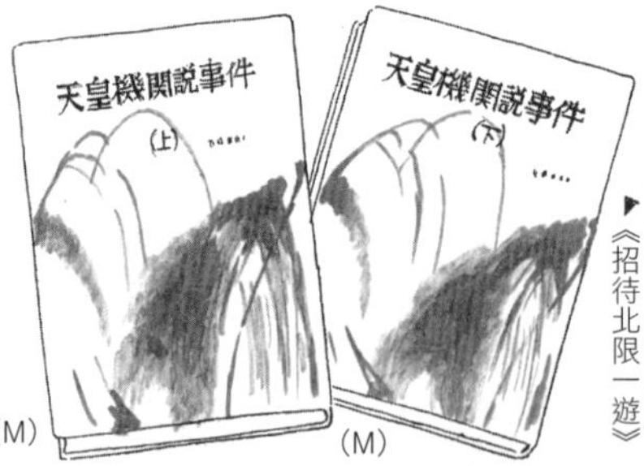
天皇機関説事件
(上)
天皇機関説事件
(下)

(M)

《天皇機關説事件》（上、下），宮澤俊義，有斐閣。領導戰後憲法學界的作者，為老師美濃部達吉的筆禍事件做驗證。卷末的座談會，有鳩山一郎、緒方竹虎等人參加。昭和45年，1,000日圓

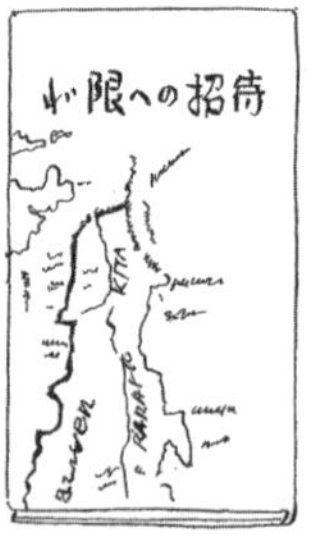
北限への招待

▶《招待北限一遊》

稚內文庫。介紹間宮林藏的蝦夷地調查、庫頁島現況、稚內的史跡等。昭和56年，800日圓（M）

川嶋康男
聞きがたり
北の大衆芸
¥1,200

川嶋康男，MIYAMA書房。在北海道表演活躍的街頭藝人、巡迴藝人、蝦夷表演團等報導。昭和55年，1,500日圓（M）

ヨーコに好きだと言ってくれ
矢作俊彦

(M)

《告訴洋子，我愛她》，矢作俊彥，光文社。以夏威夷當舞台的「大舞台劇」。昭和62年（3刷），500日圓

元禄四十七士の光と影
中島康夫

▶《元祿四十七武士之光和影》

中島康夫，青春出版社。作者為中央義士會的成員。堀部安兵衛不念作「やすべえ」，而是念作「やすびょうえ」。平成11年，900日圓（I）

北の建物散歩

《北方建築散步》，越野武等人編，北海道新聞社。以彩頁照片介紹札幌為主的北海道各地知名建築。平成5年，1,700日圓（I）

(I)

田沼武能
作家の風貌

《風貌》（左），土門拳，講談社文庫。《作家的風貌》（右），田沼武能，筑摩文庫。兩本都有攝影師所寫的文章。土門寫下攝影時的小插曲，田沼則是記錄作家的人品。土門的筆觸充滿臨場感。（左）昭和52年，（右）平成2年，各250日圓

(I) 池谷 (M) 編輯

在HAMANASU書房的 收穫

(I)

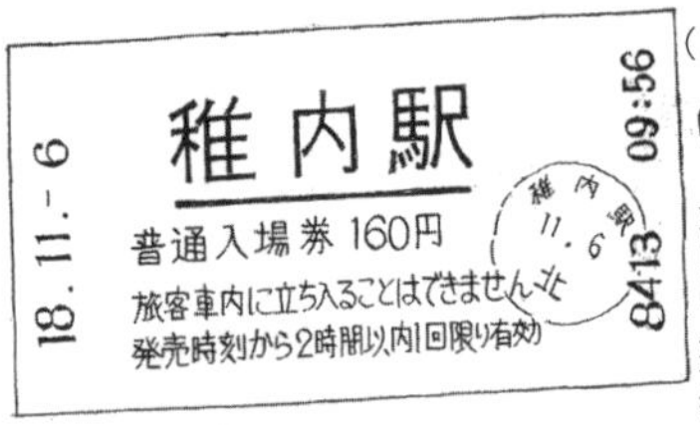
稚内駅
普通入場券 160円
旅客車内に立ち入ることはできません 北
発売時刻から2時間以内1回限り有効
18. 11. 6
09:56
84113

在JR稚內車站買的入場券

80
日本郵便
NIPPON
JAPAN POST

(I)

◀在宗谷岬名產店買的地方郵票。五種海岬風景，共10張。800日圓

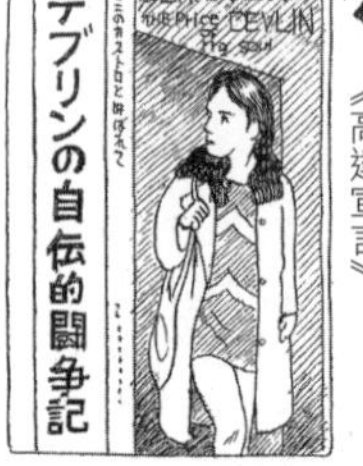
デブリンの自伝的闘争記
BERNADETTE DEVLIN

(M)

伯納迪特・代弗林（Bernadette Devlin），SAIMARU出版會。外號「穿迷你裙的卡斯楚」，21歲便成為英國下議院議員。昭和46年（7刷），400日圓

ゴダール
マニフェスト

▶《高達宣言》

法國電影社＋創造社。《義大利鬥爭》、《槍兵》上映時的宣傳手冊。昭和45年，200日圓（M）

ベツレヘムの星
アガサ・クリスティー

▶《伯利恆之星》（I）

阿嘉莎・克莉絲蒂，早川書房。以聖經為題材的短篇集。裡頭有一名像是克莉絲蒂分身的婦人相關的故事。平成5年（6刷），300日圓

店主鈴木先生與我（池谷）同年。對唱片的嗜好也相同。他送我唱片當禮物。▼

附寺內武的簽名

Atkins
Guitar Magic

吉他之神，查特・亞金斯。

駛。一般都是從稚內市搭乘一天四班的定期巴士。前方不遠處，有天鵝的棲息地「大沼」。觀光資源豐富，但可惜交通不便。

HAMANASU書房的鈴木先生花了大半天的時間開車當我們的嚮導，真是無限感激。託他的福，我們才得以看遍稚內的各處名勝。好在飛機並未因為可怕的強風而停飛，我們才能順利地完成採訪。

不過，當我們回到東京時，北海道北部卻發生了龍捲風災情。在歲末年初時節，有時也會因地震或爆發性氣旋而造成大雪或強風的災害。所幸HAMANASU書房平安無事。

結束店內的採訪後，本應請鈴木先生彈奏他喜歡的吉他和電吉他才對，但我卻壓根兒忘了這件事。

鈴木先生送我的寺內武唱片，放進唱機裡無法轉動。檢查後才得知，是因為唱片中央略微凹陷，轉盤無法正常運作。後來我在轉盤處貼上一塊厚紙，問題便迎刃而解。寺內活潑的曲調，令人大呼痛快。

21 阿荻西吉　中央線的舊書店

（西荻窪）

三十八年前我上東京時，一直很想住在中央線沿線一帶。不過，早我一步先上東京的昔日高中學長卻對我說，「中央線沿線的房子又小又貴」，因而介紹我在大森租屋。

當時在阿佐谷、荻窪、西荻窪有很多古書店，我上東京時攜帶的《古書店地圖帖》，裡頭便介紹了十家位於西荻窪的古書店。此外，我所景仰的漫畫家永島慎二老師，就住在附近的阿佐谷。

不過，大森也有很多古書店。

「你來東京做什麼？」學長問。

「當然是想來逛舊書店囉。」

風格獨特的古書店聖地

還是以前的古書店好。幾乎沒有店家擺放漫畫，大部分都是販售一般古書的店家。如今則成了漫畫四分之一、文庫本四分之一、一般古書二分之一的局面。

古書 雞文庫

東京都杉並區西荻南3-17-5
平成17年（2005）6月才開幕的新店家。約五坪大的店內，整齊擺放偵探、時代小說、漫畫、文學、美術、童書、電影等古書。也發行書目清單。

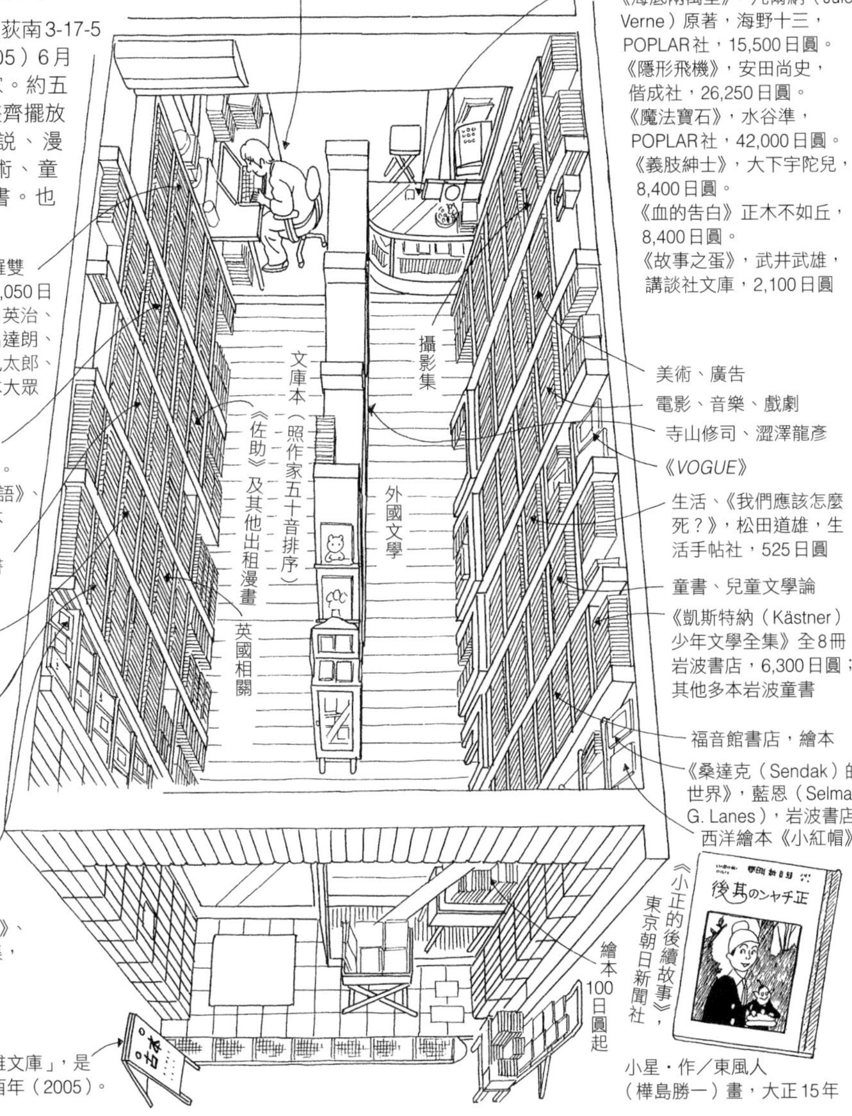
店主田邊浩一先生。昭和46年生的年輕人！
展示櫃裡擺放的是舊偵探小說。《海底兩萬里》，凡爾納（Jules Verne）原著，海野十三，POPLAR社，15,500日圓。《隱形飛機》，安田尚史，偕成社，26,250日圓。《魔法寶石》，水谷準，POPLAR社，42,000日圓。《義肢紳士》，大下宇陀兒，8,400日圓。《血的告白》正木不如丘，8,400日圓。《故事之蛋》，武井武雄，講談社文庫，2,100日圓
《時雨之鷹》，沙羅雙樹，昭和27年，1,050日圓。此外還有吉川英治、山手樹一郎、陣出達朗、鳴山草平、山田風太郎、源氏雞太等之多本大眾文學。
《卡姆伊外傳》20冊，6,300日圓。《水木繁之雨月物語》、手塚治蟲評論多本
演藝、讀書、愛書家叢書8冊
人文科學
荒俣宏、井上章一、海野弘等
現代文學
吉本芭娜娜、村上春樹、角田光代、中島羅門等
視覺類
《俄國前衛作品集》、Cassandre 海報集，6,300日圓
之所以取名為「雞文庫」，是因為開店那年為酉年（2005）。

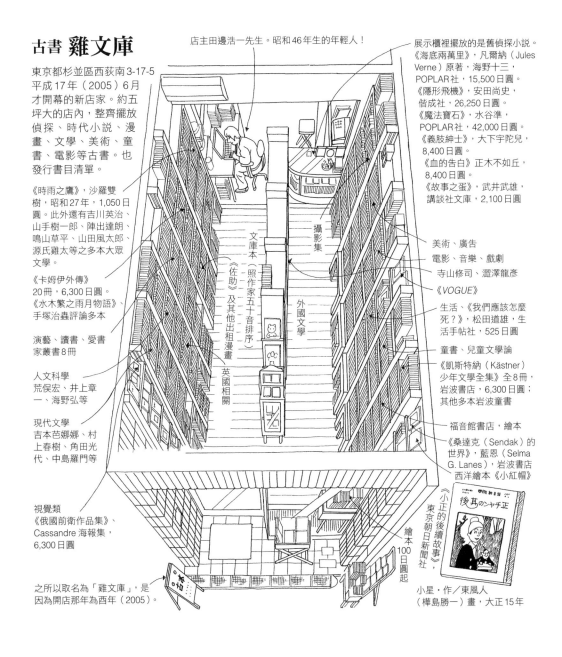

不過，中央線沿線仍有不少販售一般古書的店家，具有獨特的風格，可以輕鬆地順道前往逛逛。像阿佐谷、荻窪、西荻窪、吉祥寺一帶，簡稱「阿荻西吉」。其中，西荻窪有很多新的店家，不論是商品還是店內的氣氛，都具有獨特的風格。另外還有六十四家賣古董、古美術品的店，是相當有意思的地區。

特別是近年來，西荻窪陸續有古書店開張，光是車站附近就有十二家之多。不過消長的情形也相當激烈，從我上東京時一直延續到現在的古書店，只有三家。

此次介紹的三家，都是新店。每位店主也都曾在古書店歷練過，販售的商品有其獨特風格，頗耐人尋味。這個業界有句話：「當人家的夥計，算不上資歷。」不過他們都還年輕，未來值得期待。我最早拜訪的是「雞文庫」。是否天一亮，就聞雞開店呢？

「因為是在酉年（平成十七年）開業，所以取名為雞文庫。我不希望店名有什麼多深遠的含意。」店主田邊浩一先生如此說道，他今年三十六歲，是一位充滿幹勁的年輕人。

隔著一條街，有家名為「待晨堂」的基督教專門書店，我原本心想，他們該不會是在比誰早開店吧？相較之下，現在的年輕人可就沒他們這麼認真了。

店內設有統一樣式的書架，井然有序地收放著古書。店內的地板完全沒有接縫。我發現這個奇特之處，詢問之下得知，是店主請從事室內裝潢的友人特別施工而成。當初開店時，我便看過他們的書目清單，對這家店也有很高的期待。

古書店雖多，卻不會互相競爭

雖然大老遠專程前去拜訪，店家卻時常沒有開門，或是突然公休。像這種時候，若有其他店家，便不會白跑一趟。古書店就是要多，才有聚客力。

古書 比良木屋

東京都杉並區西荻北2-5-1

平成12年開幕，算是相當新的一家店。店主日比野先生以前曾在高圓寺的都丸書店當店員，後來獨立開業。昭和37年生，今年44歲。從陳列的商品中可以看出都丸書店分店的氣氛，因為日比野先生當時就是擔任進貨的工作。店內的古典、爵士等音樂、美術、外國文學、思想等書籍，相當顯眼。三島由紀夫的草稿也很引人注目。

坂口安吾的遺物照片
裱框

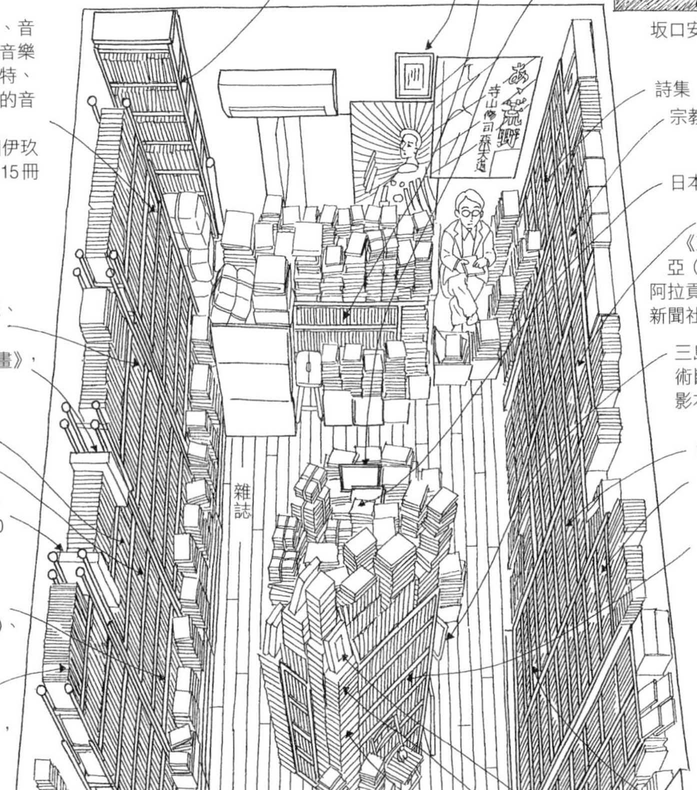

井伏鱒二《除厄詩集》中的一節
「SANRIO科幻文庫」、「國枝史郎傳奇文庫」21冊等，有不少文庫本。
傳統音樂、民謠、能樂、組踊
音樂　古典、指揮、音樂史、現代音樂、音樂辭典、巴哈、莫札特、貝多芬、舒曼等人的音樂評論、傳記。
《煙斗的煙霧》，團伊玖磨，朝日新聞社，15冊
古典、爵士、隨筆、新書、文庫
《老布勒哲爾全版畫》，岩波書店
多本攝影集
搖滾、爵士
《隈》，菱田收藏，光村推古書院，10萬日圓
《歐迪隆・荷東》羅塞蒂（Rossetti）、艾德佳・恩德（Edgar Ende）
《ART RANDOM》，京都書院
《明治財政史》全15卷，吉川，弘文館，10萬日圓
設計、建築
雜誌
古書　比良木屋
詩集
宗教、思想、民俗學
日本書堆成的書山
哲學、思想
《東與西》，安德烈・莫洛亞（André Maurois）、路易・阿拉貢（Louis Aragon），讀賣新聞社，全6冊，5,000日圓
三島由紀夫草稿《藝術斷想》（這是彩色影本）
電影
寄席、演藝
外國文學
《仙后》，艾德蒙・史賓賽（Edmund Spenser），筑摩書房，16,000日圓
《波托馬克》（*Le Potomak*），尚・考克多，澀澤龍彥譯，薔薇十字社，6,000日圓
童書
漫畫
《狂風記》，石川淳
《柴田宵曲文集》，小澤書店，全8冊10萬日圓
《古事類苑》全51冊，吉川弘文館

攝影集中有一本《波之繪、波之故事》，稻越功一、村上春樹，文藝春秋，附稻越簽名，2,500日圓。
在看不見的地方，有一本《昔日之歌》，中原中也，創元社，30萬日圓，以及雜誌《*Visionaire*》特別裝幀本等珍奇書。

多本《*NO SIDE*》
到處都有錫製玩具
懸吊在
天花板上

雜文庫的強項，就是我喜歡的少年小說和偵探小說。真的很多。

江戶川亂步、橫溝正史、野村胡堂、高垣眸、南洋一郎、吉川英治等作家，主要是昭和三〇年代發行的作品。

「市場的價格也是居高不下，買不下手。」田邊先生說。就我而言，那些團塊世代的人是厲害的競爭對手。時代小說比較便宜，但偵探小說的價格卻幾乎都在一萬日圓以上。我縮衣節食，好不容易才收集了一百本左右。田邊先生還問我一句：「可不可以賣我？」我死後，這些書或許會拋售，不過，到時候和我同屬團塊世代的那些人，他們的藏書肯定也會大量流入市場。我得再多活些時日才行。

午餐後，我繞往附近的「比良木屋」。這裡是另外一番風貌，零亂許多。店內中央以書籍堆疊成菱形，是極少見的擺設。

讓人感覺那裡頭似乎有什麼特別之處。果然有——三島由紀夫的草稿《藝術斷想．英雄病理學》十五張。

店內擺的是彩色影本。真品另外存放他處。此外，古典音樂、爵士、民謠、能樂等音樂書相當豐富，也算是其特色之一。到處都擺有錫製玩具，很有西荻窪的特色。西班牙PAYA公司製造的汽船和飛機吊在天花板底下，還有堆疊成山的日本書。我還在這裡用五千日圓購得《增補谷文晁本朝畫纂大全》上下兩冊。店主日比野先生對我說：「來採訪又順便買書的人，我還是第一次看到呢。」哎呀，其實是來買書，順便採訪。（這是指編輯M先生？）

隔天，配合中午十二點的開門時間，我與M先生約好一同到「音羽館」採訪。

這是家大書店。本想用跨頁來畫，但我換個角度，勉強畫在同一頁裡。才開店沒多久，便有熱中此道的顧客上門。店內藏書量多，也有不少年代久遠的古書。店門外的均一價書櫃也有不少書，有不少客人在挑書。有名中年男性帶著整套山口瞳的《男性自身系列》來店內賣書，店主以不錯的價格收購，於是我

舊書 音羽館

東京都杉並區西荻北3-13-7
在為數眾多的西荻窪舊書店中，不論是空間還是書本的數量，都無可挑剔的一家店。店主廣瀨洋一先生昭和40年生。他曾在其他舊書店當過店員，於平成12年7月才自行開業。營業時間12:00～23:00，也很令人高興。

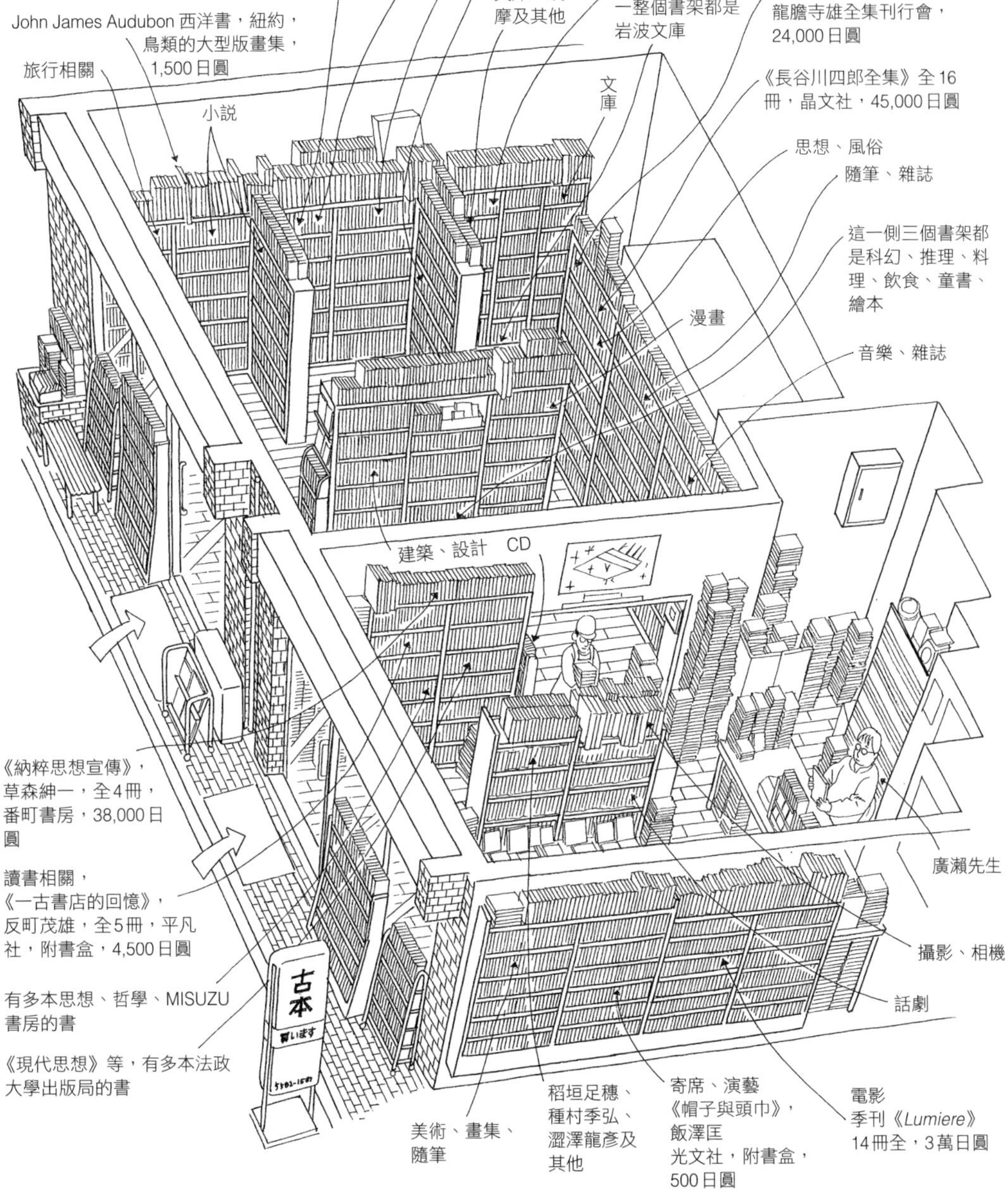
近現代文學
《茶木》，木山捷平，講談社，附書盒，3,000日圓
《極樂寺門前》，上林曉，筑摩書房，附書盒，1,500日圓
《走失孩童的名牌》，上林曉，筑摩書房，5,000日圓
這裡是新書
詩集
山本太郎，荒川洋治
谷川俊太郎、高田敏子、白石嘉壽子及其他
「講談社學術文庫」
日本歷史
《石神信仰》，大護八郎，木耳社
《花甲錄》，內山完造，岩波書店
《大江戶萬花鏡》，牧野昇，會田雄次，大石慎三郎監修，農文協
《最後的江戶曆批發商》，寺井美奈子，筑摩書房
《伊能忠敬測量隊》，渡邊一郎編著，小學館
文庫、筑摩及其他
一整個書架都是岩波文庫
《龍膽寺雄全集》全12冊
龍膽寺雄全集刊行會，24,000日圓
John James Audubon 西洋書，紐約，鳥類的大型版畫集，1,500日圓
旅行相關
小說
文庫
《長谷川四郎全集》全16冊，晶文社，45,000日圓
思想、風俗
隨筆、雜誌
這一側三個書架都是科幻、推理、料理、飲食、童書、繪本
漫畫
音樂、雜誌
建築、設計
CD
《納粹思想宣傳》，草森紳一，全4冊，番町書房，38,000日圓
讀書相關，
《一古書店的回憶》，反町茂雄，全5冊，平凡社，附書盒，4,500日圓
有多本思想、哲學、MISUZU書房的書
《現代思想》等，有多本法政大學出版局的書
古本
買います
廣瀨先生
攝影、相機
話劇
美術、畫集、隨筆
稻垣足穗、種村季弘、澀澤龍彥及其他
寄席、演藝
《帽子與頭巾》，飯澤匡
光文社，附書盒，500日圓
電影
季刊《Lumiere》
14冊全，3萬日圓

K O HIRAI
POETRY TRANSLATIONS & AN ESSAY WITH PREFACE BY RIKI ONOZUKA
BE AU
(M)

《某負一號 平井功譯詩集》，Edition Puhipuhi。正岡容的弟弟，英才早逝的平井功譯詩集，平成18年，1,500日圓

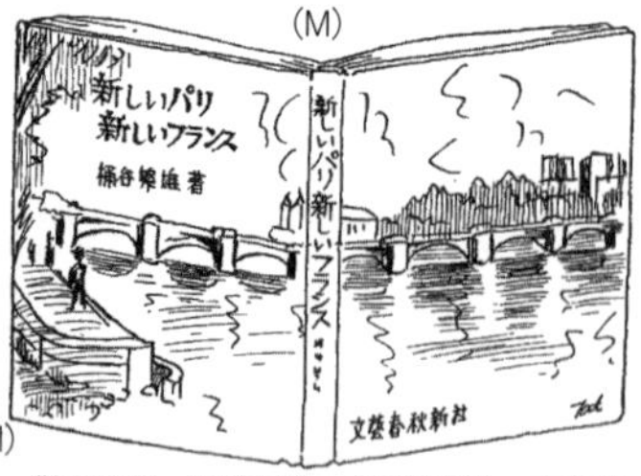
(M)
新しいパリ 新しいフランス
桶谷繁雄 著
新しいパリ新しいフランス
文藝春秋新社

《新巴黎、新法國》，桶谷繁雄，文藝春秋新社。從昭和24年6月起，為期兩年半的時間旅居法國，向日本寄送時勢評論的隨筆集。作者日後創立《月曜評論》。昭和27年，800日圓

糞遊の仲
(M)

《玩糞之交》

川本久，現代企畫室。糞尿遊戲蝕刻版畫文學集134件，另外附上赤瀨川原平、森山大道，及其他隨筆。昭和57年，1,000日圓

《昭和史與新興財閥》

(M)
昭和史と新興財閥
宇田川 勝

宇田川勝，教育社歷史新書。描寫進出滿洲的日產、日窒、理研等昭和戰前的新興財閥歷史。昭和57年，500日圓

現代家系論
本田靖春
(M)

《現代家系論》

本田靖春，文藝春秋。舊皇族、德川家、湯川秀樹、美濃部亮吉、羽仁五郎、美空雲雀等十個家族的人物論。昭和48年，1,050日圓

田中小実昌の本
(M)

《田中小實昌之書》

音羽館，小實昌先生68冊的著作，以彩色照片加以介紹的宣傳手冊，免費取得。平成15年

《諾亞和方舟和動物們》

ノアと箱船と動物たち

安德魯・艾爾邦（Andrew Elborn）文，伊凡・剛契夫（Ivan Gantschev）圖，田中小實昌譯，日本基督教會出版局。保加利亞的水彩魔術師剛契夫的繪本。昭和63年，500日圓（I）

《明治文壇的人們》

馬場孤蝶 著
(M)

馬場孤蝶，三田文學出版部。作者與鷗外、一葉、「文學界」的夥伴平日相處的點點滴滴，集結成此書。昭和17年，500日圓

這次的收穫 在西荻窪

（I）池谷 （M）編輯

很多古董店
前方有
花鳥風月
Heart Land
音羽館
興居島屋
森田書店
比良木屋
會移動的氣泡
吉祥寺
JR西荻窪車站
Book Super 伊藤
前方也有古書店
雞文庫
待晨堂

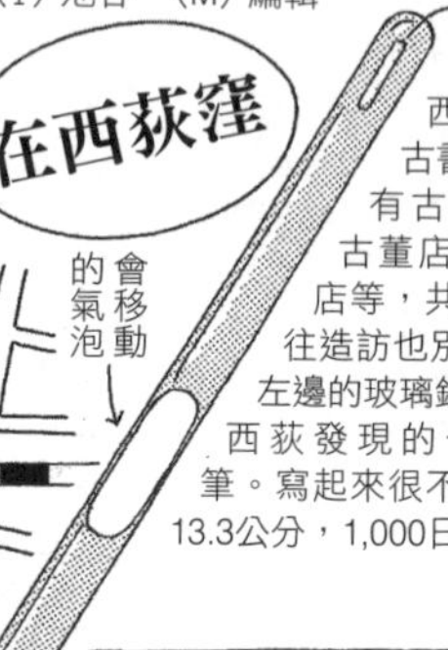
黃色的水
2.5公分細
前端像針一般細

西荻窪除了古書店外，還有古道具店、古董店、古美術店等，共64家。前往造訪也別有樂趣。左邊的玻璃鋼筆是我在西荻發現的一支極細筆。寫起來很不方便。長13.3公分，1,000日圓

(I)

《町野好昭畫集〈margarites〉》自費出版。佇立於奇特背景中的少女畫集。未裝幀本，平成18年，2,100日圓

《增補 谷文晁本朝畫纂大全》

上、下共4冊， 其中的2冊

畫家谷文晁重現古今日本畫家的作品，當中也包括了彩色木刻版畫。介紹雪舟、元信、玉堂、空海、其角等人的畫，共100件。明治27年，博文館（再版），5,000日圓（I）

(I)
ふゆのはなし

文、圖，恩斯特・克萊道夫（Ernst Kreidolf），大塚勇三譯，福音館書店。七名小矮人與冰之精靈的故事。在他的畫功下，這個主題或許有點勉強，但他仍舊勇於挑戰，很不簡單。平成4年（14刷），1,500日圓

問：「這種書也賣得出去嗎？」他回答：「均一價書櫃也需要補書，所以我會買。」真糟糕。我以為那種書賣不出去，已在資源回收日當天全部拿去丟了。

進貨當中有六成是向顧客收購，四成是從書市購得。店主廣瀨先生為昭和四十年（一九六五）生，今年四十二歲，同樣很年輕。聽說曾在町田的大型古書店高原書店當過十年的店員。不論什麼樣的舊書，都會當作商品好好珍惜，這是高原書店的特色。廣瀨先生可說是活用了當時的經驗。

M先生在音羽館大肆採購。連廣瀨先生也嚇了一跳。「M先生一直都是這樣。」聽我這麼說，他還是一臉驚訝。在這裡用完午餐後，我再度開始素描。投注時間和金錢來採訪，是本雜誌的作法。

哈哈，不小心說溜嘴了。下一章是當初本雜誌連載至今都未曾介紹的收穫大結算。

22 珍本、爛本（？）去年的收穫 未公開 大結算

如果你以市民跑者的身分參加馬拉松大賽，使出全力抵達終點，本以為自己已跑完全程，結果卻有人告訴你：「不好意思，我們算錯了。還有十公里。」你會怎麼做？會燃起鬥志，再度挑戰嗎？

我曾有過類似的經驗。自從我二十二歲在町田的古書店發現幾本KAPPA NOVELS的《松本清張短篇全集》，掏錢買下後，以後每次看到，我便會買下收藏。去年十月，我終於在神保町的小宮山書店店頭買到最後兩冊，湊齊了十一冊全套。

愈貴的書，愈容易找到

在這長達三十五年的歲月裡，我並沒有執著於收集清張短篇集。因為文庫本隨時都看得到。我只是深受伊藤憲治的封面設計所吸引。要收集到六、七冊倒還簡單，但之後便很難找到，因為是價格便宜的古書，所以沒列在書目清單上。唯有勤逛店頭才是收集的好辦法。那段時間，我曾發現共十一冊，只賣五千日圓的例子，但當時我只差最後兩冊。我心想，或許有機會湊齊吧，就這樣又等了幾年，最後終於全部湊

齊了。

說來奇怪，這些書我向來不看，因為都是我已讀過的作品。但那天晚上，我無限感慨地打開新買到的第二冊和第四冊時，書中掉出出版介紹的書籤。我看了之後目瞪口呆。十一冊後面竟然還有「續集」。我懷疑自己的眼睛。竟然還有……前面提到的「還有十公里」，指的便是這件事。難怪古書店寫著「十一冊齊」，而不是「全」。

沒辦法，我只好繼續跑剩下的十公里。但這三十五年來，我從沒見過第十三冊或第十五冊。於是我向光文社 KAPPA NOVELS 編輯部詢問，到底終點在哪裡？

「十一冊應該就是最後了吧。雖然沒人知道當時的情況，但可能是那時候想多出幾冊吧。」編輯說：「不好意思。雖然先前對你說還有十公里，但其實並沒算錯。」

附帶一提，我的收藏本當中，有十冊是初版，只有第五冊的《聲》是第十二版。昭和三十九年（一九六四）三月二十五日初版，十一天後的四月五日則已經是第十二版了。可以想見極為暢銷。既然這樣，我非得找尋第五冊的初版才行。所謂的跑完全程，便是湊齊所有的初版，這樣才算完整。還得再跑幾公里才行呢？如果是昂貴的古書，有人會告訴我「那家店應該有」，但要找尋一本一百、兩百日圓的書，卻是難如登天。不過就是這樣才有趣。

因採訪而開始四處造訪古書店，至今已快滿兩年，但就算我心裡想「啊，竟然有這種書」，卻沒有「就是它，終於讓我遇上

舊書蟲

室反射鏡》，式場隆三郎，高見澤
版社。作者是一位精神病理學家，
許多關於梵谷的著作，這是隨筆
。棟方志功的木刻版畫裝幀。附簽
，昭和14年，2,000日圓

《夏菊》，谷崎潤一郎

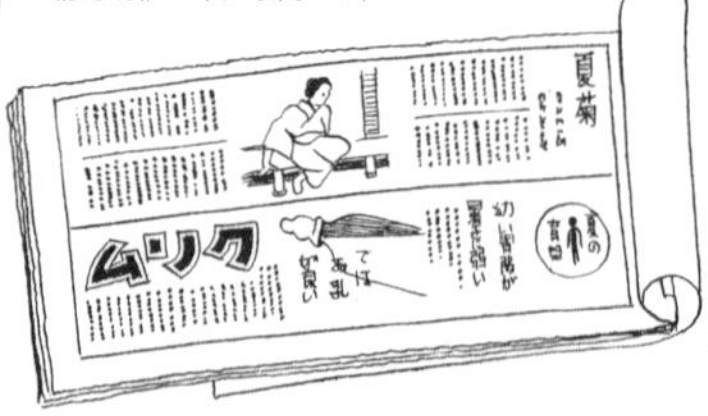

從昭和9年開始連載的新聞小說剪報，共28回。插畫為洋畫家佐野繁次郎。以抽象畫聞名的佐野，其人物畫絕佳。當時的廣告也很有趣。1,000日圓

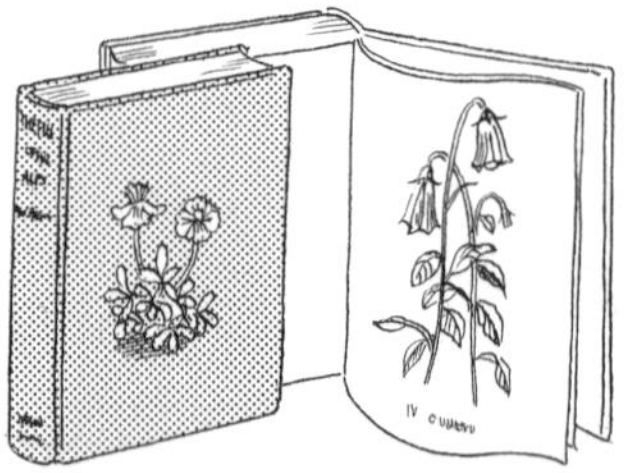

《阿爾卑斯之花》，阿弗雷德·W·班奈特（Alfred W Bennett），倫敦。附120張彩色石版畫。2冊。原本為19,000日圓，但裝幀損毀，兩冊共花了4,000日圓修理。很棒的插畫。1898年於紐約發行。

◀《明治東京時鐘塔記》平野光雄，青蛙房。以豐富的照片和圖版來介紹從明治時期開始在東京各地建造的時鐘塔。卷末的年表相當詳細。昭和33年，3,500日圓

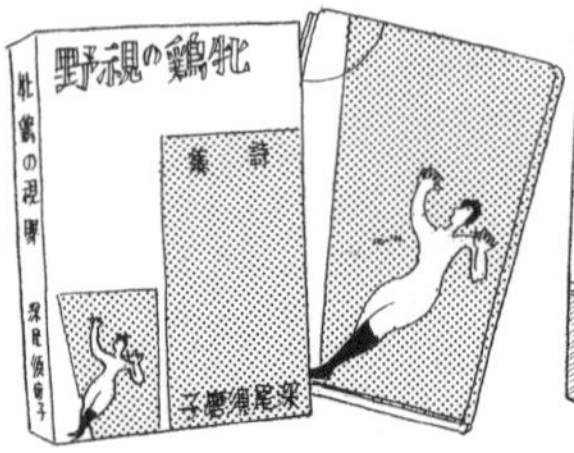

《母雞的視野》，深尾須磨子，改造社。比起須磨子的詩，東鄉青兒的裝幀更吸引我，因而買下。書況很好。昭和5年，5,000日圓

《朝顏集》，岡本綺堂，春陽堂。〈新朝顏日記〉等七篇戲曲集。彩色木刻版畫裝幀。文庫本大小。大正9年，2,500日圓

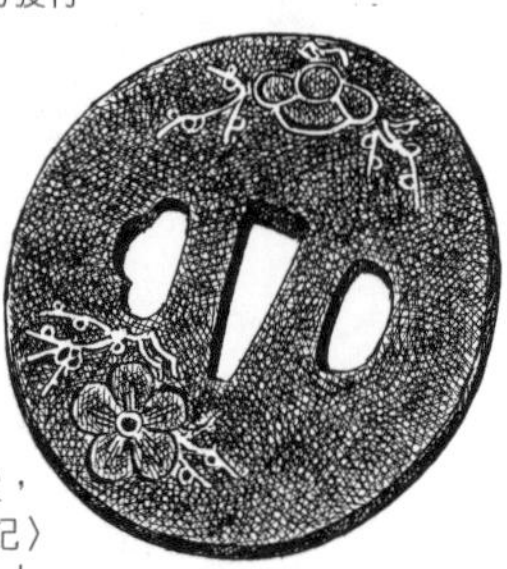

在神田古書店買的刀鍔。好像是短刀刀鍔。金象嵌。5,000日圓

《波宙爾王奇遇記》，皮耶·盧維（Pierre Louÿs），巴黎。藤田嗣治畫的木刻版畫插圖，相當受歡迎。不知內容是什麼樣的故事。法國裝幀、插畫28件，1925年，31,500日圓

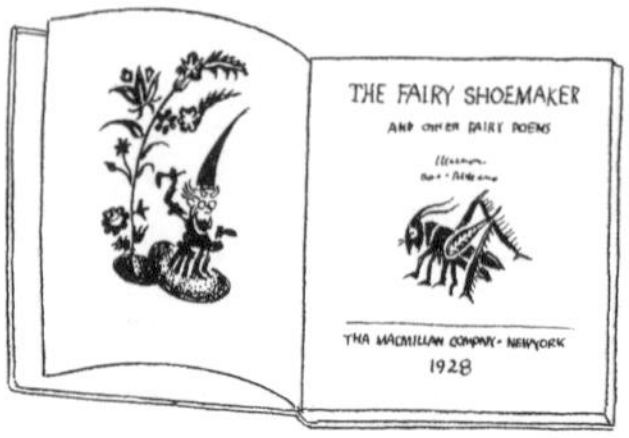

《小鞋匠等詩畫集》，玻利斯·雅特塞巴舍夫（Boris Artsybashev），紐約。身為插畫家的作者所寫的童話詩畫集。黑白插圖很美。1928年，29,400日圓

《萊諾的傳說》，華爾德·克倫（Walter Crane），倫敦。內附40頁彩色石版畫插圖。以無厘頭的傳說畫成繪本。作者是與凱迪克（Randolph Caldecott）、格林威（Kate Greenaway）齊名的插畫家。1887年，48,300日圓

◀《三面鏡的恐怖》
木高太郎，高志書
。拍成電影的心理
理小說。昭和23
，4,500日圓

◀《蛭川博士》，大下宇陀兒，美和書房。在片瀨海岸發生的殺人事件，怪人蛭川博士也牽扯其中。平凡無奇的作品。昭和22年，4,000日圓

《風雲白馬岳》，子母澤寬，偕成社。以記錄戊辰戰爭的《戰陣日記》為題材。昭和30年，4,725日圓

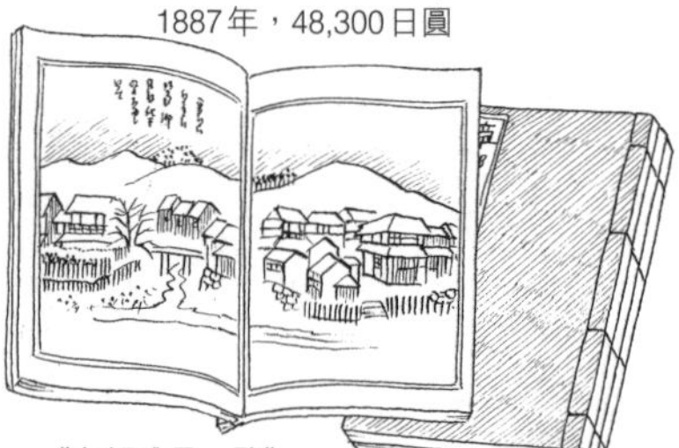

《帝都雅景一覽》
河村文鳳繪圖，京都八十五處名勝，以淡彩木刻版畫加以介紹，回味無窮的畫集。東西兩冊於文化6年（1809）發行，南北兩冊於13年（1816）發行。35,000日圓

《江戶川亂步全集》全18卷
桃源社。亂步生前最後校訂的定本。出自真鍋博之手，各卷有不同的裝幀，相當受歡迎，只有第九卷附紀念三島由紀夫改編成劇本的書腰。書況佳。昭和36～38年。5,000日圓，超便宜。

◀《神田文化史》，中村薰
神田史蹟研究會。從遠古到近代的神田史跡、文化、人文，全部網羅，為神田研究者（我也是）不可或缺的一本書。昭和10年，15,000日圓

少雨莊（齋藤昌三）書物展望社所在處的新富町雜記。書盒有便箋，取下封面後，書名為凸版印刷，外裝為紙模裝幀。非賣品，昭和25年，9,500日圓

的收穫

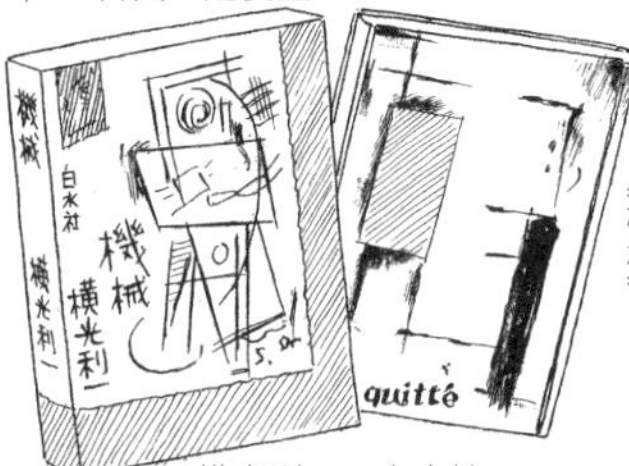

◀《機械》
橫光利一，白水社。
佐野繁次郎初期從事裝幀的傑作。也發行其復刻本。昭和6年，9,500日圓

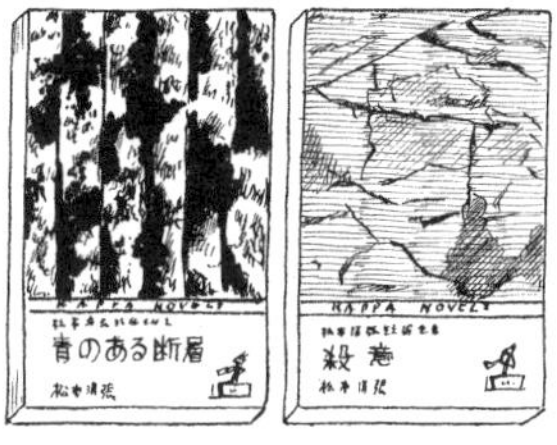

從三十五年前開始收集的《松本清張短篇全集》（光文社KAPPA NOVELS），於去年10月全部湊齊。伊藤憲治的設計相當嶄新。左邊為《藍色斷層》（2）、右邊為《殺意》（4），全11冊。昭和38、39年，各300日圓

《中年》，丹羽文雄，河出書房。是本禁書。比起渡邊淳一先生的男女情欲故事要保守多了。荻須高德裝幀。昭和16年，3,500日圓

《孩子的新遊戲》，艾莉諾・貝雷・波伊爾（Eleanor Vere Boyle），倫敦。這本名著以16張彩色石版畫描寫英國少女的遊戲。1879年，63,000日圓

▶《玩具》，W・托利亞
柏林。
以40張彩色石版畫介紹德國傳統玩具的美麗繪本。1922年左右，36,750日圓

◀《神祕的象牙簪》，高垣眸
POPLAR社。發生一起和髮簪有關的殺人事件。卷末收納了短篇故事〈黑潮岬〉。昭和28年，5,000日圓

《后素畫譜》，鵬巢居士撰，書店有京都、大阪、江戶的五家店。像博物圖譜般，描寫動植物、名勝、風俗等。由50頁（25帖）彩色木刻版畫構成。天保3年（1832），16,800日圓

《詛咒的指紋》，江戶川亂步，POPLAR社，日本名偵探文庫。將《惡魔的紋章》改寫成少年走向的小說。昭和30年，9,000日圓

在東大前的咖啡美術店買到的德國製裝飾品。5,000日圓

了」的感覺，感受不到找尋已久的書終於到手的喜悅。古書店和特賣展是實際把書拿在手中挑選的場所。同時也是與有趣的書邂逅的終點站。

就我的情況來說，插畫裡介紹的書，都是我從書目清單或古書店裡找尋得來。與編輯M先生的收穫相比，都是價格固定的書籍，所以每家店的價格差不了多少。也沒有現在不趕快買，下次便買不到的書。

這裡的外文書頗多，但我對語文學並不擅長，所以買的全是附插畫的書。因為看文學隨附的插畫，是很快樂的一件事。特別是外文書的插畫，像多色石版畫、木刻版畫、銅版畫等，這些以豐富手法製成的版畫，個個都美不勝收，百看不厭。

其中，我買到最棒的一項商品就是《阿爾卑斯之花》。綠色的布面加上金箔外裝，兩冊內含一百二十張彩色石版畫，相當出色。兩冊合賣一萬九千日圓，非常便宜。不過，裝訂處損毀，請人修理花了些錢，但還是划算。在依照先後順序訂購的規則下，沒被人買走真是不可思議。當初荒俣宏先生頻頻介紹博物學書籍時，這類書籍很快便被搶購一空，這也算是流行趨勢吧。他現在似乎也沒留下幾本博物相關的書。不過，我每年還是會固定收集這類書，不時拿出來翻閱，真是無上的幸福。

收穫大結算

看過我的連載後，有人說話了。

「有這些介紹收穫的內文頁面，你買的書就比較容易被視為公費支出對吧？」

「告訴你吧，我可不是為了報公帳才買書喔。我想要的書，就算出版社不認可，我還是會買。」

自由業者只要和公帳扯上關係，往往會招人白眼。相較之下，議員會館所用的水電瓦斯全部免費，可否有人去糾正一下呢？某大臣甚至拿它來「灌水」浮報呢，不是嗎？關於這點，每次都登場的編輯M先生，他也都是自掏腰包。雖然他總是說「公司不會同意報公帳的」，但還是主動讓雜誌內容更豐富。要是我再繼續誇他，恐怕會被刪文，所以就到此為止吧。

M先生的收穫，大多與社會人文科學、寄席藝能社會有關。與我這種純看圖的「療癒系」截然不同，所以能維持收穫欄的平衡，幫了我個大忙。此外，他狂買的模樣真的很驚人。

結束採訪，走出店門外時，他雙手總是捧著舊書。

每次看了都不禁懷疑：「他日後該不會是想開舊書店吧？」

M先生很喜歡的一本書，是篠田鑛造的《明治新聞綺談》。篠田鑛造是新聞記者，還有《幕末百話》、《明治百話》、《幕末生活素顏》等著作，每本書都能從作者說學逗唱的說書口吻中，感受到時代、人物的來歷和個性，這是其引人之處。篠田曾在書中提到：「我撿拾明治初期的新聞人所寫的紀錄，將它們丟進我的新聞雜報熔爐中，不過，我不會扭曲先人的原型。」充分展現出作者的個性。

M先生就愛看這些談論回顧或藝能的書，確實很像他會做的選擇。

另一本是小島政二郎的《謊言之店》，裝幀為宮田重雄。M先生說，這感覺就像在古董店買了年代久遠的陶瓷碎片。不過，這本書相當老舊殘破，若是想翻書細看，恐怕它會就此散落一地。

宮田的裝幀我也很喜歡。本書確實有種馬約利卡（Majolica）彩陶的氣氛，感覺得出一股別出新裁的西洋風味。

書是用來看的，但若是被裝幀吸引而買書，懂得享受當中的樂趣，購書量便會以加速度增加。另外，因為採訪的緣故，總會心想：「既然要去福岡，就在那裡找找《點與線》的初版吧！」或是「既然去輕井澤，搞不好可以買到《魯本斯的偽畫》呢！」找書的動機漸漸偏離原本的目的，購書量又會增加許多。雖然是到處都買得到的書，但「在當地發現」有其特別的意義，這樣的思考模式也已明顯開始產生變化。

此次的收穫大結算，沒有一本是我在採訪時發現的書。幾乎都是在書目清單上尋得。我介紹的只是其

編輯M先生的一小部分收穫

《人們叫我傻八》

有田八郎，光和堂。在《宴會後》的訴訟中以原告身分提告三島由紀夫而聞名的前外相自傳。昭和34年，315日圓

《笑説 法善寺的人們》

長谷川幸延，東京文藝社。描寫初代文枝、春團治、松鶴、橫山與花菱等關西藝人。昭和40年，515日圓

《塔爾布之花》，尚波瀾

副標題「文學的恐怖政治」。法國批評雜誌《新法蘭西》的總編輯兼評論家的文學論。昭和43年，500日圓

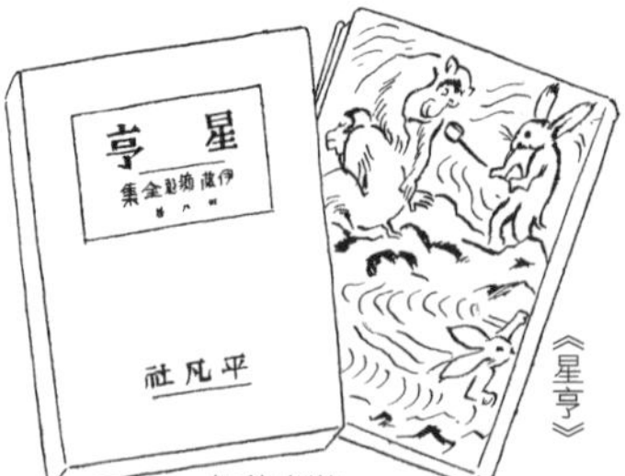

《星亨》

伊藤痴遊，平凡社。全集的第9卷。收錄大正2年寫的《巨人星亨》。同時也是自由黨員的痴遊，與黨內大人物、政治明星素有交誼。昭和4年，500日圓

《明治之夜》，藤浦富太郎

光風社書店。作者為蔬果批發商老闆。描寫他與圓朝、第六代菊五郎的交誼。昭和53年，1,000日圓

《縮小人》

理查・麥特森（Richard Burton Matheson），早川科幻小說系列。一個逐漸縮小的人所發生的故事。昭和43年，500日圓

《明治新聞綺談》

篠田鑛造，須藤書店。描寫明治初期的新聞業界（詳見內文）。昭和22年，2,100日圓

阿部幸男、阿部玄治

冬樹社。
親姪子描寫身為懼內一族的知名媒體人居家的生活情形。昭和40年，500日圓

《中村遊廓》

尾崎士郎，文藝春秋新社。包含標題作品在內的短篇小說集。安井會太郎畫，昭和31年，500日圓

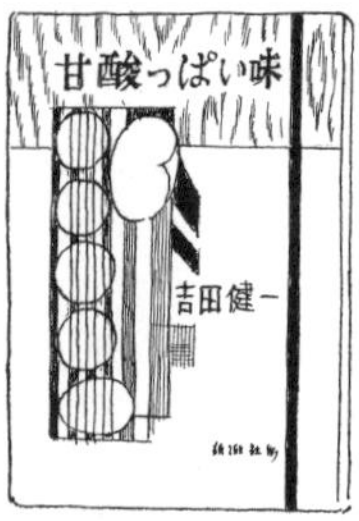

《酸甜的味道》，吉田健一

新潮社。熊本《日日新聞》連載一百回的時勢評論隨筆。昭和32年，420日圓

《關於文明》，托馬斯・曼

《非政治人物的省察》第一部，創元社。針對民主主義、文明，與德國式的「精神」做對照。昭和25年，100日圓

獅子文六，講談社。描寫一名女子嫁給醫生的長篇小說。竹谷富士雄裝幀繪畫，田中一光構成，昭和39年，840日圓

田邊茂一，新潮社。紀伊國屋書店社長同時也是個喜好玩樂的作者，描寫其心境的小說集。昭和47年，900日圓

《謊言之店》

小島政二郎，月曜書房。以司湯達、阿納托爾・法朗士（Anatole France）、永井荷風等人為題材的隨筆。昭和22年，200日圓

《來自中國的信》

右(1)、左(2)

安娜・路易絲・斯特朗。MISUZU書房。以中國共產黨辯護者的身分表現活躍的媒體人。1958年作者72歲開始長住北京，這是她寄給朋友的報導。昭和40、41年，2冊，400日圓

《十一月 水晶》，野呂邦暢，冬樹社。昭和55年以42歲的年紀驟逝的芥川賞作家之第一創作集。昭和49年（2刷），1,000日圓

中一部分。我已限定自己只能在採訪時的古書店買書。以前幾乎每個禮拜都會光顧的特賣展，現在也只有在書目清單下訂抽中時，才會前去露臉。因為我的藏書量已暴增太多。此外，雜貨也增加不少。

因為書的重量，地板變得傾斜，我的平衡感也變得不太正常。但這也是無可奈何的事。誰叫這世上有這麼多令人垂涎的好書呢。

23 探索小店的大樂趣

我以前在銀座上班，公司附近有家很小的古書店。店面約一公尺寬，裡頭擺滿了書櫃和平台，所以只要站了個人，便無法通行。店內約三公尺深。但每天還是擠滿了附近公司的員工。我也常在午休時到那裡逛逛。

因為只是家狹小的古書店，裡頭當然沒什麼藏書，但因為書的更換率高，所以時時上門察看總會有收穫。「這種書誰會買啊！」向來沒人會說這種話，因為店家絕不浪費。小店有小店的生存方式，這方面他們可一點都不馬虎，很有意思。

小空間培育出古書迷

當狹小的古書店裡沒其他客人時，這段時間自然得和店主兩人共享這小小的空間。如果這樣會覺得尷尬，恐怕就難以體會四處逛古書店的樂趣了。

不只限於古書店，當打開門走進店內時，藉由打破原本的寂靜來置身於店內空間，有種接受「聲音洗

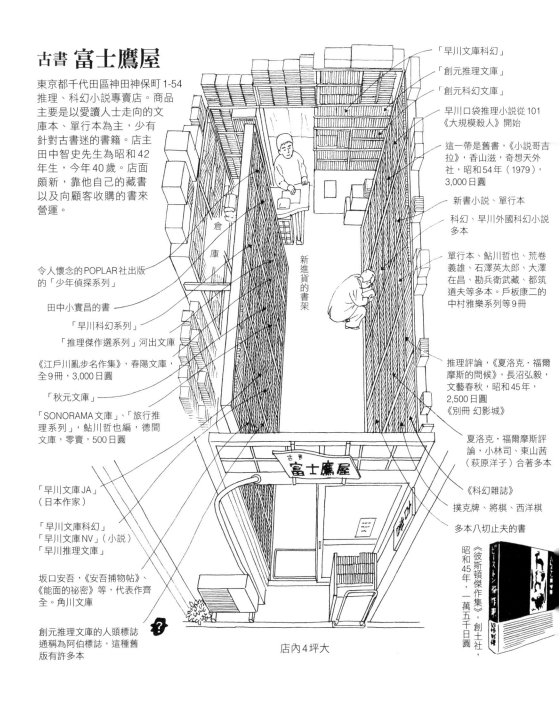

古書 富士鷹屋

東京都千代田區神田神保町1-54
推理、科幻小說專賣店。商品主要是以愛讀人士走向的文庫本、單行本為主，少有針對古書迷的書籍。店主田中智史先生為昭和42年生，今年40歲。店面頗新，靠他自己的藏書以及向顧客收購的書來營運。

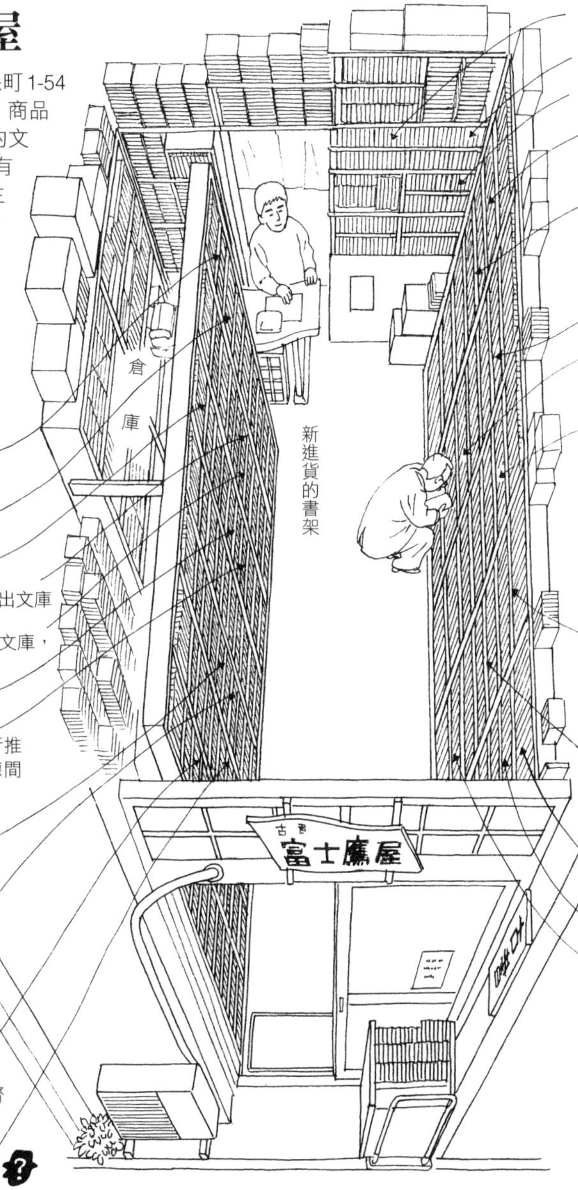

店內4坪大

《彼斯頓傑作集》，創土社，昭和45年，一萬五千日圓

禮」的感覺。這時候，只要說一句「可以讓我參觀一下嗎」即可，除非是個脾氣古怪的老闆，否則一般都會說一句「請」。若沒看到想要的商品，與其不發一語地離開，不如說一句「打擾了」，這樣比較容易步出店門外，心情也會比較輕鬆。

「用不著那麼客氣吧？」可能有人會這麼說，不過，古書店與一般書店不同，這裡的書全是店主花錢收購的藏書。我認為，身為古書迷，這是最基本的禮貌，而且我都身體力行。

多年前，我曾對那些在神保町剛開業不久的古書店進行問卷調查。「店鋪面積多少才算恰當？」這個問題得到最多的答案是十坪。這次採訪的店家分別為二坪、四坪、八坪。但他們還是能經營古書店。如果是像神保町那樣的古書店街，擁有專門領域會比較好經營，就算店面小，也不見得會有什麼不好。不過，若是在商店街開一家古書店，在商品的準備方面就得要多花些心思才行。

前述的銀座古書店，提供許多適合公司員工閱讀的書，而且更換速度快。

昭和四十八年（一九七三），我在這家店發現一本《夏洛克．福爾摩斯的紫煙》（長沼弘毅），開價三千五百日圓。當時的起薪為四萬五千日圓。正當我猶豫該不該買的時候，隔天便已售出。我以為沒人會買，一時低估了，但這就是生意手腕，店主早看準它一定會賣出。後來我又買到同一本書，不過就算現在買，也只要三千日圓左右。古書的價格變便宜了。

二、四、八坪，風格獨具的書店

神保町的「古書富士鷹屋」是推理、科幻小說專賣店。雖然沒加入公會，但似乎靠自己的藏書和向顧客收購便足以經營。店內沒有吸引古書迷的珍奇書，但是令愛讀人士滿意的書相當齊全。店內四坪大小。

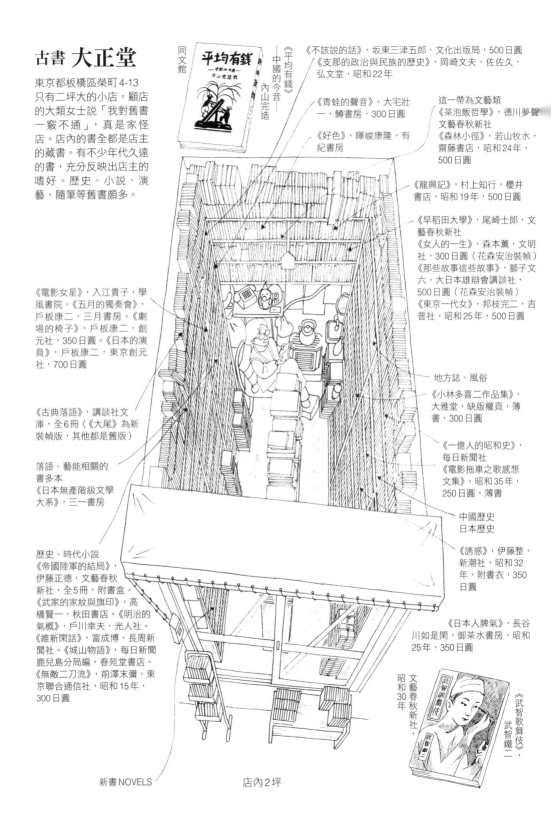

古書 大正堂

東京都板橋區榮町4-13
只有二坪大的小店。顧店的大類女士說「我對舊書一竅不通」，真是家怪店。店內的書全都是店主的藏書。有不少年代久遠的書，充分反映出店主的嗜好。歷史、小說、演藝、隨筆等舊書頗多。

《平均有錢——中國的今昔——》內山完造
同文館

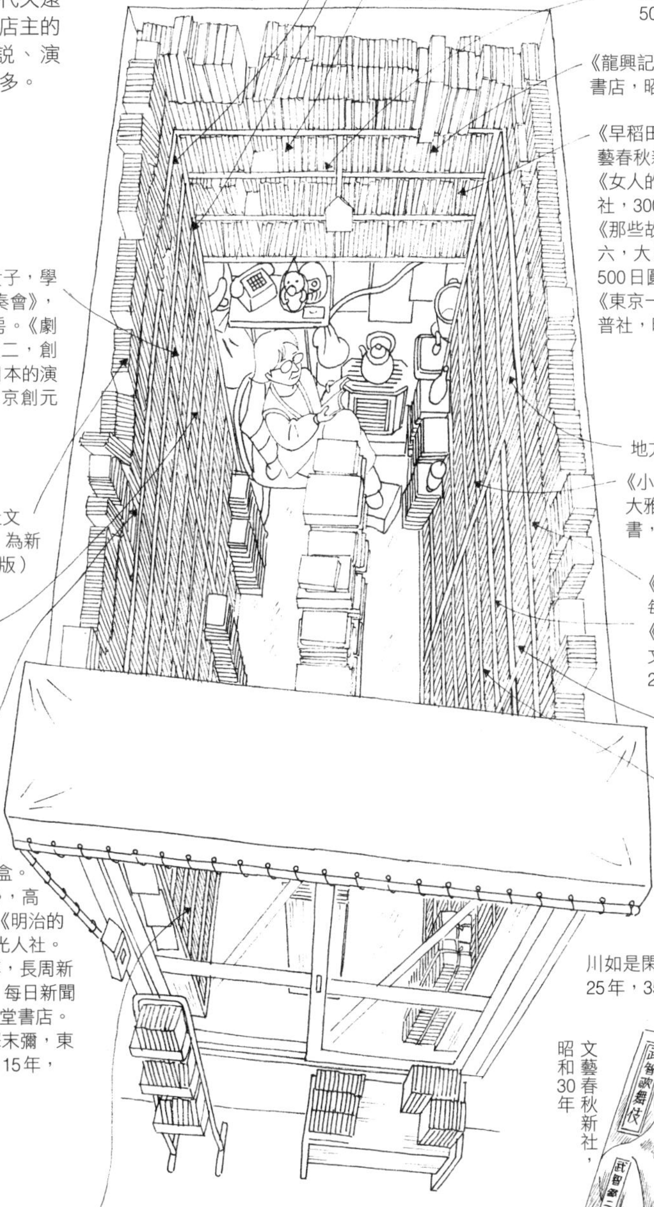

《武智歌舞伎》，武智鐵二，文藝春秋新社，昭和30年

雖然小，但文庫本的庫存相當豐富。編輯M先生也很喜歡推理小說，所以當我在素描時，他一直忙著淘書。喂，記得留點給我啊。

接著是一間兩坪大的小店。板橋的「古書大正堂」。雖說是兩坪大，但三面都被書架占去空間，所以實際只有約三張榻榻米大。不過，店裡「麻雀雖小，五臟俱全」。

顧店的大類女士雖是店主，卻說「我對舊書一竅不通」。店內的商品，據說是她喜歡舊書的先生常到神保町通買書，擺滿了整個屋子，所以她常帶來這裡補貨。也就是所謂的車庫大特賣（失禮了）。為了舊書，甚至還租了倉庫存放，所以這已超出喜歡舊書的範圍了。好像不時有人會前來詢問：「可否收購我的書？」但似乎都遭店主回絕。「因為我是為了減少藏書才開這家店，而且我也不懂舊書的價值……」原來是這麼回事。深感同情。不過，她先生所挑選的古書雖雜，但有不少是難得一見的珍奇古書。

藏書以歷史、時代小說、文學為主，不過，書的後面另外還擺了一排，所以不清楚究竟有哪些書。由於價格都相當便宜，很推薦古書迷前來挖寶。其實就在我家附近。開店時間比較晚，大約是從下午四點到晚上八點。

位於銀座一丁目的「閑閑堂」，是美術古書專賣店。店主原本經營畫廊，也販售繪畫。

店內商品以日本美術書為主。店面不寬，但縱深頗長，雖然只有八坪大，卻比想像中來得寬敞。二樓有書庫，書籍資料堆積如山，所以也不能說這是家小店。

有張和紙從成堆的資料中露出一角，上頭寫著「……花譜」。好像是船崎光治郎的彩色木刻版畫圖鑑《高山花譜》（富岳本社）的封面或書衣，不過，封面與封底分離，不知道是何者。我有一本裸書。店主佐藤先生說：「那就送你吧！」我很感激地收下。封面和書腰這類的東西，可不是說找就找得到的。我之所以如此執著於書況，可說是因為上了年紀，不，是因為遲鈍，不不不，是因為愛書的緣故。這可說是此次

閑閑堂

東京都中央區銀座
1-22-12
繪畫、美術古書專賣店。店主佐藤克也先生，昭和33年生。昭和59年開始經營畫廊，平成6年起改為經營古書店。據說他在銀座有許多老朋友和老顧客，所以商品比別家來得好。

雖然店面狹窄，但走進店內一看，縱深頗長，擺滿了大型美術書和圖錄。盡頭處有個裝有貴重古書的展示櫃。

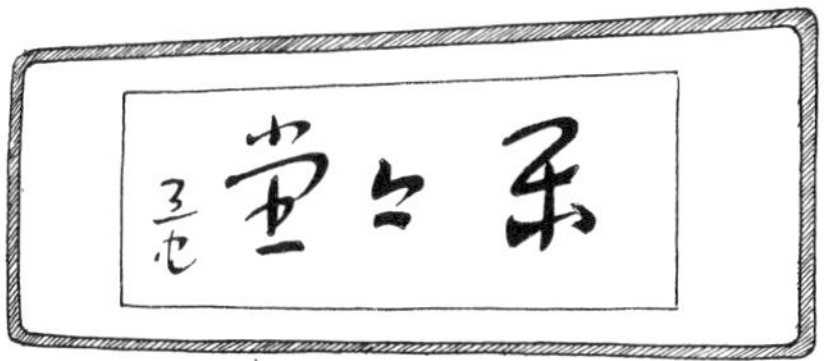

正門上掛的是折口信夫（釋迢空）的墨寶。這並非刻意請他題字，而是偶然發現寫有「閑閑堂」的這幅筆墨。

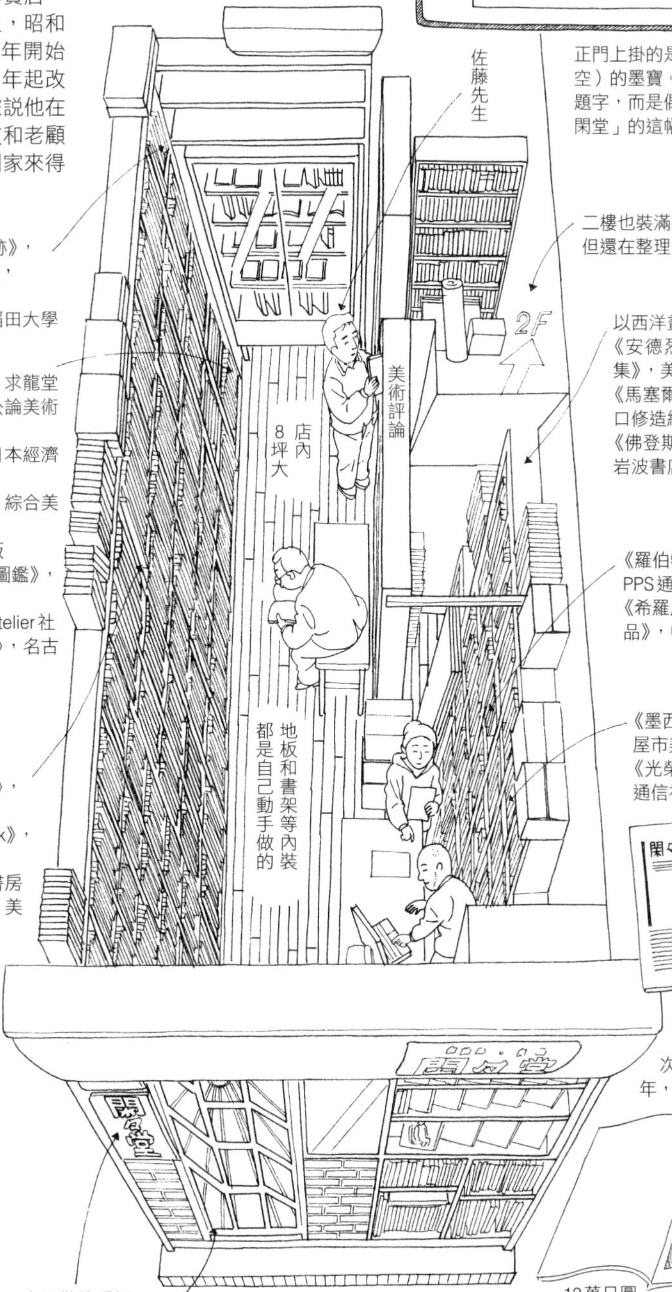

二樓也裝滿了古書和資料，但還在整理中。

以西洋畫為主的書架
《安德烈・馬森版畫作品集》，美術出版社
《馬塞爾・杜象語錄》，瀧口修造編譯，美術出版社
《佛登斯列・亨德華沙》，岩波書店

《羅伯特・卡帕展》，PPS通信社
《希羅尼穆斯・波希全作品》，中央公論社

《墨西哥文藝復興展》，名古屋市美術館、西武美術館編
《光榮的「LIFE」展》，PPS通信社

《收藏家100年的軌跡》，國立歷史民俗博物館，平成10年
《一筆齊文調》，早稻田大學演劇博物館編

《高濱虛子遺墨集》，求龍堂
《荒井寬方》，中央公論美術出版
《小川芋錢畫集》，日本經濟新聞社
《河童百圖》，芋錢，綜合美術社
《下保昭》，何必出版
《北大路魯山人秀作圖鑑》，Graphic社
《小杉放庵畫集》，Atelier社
《赤瀨川原平的冒險》，名古屋市美術館編

《恩地孝四郎版畫集》，形象社
《小磯良平Book Work》，形象社
《駒井哲郎》，玲風書房
《島田章三全版畫》，美術出版社
《谷中安規之夢》，松濤美術館
《長谷川利行畫集》，講談社
《長谷川潔版畫作品集》，美術出版社
《村山槐多全畫集》，朝日新聞社

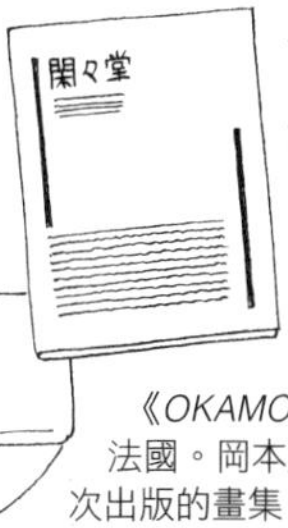

閑閑堂美術書目清單71號，收錄5633件

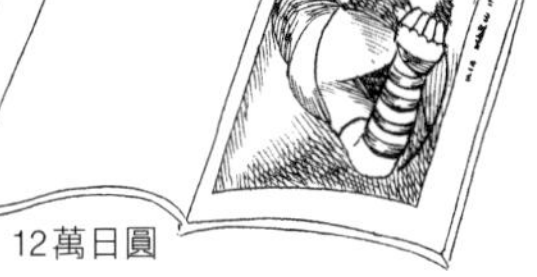

《*OKAMOTO*》，法國。岡本太郎首次出版的畫集。1937年，黑白，16×12公分

12萬日圓

自己做的看板

120年前的英國製彩色玻璃門。上下顛倒，好像陽光從上面照進來。

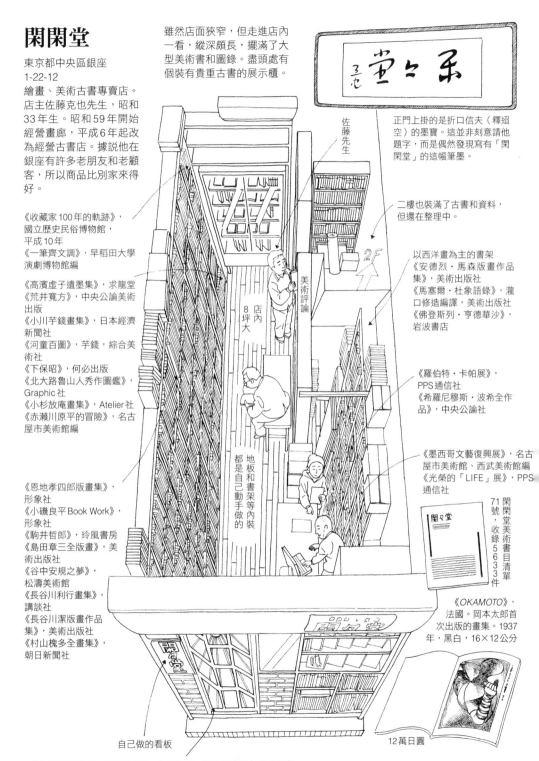

明治もの蒐集
料治熊太

《明治收藏品》(M)

料治熊太，德間書店。古美術收藏家的油燈、繪畫明信片、伊萬里印版等收集談。昭和38年，2,000日圓

田中小実昌
新宿ふらふら族
泰流社

《新宿遊手好閒一族》(M)

田中小實昌，泰流社。在新宿黃金街展開一場又一場像是男女情欲，卻又不太像的小説集。昭和53年，1,200日圓

蝸牛道中記

《蝸牛道中記》

作曲家福田蘭童的隨筆。沒提到父親青木繁。他的兒子是已故的石橋英太郎。創藝社，昭和31年，500日圓（I）

雨の日には
プッシィ・ブルースを
荒木一郎

《雨天跳做愛布魯士》(M)

荒木一郎，河出書房新社。以〈心愛的Max〉等暢銷曲聞名的歌手、演員，其處女小説集。昭和58年，1,200日圓

二十の二倍
海渡英祐

雙葉社。1960年的安保條約，當時同伴的死在40歲的主角心中留下陰影。昭和56年，400日圓（M）

《大英博物館古埃及展》

朝日新聞社。東京都美術館於平成11年舉辦的展覽圖錄。M先生說「我要送給我爸，他喜歡古文明」，就此買下。1,500日圓

這次的收穫

100円

（I）池谷
（M）編輯

《代代的歌人》(M)

折口信夫，角川文庫。《女流短歌史》、《歌的故事》等，收錄了短歌史相關文章。昭和50年改版再版，300日圓

レイデイ

湯瑪斯・特萊恩（Thomas Tryon），早川書房。曾在《最長的一日》中演出，此為其推理小說。昭和50年，1,600日圓（M）

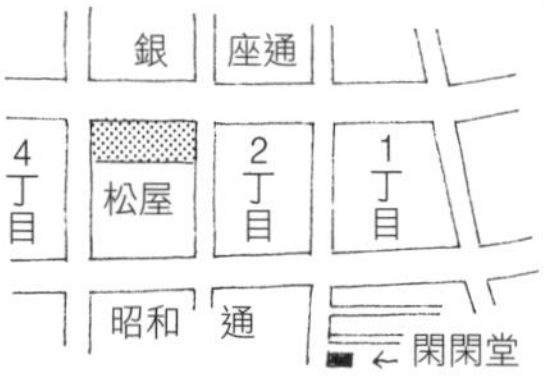
銀座通
4丁目
松屋
2丁目
1丁目
昭和通
閑閑堂

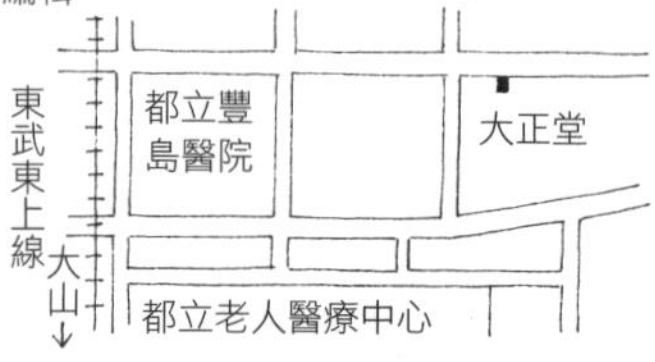
東武東上線
都立豊島醫院
大正堂
大山
都立老人醫療中心

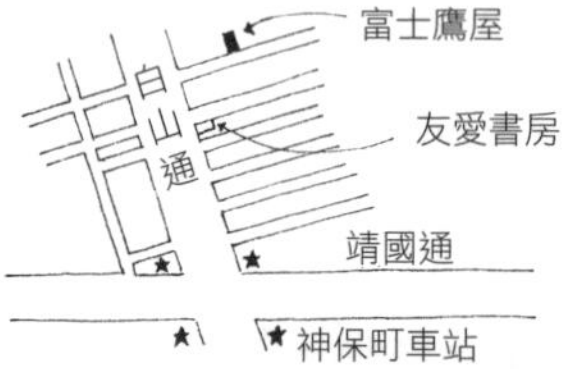
富士鷹屋
白山通
友愛書房
靖國通
神保町車站

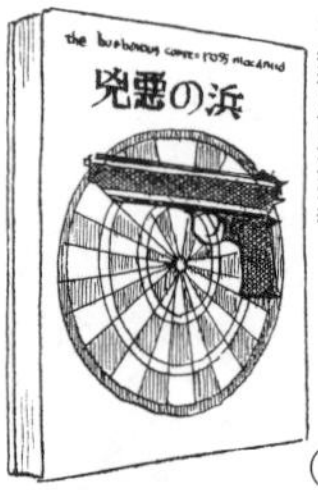
兇悪の浜

《警告逃妻》(M)

羅斯・麥唐諾（Ross Macdonald），創元推理文庫。偵探劉亞契登場的系列之一。昭和46年14版，300日圓

深夜倶楽部
都筑道夫

都筑道夫，雙葉社。深夜俱樂部中所談的怪談共7篇。昭和61年，800日圓（M）

劇場の迷子
戸板康二

《劇場迷途》(I)

戶板康二，講談社。熟悉的歌舞伎演員中村雅樂系列中內容相當充實的一本。昭和60年，1,300日圓

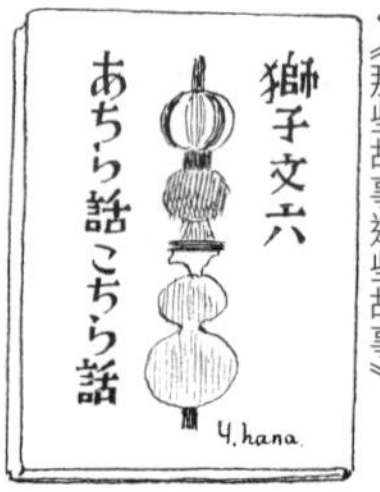
獅子文六
あちら話こちら話

《那些故事這些故事》

大日本雄辯會講談社。飲食、交友、巴黎等，隨興談論這些話題的隨筆集。花森安治裝幀。昭和30年，500日圓（I）

龍興記
村上知行

《龍興記》，村上知行。櫻井書店的書，在古書迷中頗有人氣。以中國明朝為背景（未讀）。昭和19年，500日圓（I）

最大的收穫。

閑閑堂老闆，太感謝了。

全國應該還有很多我所不知道的超小古書店。祝你們幸運！

24

專賣店販售「千兩橘子」

喜歡偵探小說的我，十年前曾請求前去採訪「芳林文庫」，因為它可說是珍奇書的寶庫。當時店主告訴我，「要是經你介紹，我變得太忙，那可就麻煩了。」以此拒絕了我。當時覺得這位店主似乎討厭太過忙碌，寧願埋首於偵探小說中，也不願忙著做生意。

之後，我們還是維持老闆與顧客的關係，但每次一提到採訪的事，總是被拒絕。「店內零亂得很，連坐的地方也沒有。」儘管他後來改為這樣的說詞，但最後終究還是點頭答應。

專賣店是橘子批發商

這次負責的編輯K先生，比我兒子還年輕。是名新編輯。

我們約在西武新宿線的下井草車站碰面，一同前往芳林文庫。從車站走五分鐘便可抵達。走進事務所一看，店主似乎前一天已事先整理過，騰出兩人份的空間。

裡頭約十張榻榻米大小。玻璃櫃裡擺有夢野久作、小栗蟲太郎、香山滋等戰前偵探小說的初版。此外，書架上也擺有國內外的知名偵探小說。書架下層層堆疊的書，無法細看，但想必當中一定藏有珍奇逸品。

「這裡不是招待客人的事務所，只是偶爾會來這裡拿客人從書目清單上訂購的書。」店主島田先生說。原來如此，這裡沒有在店裡挑舊書的氣氛。

「顧客當中，有人在看過書的價格後會對我說，他曾以更便宜的價格買過這本書，當時買了多少錢。但我們是一家專賣店。」店主說。

不了解專賣店的客人似乎大有人在。客人曾經在不是專賣店的店家，以便宜的價格發現高價的古書，因而誇耀自己的戰功，這種事常發生（我也有這樣的經驗）。

「既然我們掛出專賣店的招牌，就很不想對客人說，抱歉，我們店裡沒有您要的書。至少也希望能達到客人七成的要求，所以有時不惜虧本也要在書市搶標。想要的書既然在同一個領域，其他書當然也非買不可。」

聽完他說的話，我想到落語中一個關於「千兩橘子」的故事。在此為沒聽過的人稍做介紹。

一位大老闆臥病在床，說他想吃橘子。他患有神經衰弱的毛病。當時正值夏天，不可能有橘子，但出外找尋橘子的掌櫃，還是從橘子批發商的大倉庫裡找到一顆沒爛的橘子。這顆橘子價值一千兩。批發商老闆說：「我們是橘子批發商。為了因應隨時可能前來買橘子的客人，我們貯藏了這麼多橘子，儘管明白它會腐爛。一個要價一千兩，應該算是很便宜了。」商人的驕傲，是這個故事的重點。這故事還有另外一個妙點，有興趣的人不妨聽聽這個落語。

閒話休提，我的意思並不是說芳林文庫的偵探小說也價值千兩。我希望大家能了解的是，專賣店就算吃點虧，也會備妥齊全的藏書。全集當中的一本始終無法買到，最後只好一次買下全集的例子相當多。如果不願意這麼做，只要一面享受四處逛古書店的樂趣，一面多花些時間和金錢，以便宜的價格找尋你要的書，這樣也是個辦法。

依我的經驗，常是後悔當時沒全冊買下。一冊一冊收集，有的有書盒，有的沒有，書況落差頗大，總有參差不齊的感覺。

一般古書店也都是精於此道的專家，對一些高價的偵探小說，理應會標上相對的價格。另外，我記得曾經看過幾家書店，價格開得比專賣店還高。專賣店並非只是擺上商品，他們會不斷進貨，湊齊書況良好的書籍，所以對一點點小瑕疵也很敏感。因為同一本書會同時擁有好幾冊，他們有時也會便宜出售一些書況不佳的書，值得期待。

芳林文庫的島田先生，喜歡買更勝於賣。可能因為他原本也是位古書迷吧。書市裡有幾家競爭業者，他嘆息道：「最近的年輕人，都很捨得開價下標呢。」他指的是人氣高的少年小說。

可能是因為年紀比我大的人，時常接觸魔、怪、奇等標題的偵探小說，對於太高價的書籍，總是敬而遠之。而三十幾歲的業者或客人，買起兩、三萬日圓的書，一點都不手軟。這一切看來，似乎很理所當然。如今古書有全面跌價的傾向，但這個領域卻略微呈現出泡沫經濟的現象。

對年輕的女性客人說「我們賣得比較貴喲」

「古書落穗舍」以前曾經在江古田開設店面兼事務所。一週只開店兩天，我也曾前去光顧。由於當時他們沒使用移動式書架，所以店內有哪些珍奇書坐鎮，一覽無遺。從近現代文學到偵探小說的珍奇書，相當齊全，現在還是一樣沒變。

這時，店內走進一名年輕的女顧客，好像在找書。

「這位客人，我們賣得比較貴喲。」店主栗原先生喚道。想必他認為對方不知道落穗舍大多是珍奇書，以為這裡是普通的古書店。

芳林文庫

167-0022東京都杉並區下井草3-31-19芳林廣場1F

與其說是針對喜好推理小說的愛讀人士，不如說是針對古書迷，有豐富齊全的舊偵探小說和推理小說。插圖所畫是事務所，所以書不多。店主並未進行店頭販售，只透過特賣展「中央線古書展」與書目清單來販售；也沒有網路販售，但有不少老客戶和書迷。除了事務所外，還有個倉庫，戰前的偵探小說和全集堆積如山，無立錐之地。一般顧客是不准進倉庫，但他特別通融讓我參觀。書目清單每年發行一次。每次卷頭都會安排珍奇書以及每個作家的小特集，這都是很貴重的資料。有意願者可與他聯絡。

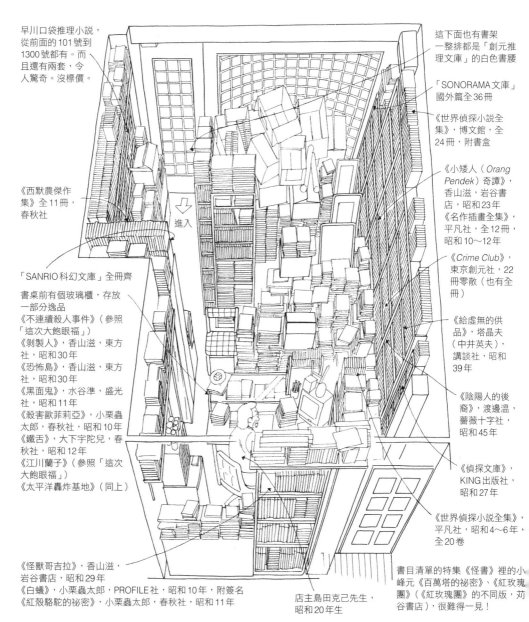

那名女性顧客是前來找尋高橋和子的特定著作，她似乎也知道店裡擺有昂貴的商品。

最後，她還是沒找到她要的書，不過，像她這樣知道這裡是專賣店而特地前來的客人並不多。

我和編輯K先生一起前往櫻台的落穗舍。它和芳林文庫一樣，是位於住宅街內的事務所。

落穗舍如插圖所示，使用移動式書架，所以無法看見書架上擺滿逸品的模樣，身為一名探訪者，甚感遺憾。不過，像《新作偵探小說全集》（新潮社）、《江戶川亂步全集》（平凡社）等戰前的全集，以及《山中散生詩集》（請參照插圖頁「這次大飽眼福」）、寺山修司的詩集等，這些令古書迷垂涎的古書散見於店內各處。

接著，我參觀了移動式書架。果然一如預期，全是逸品。有許多從未見過的書。推理、偵探小說占書目清單的三分之一以上，光這點就令人讚嘆不已了。

「為了弄到一本橫溝正史的書，我連這些不需要的書也全買了。」栗原先生說。這是專賣店都會面對的兩難困境。據說他除了事務所外，也有倉庫。那裡肯定也是珍本奇書的寶庫。

落穗舍並未參加特賣展，所以找不到在特賣展中販售的雜書。這家店的鋪貨方式可說是專門鎖定古書迷而來。

談個題外話，書桌下擺有槓鈴和啞鈴。栗原先生是空手道四段的高手。書架下有多本空手道相關書籍。「請不要寫我這裡有許多高價的書，免得惹來麻煩。」這句話出自栗原先生的嘴裡，總覺得有點不太搭調。

那麼，我收回前面說的話！我在移動書架上看不到什麼特別的書（？）。

夏天要找尋橘子確實不容易，但也可以回覆老闆一句：「老爺，橘子得再等四、五個月才吃得到吧？請您好好振作，再忍著點。」只不過，要找的書何時才能到手，卻完全無法預期。

我的記事本上寫有今後想得到的書，以及目標是全部湊齊的全集清單。儘管也曾偶然在古書店的店頭

古書 落穗舍

176-0002 東京都練馬區櫻台1-25-1　透過網路與書目清單《拾落穗通信》進行郵購的專賣店。偵探小說占書目清單的1/3以上。從押川春浪、黑岩淚香等明治、大正時期的作家，到江戶川亂步、橫溝正史、POPLAR社、偕成社等兒童走向的小說都有，庫存書相當豐富。此外還有寺山修司《天空的書》的場書房、《給我五月》作品社、《赤腳情歌》的場書房、《血與麥》白玉書房等，有許多詩集、小說等藏書。書目清單中還有泉鏡花、生田耕作、稻垣足穗、唐十郎、澀澤龍彥等人的作品，相當充實。

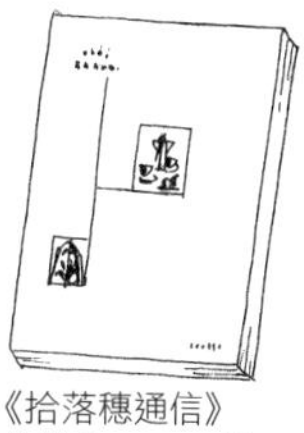

《拾落穗通信》
收錄約13,000件

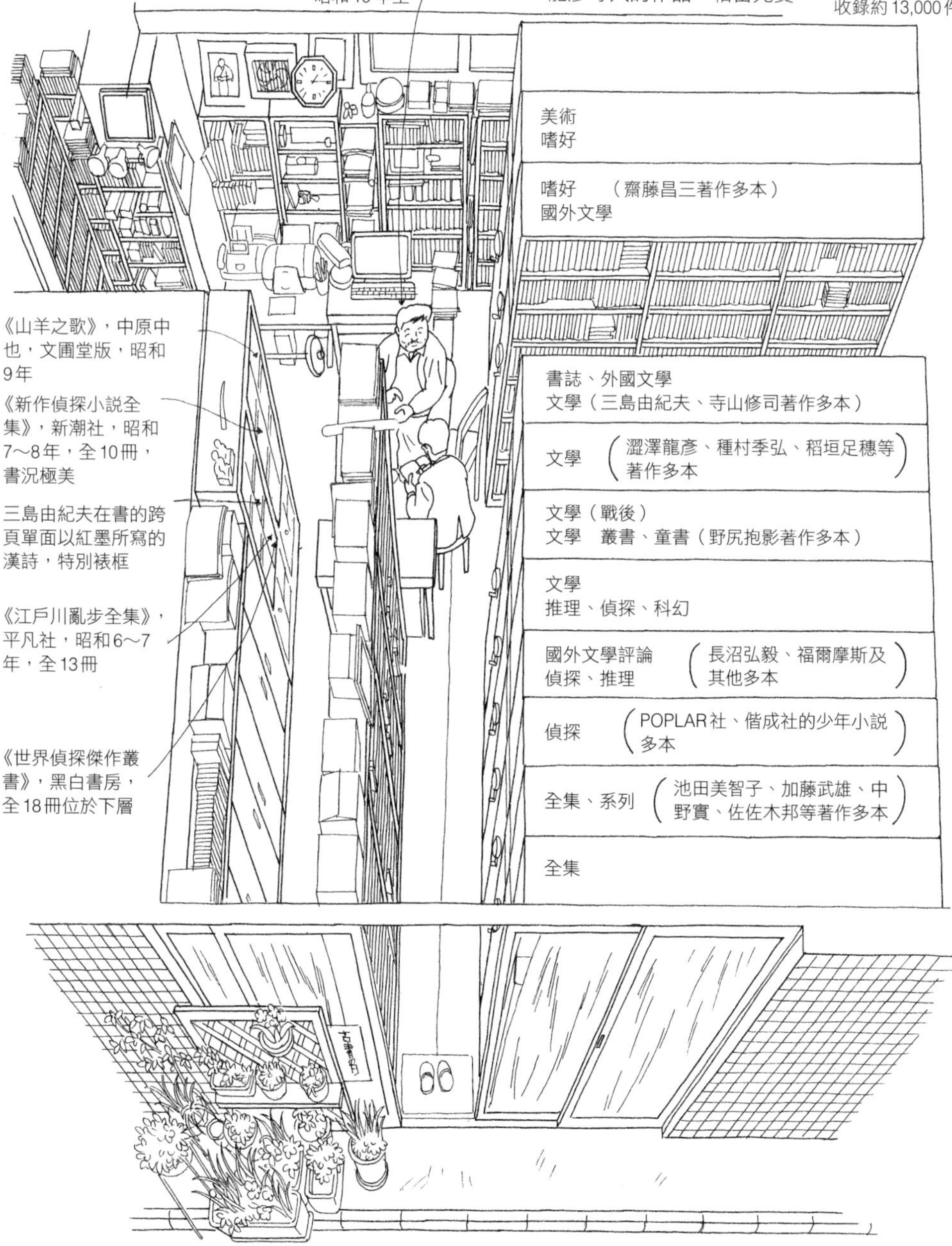
店主栗原勝彥先生，昭和19年生

這裡是事務所。書目清單約一年發行兩次。有意者只要1,500日圓（可用郵票代替）便可寄送。

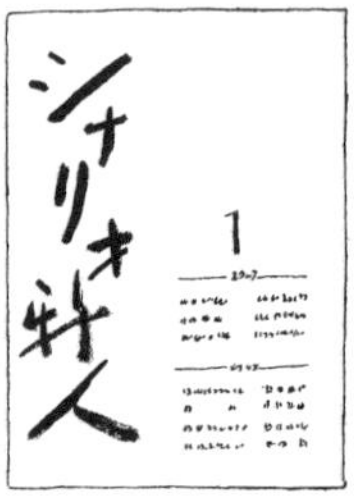

《腳本新人》，筒井康隆

同志社大學時代的同人誌。筒井發表《會長夫人萬歲》。昭和32年

《被遺忘的女人》，池田美智子

東方社，昭和31年。以標題的現代小説作為核心的作品集

《怪盜骷髏團》

風戶又四郎，旺玄書房，昭和24年

江戶川亂步《人椅》的插畫。知名搭檔松野一夫畫

這次大飽眼福

兩家店都不做店頭販售，所以庫存書沒標價，但都是高價的書籍。

↑落穗舍　芳林文庫↓

《機械學宣言》，稻垣足穗、中村宏，假面社，昭和45年，銅版裝幀

「新作偵探小說全集1」

《蠢動的觸手》，江戶川亂步（岡戶武平代筆），新潮社，昭和7年，全10冊的初篇

《山中散生詩集》，好書店（Librairie Bon），昭和10年，附書盒，限定300本，附簽名

《腦髓地獄》

夢野久作，松柏館書店，昭和10年

《Z9》（*Zett nine*），香山滋，光文社，昭和30年。香山作品中極受歡迎的一本

《獄門島》

橫溝正史，岩谷書店，昭和24年。封面圖案極為妖豔

《太平洋轟炸基地》

蘭郁二郎，六合書院，昭和17年，附書盒，附作者親筆簽名

《不連續殺人事件》

右端貼上一個形狀難得一見的書腰（？）。坂口安吾，Evening Star社，昭和23年

《江川蘭子》

博文館，昭和6年，亂步、橫溝正史、甲賀三郎、大下宇陀兒、夢野久作、森下雨村合著

《二十世紀鐵面具》

小栗蟲太郎，春秋社，昭和11年，附書盒，茂田井武裝幀

和特賣展以便宜的價格尋獲，但這張清單就像上西方取經所用的地圖。在專賣店的書目清單上發現，也算是一種邂逅方式。如果價錢合適，我向來都會毫不猶豫地下訂。

比起四處逛古書店找書，我更喜歡在氣氛宜人的市街，邂逅適合入畫的店家。就算店裡沒什麼起眼的古書也無妨。

25 從「坡上之雲博物館」看明治

松山篇・之一

全國各地都有文學家博物館，但只有特定作品的紀念館則相當罕見。我只想到箱根的「小王子博物館」。不過，今年四月二十八日，司馬遼太郎先生的「坡上之雲博物館」已於松山市開館了。我是他的書迷，他這部同名作品我已經反覆看過許多遍，當然是非前去參觀不可。希望日後也會興建「半七捕物帳文學館」、「白色巨塔紀念館」之類。

因為這個緣故，才剛開幕不久，我便和編輯K先生一同造訪這座博物館。

眼望坡上雲……
想不出接下來該怎麼接……
俳句箱

坡道一路綿延的博物館

這座博物館是安藤忠雄先生設計的建築。最具特色的水泥原樣牆面、玻璃壁面、每一層都是藉由斜坡相通，與之前參觀過的安藤忠雄「表參道之丘」有異曲同工之妙。據館長松原正毅先生所言，「好像也有人只來參觀這座建築」。

利用三個樓層來舉辦企畫展「子規與真之」，介紹《坡上之雲》的時代、孕育出正岡子規、秋山真之

的松山與他們的關係，以及開始步上近代國家之路的日本。

日本海海戰、奉天會戰等日俄戰爭相關的詳細經過，就得期待在日後的企畫展中一一介紹了。

「有一部分人士持反對意見，認為這是在歌頌戰爭。但是作品中完全找不到歌頌戰爭的文句。」松原館長說。

這是當然。「沒看過這本書的人應該不少吧？」我問。「確實不少喔。」館長回答：「從館內參觀者在筆記上所寫的意見來看，沒看過的人大約有百分之五十五左右。」這數字令人有點感傷。還可以見到在老師帶領下前來參觀的學童身影，或許這也是無可奈何的事。

三樓到四樓的斜坡牆上，展示了以前在《產經新聞》連載的小說，特地將一二九六回的剪報複製成展示板。想必每一位參觀者都會對那龐大的數量感到震撼吧。

「有很多人詢問，能否出復刻版。」松原館長說。要是出復刻版的話，就算再貴我也要買。

「文藝春秋編輯，你怎麼看？」我如此詢問，但K先生卻無法立刻答覆。也難怪，這可是項大事業呢。新聞版全都附上下高原健二大師的插畫，這是新聞小說獨特的魅力。提出這項要求的人，應該不是舊書迷吧。

在古書特賣展中，常可看到新聞小說迷自己剪報裝訂成的細長冊子。我手中也有幾本。此事要是真能施行，那肯定是厚厚一本。

這裡可利用二樓的電腦大致看過全篇，但就算一回要三十秒，全部看完也需要十一個小時之久。不容易啊！

我仔細欣賞展示品時，遇上一件令我很感興趣的東西。那就是真之的結婚照。

真之的哥哥，陸軍上將秋山好古曾感觸良深地說道：「年輕人的敵人是家庭。」這對兄弟都很晚婚，真之三十六歲結婚，好古三十五歲結婚。真之好像曾四處對人說：「（結婚是）在我一生最大的嗜好（海

36歲的秋山真之於婚禮後的照片。好古曾說「軍人不該結婚」，但真之36歲結婚，好古35歲結婚。

子規、真之的書信、照片等。

隔著陽台窗，可以望見城山。

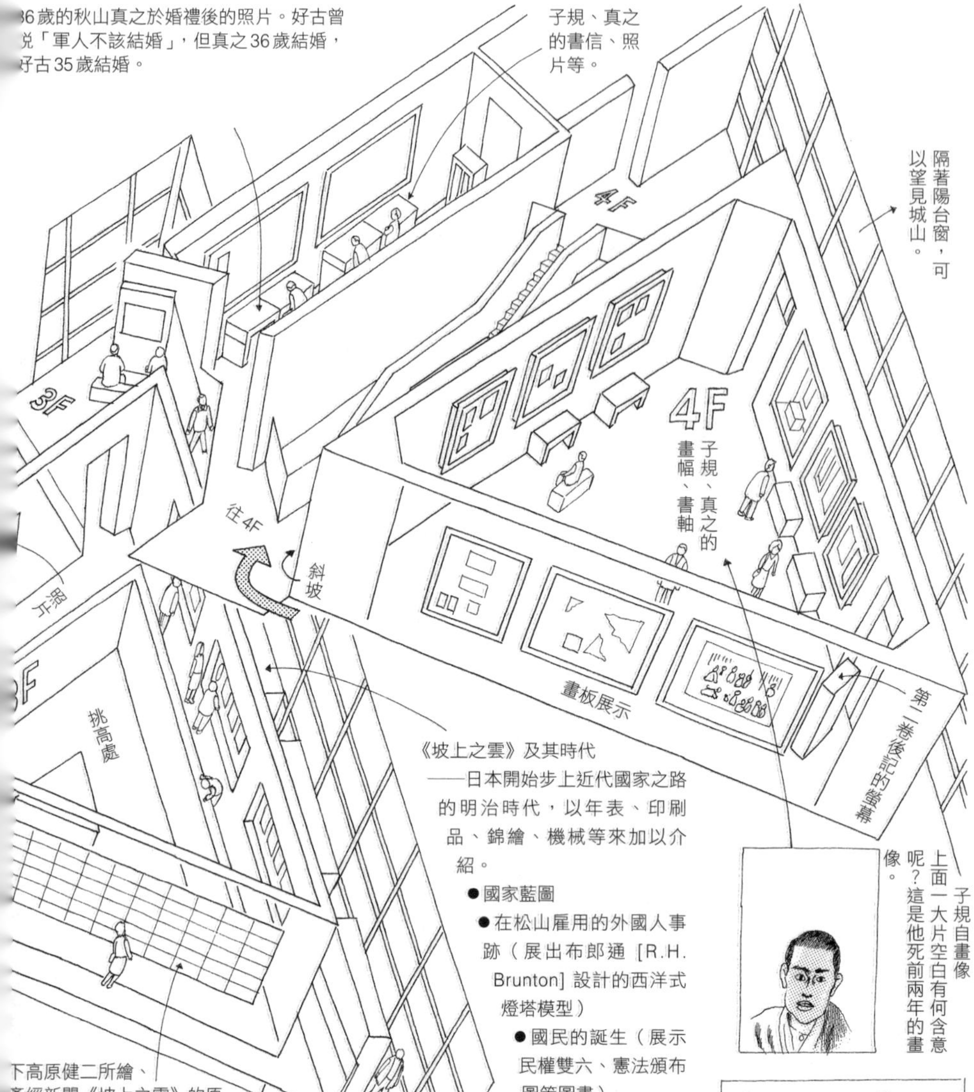

子規、真之的書幅、書軸

第二卷後記的螢幕

《坂上之雲》及其時代
——日本開始步上近代國家之路的明治時代，以年表、印刷品、錦繪、機械等來加以介紹。

- 國家藍圖
- 在松山雇用的外國人事跡（展出布郎通 [R.H. Brunton] 設計的西洋式燈塔模型）
- 國民的誕生（展示民權雙六、憲法頒布圖等圖畫）
- 展現國民國家的三大義務（教育、納稅、兵役）的印刷品
- 接觸西洋技術（展示縫紉機）
- 孕育子規與真之的松山土壤（展示板）
- 沒能搭上維新列車的松山藩（被新政府視為朝敵，淪為由土佐藩看管，連同資料一併在此介紹——左邊的告示牌）
- 超越困境（以資料介紹教育、兵制改革等）

子規自畫像
上面一大片空白有何含意呢？這是他死前兩年的畫像。

下高原健二所繪、產經新聞《坂上之雲》的原尺寸複製展示板。重新看這1296回的內文，便會以另一種不同於單行本的觀點來看待此書，明白其工作量之龐大。不過，上方幾乎都看不見（可利用二樓的電腦閱覽）。

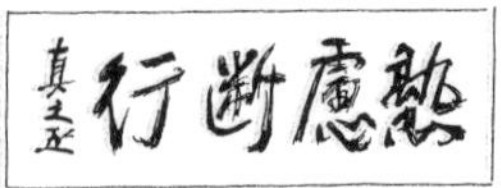

秋山真之之書法「熟慮斷行」

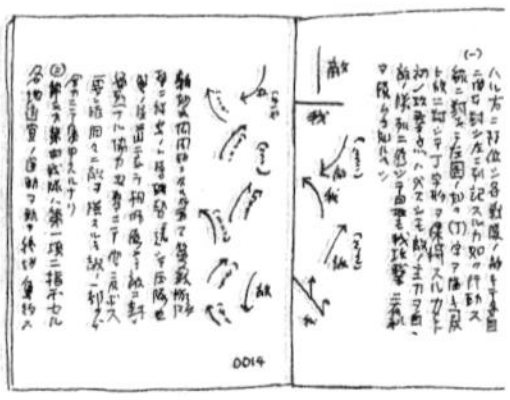

《聯合艦隊戰策》，明治37年1月9日。海軍對俄作戰戰術計畫書。丁字戰法（作品中為T字）也有詳細的記載。

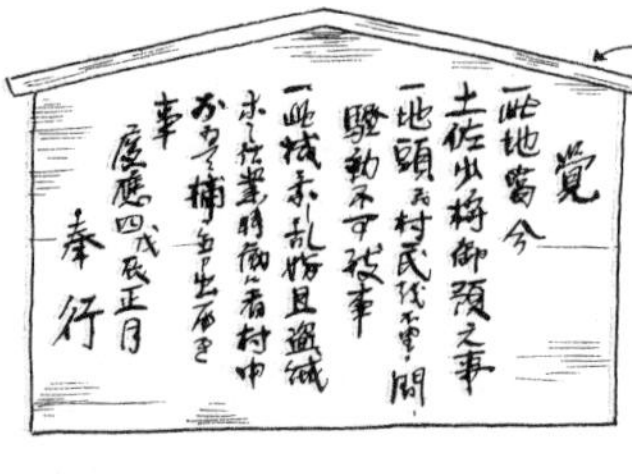

土佐藩請託暫時代為管理這塊土地。不給地主、村民添麻煩。

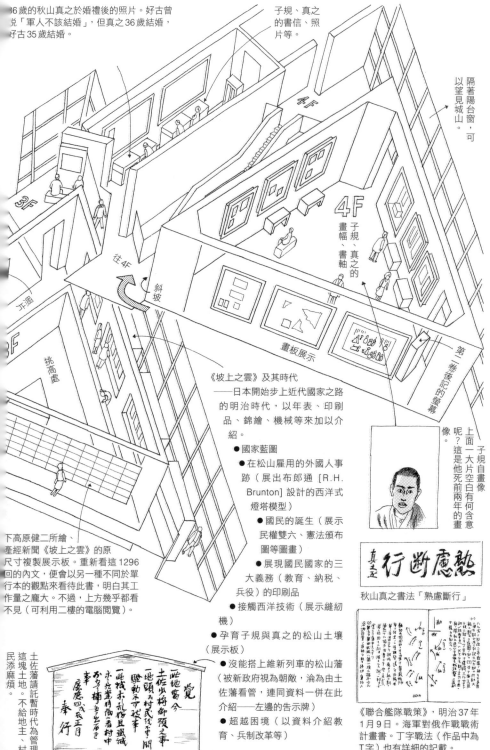

坡上之雲博物館

愛媛縣松山市一番町3-20 TEL 089 (915) 2600
身為俳人和歌人的子規、漱石，身為軍人的秋山好古、真之兄弟，都是松山人，在建構一座涵蓋這些人物的野外博物館構想下，於2007年4月28日開館。

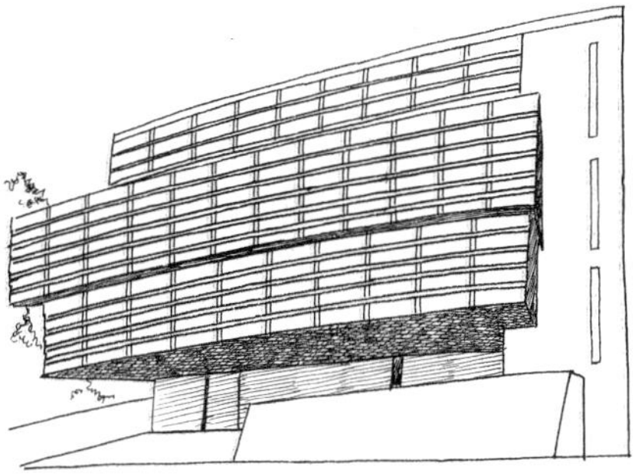

正岡子規
俳人、歌人
（一八六七～一九〇二年）

海軍中將
（一八六八～一九一八年）

（一八五九～一九三〇年）

第一屆的企畫展為「子規與真之」。藉由各種資料與《坡上之雲》的文句，來介紹孕育出子規、秋山真之、秋山好古的松山，以及當時日本的情況。

圍池，真之曾在此遊玩的松山藩泉水池照片

鋼筋水泥造，地下一樓，地上四樓。上午9:40～下午6:30，星期一公休（每個月的第一個星期一、適逢國定假日或補休時，同樣開館。改為隔天星期二休館）。門票成人400日圓，高中生200日圓，國中生以下免費

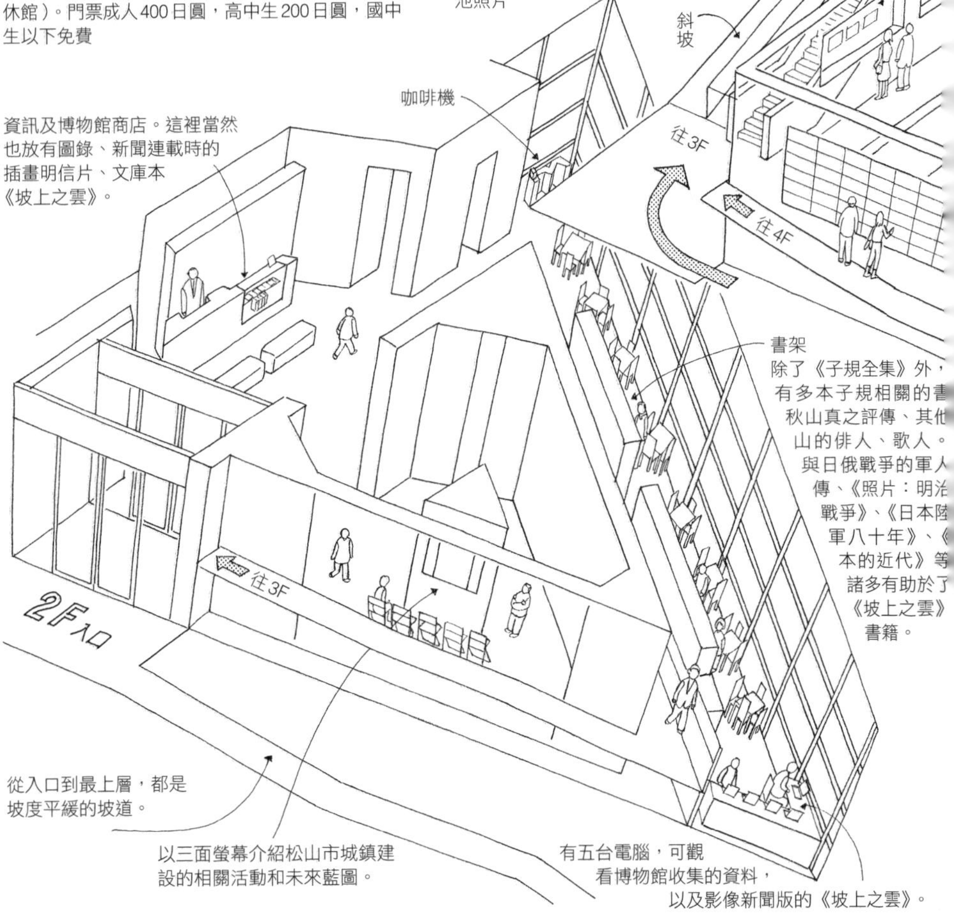
斜坡
咖啡機
資訊及博物館商店。這裡當然也放有圖錄、新聞連載時的插畫明信片、文庫本《坡上之雲》。
往3F
往4F
往3F
2F入口
書架
除了《子規全集》外，有多本子規相關的書
秋山真之評傳、其他
山的俳人、歌人。
與日俄戰爭的軍人
傳、《照片：明治
戰爭》、《日本陸
軍八十年》、《
本的近代》等
諸多有助於了
《坡上之雲》
書籍。
從入口到最上層，都是坡度平緩的坡道。
以三面螢幕介紹松山市城鎮建設的相關活動和未來藍圖。
有五台電腦，可觀看博物館收集的資料，以及影像新聞版的《坡上之雲》。

軍）中，用來排遣鬱悶用的。」但好古卻稱讚真之的妻子季是一位「很好的妻子」。

漱石與真之雖是大學預備門的同窗，卻說「我連他長怎樣都想不起來」。子規嘲諷道：「他是寫生能力欠佳吧！」令漱石大感驚訝道：「又提寫生？」

子規主張「在吟詠俳句時，一定會出現決定性的情景」，非寫生不可。他死前在庭院對花草寫生所畫的《草花帖》，看得出他深愛自然的樣貌、貼近花木的精神。同樣在四樓，也有其自畫像。在略為逆光的角度下，映照出他凝望某一點的白眼。上方一大片留白，彷彿在暗示籠罩他頭頂的死亡，讓人感受出超越寫生的力量。

我個人的收穫，是能夠看到四樓展示的「聯合艦隊戰策」（連隊機密第二六號）。所謂的戰策，是為了實施戰術而擬定計畫，並加以演練的一種總稱，會頻頻擬定製作，而且戰術名稱也不時會改變。

以前我曾向「防衛研究所圖書館」諮詢，細問當中的故事。因為司馬遼太郎先生將有名的「丁字戰法」介紹為「T字戰法」。

有一說指出，在《坡上之雲》發表前，戰策一直是最高機密（蓋有極機密的印記），所以司馬先生也不知情，但這項說法有誤。介紹「聯合艦隊戰策」的《日俄戰爭實記》（小笠原長生），早在明治三十八年（一九〇五）便已發行。

據說司馬先生在寫書時，曾透過神保町的高山本店，大量收集古書和資料。很難相信他會遺漏資料。英國朗文公司的中等教科書裡，也明確指出「T字戰法」。

「T字戰法」的說法，日本自古便有。稱呼方式有很多種，在日本海海戰中，似乎固定以「丁字」來加以稱呼。司馬先生過世後，「T字」便更改為「丁字」。

此次「子規與真之」的企畫展將持續一年，之後預定會展出「坡上之雲千人留言展」、「秋山好古與教育」、「正岡子規與日語」、「明治時代與日俄戰爭」，想必總有一天也會詳細展出日本海海戰、二〇三高地、奉天會戰等戰役。

發行本卷末的附圖，有些部分讓人不容易想像當時陸海戰爭的情勢演變，希望在企畫展中，能採用立體模型和ＣＧ動畫來展示，讓人更容易了解。而許多日軍的犧牲，也是展示的重點。

松山野外博物館

松山市內除了有子規、秋山兄弟、漱石的相關設施外，也有不少紀念碑，刻有虛子、碧梧桐的俳句。此外，市內並不算太大，搭地面電車幾乎都能到達。若以松山城為中心，就算採步行的方式，也只要三十分鐘左右便可到達任何地方。可說是一個步行便可走完的城鎮。

我與Ｋ先生除了參觀「坡上之雲博物館」外，也前往造訪秋山兄弟的老家，以及「子規堂」、「愚陀佛庵」。

秋山兄弟的老家經過重建，瓦片屋頂相當氣派，但原本似乎只是間茅草屋頂的簡陋下級武士宅院。這座平房只有兩個房間，一間六張榻榻米大，另一間八張榻榻米大。

一名男性導覽員一直陪同在一旁為我們解說。隔壁是柔道場，牆上掛滿寫在紙箋上的俳句和短歌。真之雖是軍人，但也曾和子規一起立志朝文學發展，所以其素養深厚。裡頭也有好古的紙箋，所以我也鑑賞了一番。

願捨名與利
靜心過一生
人去我猶存

仿古學俊寬
別具一番味

本以為是俳句，原來是都都逸（俗曲）。

看來，好古是個純真之人。雖然他官拜陸軍上將，但晚年擔任松山北預中學校長，就此終老。似乎是位不追求名利的人。

好古的容貌，乍看之下不像是名日本人。德國陸軍的邁克（Klemens Wilhelm Jacob Meckel）受日本招聘時，一見好古便問他：「你是歐洲人嗎？」看過照片後，便不難明白是怎麼回事。

據說「好古有個癖好，就是每次戰鬥結束，便會掩埋敵人被遺棄的屍體」。不只是好古，《坂上之雲》中也有許多魅力十足的人物逸事，例如子規、真之、好古、兒玉源太郎、大山巖、東鄉平八郎等。

作者在後記中提到，「其實我很懷疑這部作品到底是不是小說。一是因為受限於事實的內容將近百分之百，二是因為（中略）挑選了一個怎樣也構不成小說的主題」。

逛完整座博物館，並不算讀過這部作品。它與展出名畫、光是正面欣賞便深受感動的美術館，或是展出驚奇展示品的博物館不同。如果只是走馬看花，在館方準備的筆記本上寫下的感想將會是「無趣」兩個字。希望各位也能閱讀這部作品。

談個題外話（很像司馬先生的口吻），經K先生確認後得知，博物館內展出的《坂上之雲》單行本並非初版。

我向神田古書店的兩位店主詢問，如果現在要湊齊這一套六集的初版，需要多少錢。得到的答案竟然是至今仍未曾在市場上見過，真令人吃驚。

「我猜初版很少。許多人都看過的書，很少會特別收藏。你問價格是吧？應該不會太高吧。」

一位說一萬五千日圓，另一位說三萬日圓。

或許應該說這是長銷作家的勳章吧。

26

「少爺」大肆批評的文藝之地

松山篇．之二

只要看過夏目漱石的《少爺》，便會明白松山被他寫得相當不堪。「船老大光著身子，只套著一件紅字傳統丁字褲。真是個野蠻的地方。」「我問他那所國中在哪裡。那小鬼一臉茫然，說他不知道。真是個腦袋不靈光的鄉下人。就這麼一個鼻屎般大的小鎮，竟然還搞不清楚。」「住在這種鄉下地方，還老愛擺架子，當這裡是城下，這種人可真悲哀。」像這類的描寫不勝枚舉。我有位住松山的朋友，聽說《少爺》這本書他只看到一半就不看了。如果我的故鄉也這樣被人批評的話，我心裡一定也很不是滋味。

來到松山，便寫得出好俳句？

不過，《少爺》卻是松山很重要的文化財。這裡有「少爺列車」通行，道後溫泉貼有「禁止少爺游泳」的貼紙。此外，少爺愛用的「紅手巾」，在溫泉本館售價兩百日圓，伴手禮是當地名產「少爺丸子」。

「好甜喲，都分不清哪個是餡，哪個是餅皮了。」編輯K先生說。

「少爺不是愛吃甜食嗎？」

K先生和我率先造訪的，是「少爺書房」。位於松山首屈一指的鬧街——拱廊銀天街。店內比想像中來得深，藏書量也頗多。領域相當廣泛，是家不錯的書店。

「松山有很多店都叫『少爺ＸＸ』呢。」第二代店主佐伯喜朗先生說。經這麼一提才想到，有家叫作「喫茶坡上」的店。就算有哪家店取名為「舊書蟲書房」，我也一點都不會計較。

少爺書房的店內果然擺放許多子規、虛子、碧梧桐等「杜鵑」同人的評傳或句集之類的書籍，都是當地發行。店頭的展示櫃有漱石親筆的明信片。此外，店裡頭掛有松岡讓親筆寫的「少爺書房」匾額。這麼一來，店名取名為少爺便有十足的架勢。此外，子規死前對庭院花草進行素描的《子規畫日記》，店內也有複製本。以前好像被當作廉價書賣，剩下不少，但現在都沒了。真是遺憾。

在店內徘徊的少年，是第三代的「少爺」。如今已後繼有人，想必第一代的晉一先生也能安心了。因為接班人的問題是現今很多古書店所面臨的困境。

四國給人的感覺，一直是古書店的沙漠。儘管有公會，但可能是市場不夠活絡的緣故，不上大阪就收購不到想要的書。

松山市內有愛媛大學和松山大學，卻沒什麼特別的古書店。感覺古書迷的需求，都由少爺書房包下了。

我好不容易才來到松山，所以買了幾本「杜鵑」的同人評傳（參照收穫頁）。因為這些書在其他地方不易購得。利用這個機會親近俳句，或許也不錯。

結束少爺書房的採訪後，我在市內四處閒逛。大樓

「松山　高過秋空　天主閣」子規，大樓牆上也印有俳句

的牆上也能看到子規的俳句。周遭的環境就像在對人們說，「吟詠俳句吧！」松山相當盛行俳句創作或文學活動。也設立了「少爺文學賞」，兩年便公開徵求作品一次。

在市內五十二處觀光景點和地面電車站牌處也擺設了「俳句箱」，兩個月回收一次，由專家挑選優秀作品加以表揚。

造訪秋山好古、真之兄弟的老家時，由於櫃檯處放了一個俳句箱，所以我馬上寫了一句投進箱中。但是都過了兩個月，卻音訊全無。喂，選考委員會的委員們，遠從東京來的我所寫的俳句到底好不好啊？

傍晚時抵達飯店。K先生提議「一起去道後溫泉吧」，所以我們便直接從飯店前往。因為住房登記時，我們已經領了溫泉入浴券。雖然我沒有四處泡溫泉的嗜好，但我很想試試道後溫泉。

很氣派的建築。來自周圍飯店的客人，穿著各種不同設計的浴衣前來泡溫泉。簡直就像各家飯店的大會戰一樣。

澡堂裡意外地空蕩。不過我很怕泡熱湯。果然有一張「禁止少爺游泳」的貼紙。聽說這裡好像沒有女湯。這也是理所當然的事，要是胡思亂想，可是會血氣直衝腦門呢。我已許久未曾泡熱湯了，泡完澡之後真是神清氣爽。

採訪之神

之前曾經提到，我是陽光之男。就算氣象預報是雨天，也從來不曾影響過我的採訪，說來真不可思

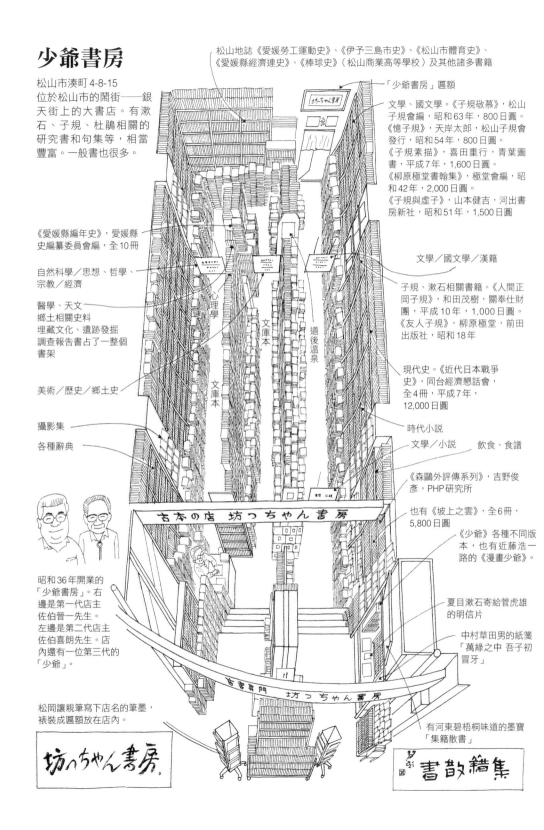

少爺書房

松山市湊町4-8-15
位於松山市的鬧街——銀天街上的大書店。有漱石、子規、杜鵑相關的研究書和句集等，相當豐富。一般書也很多。

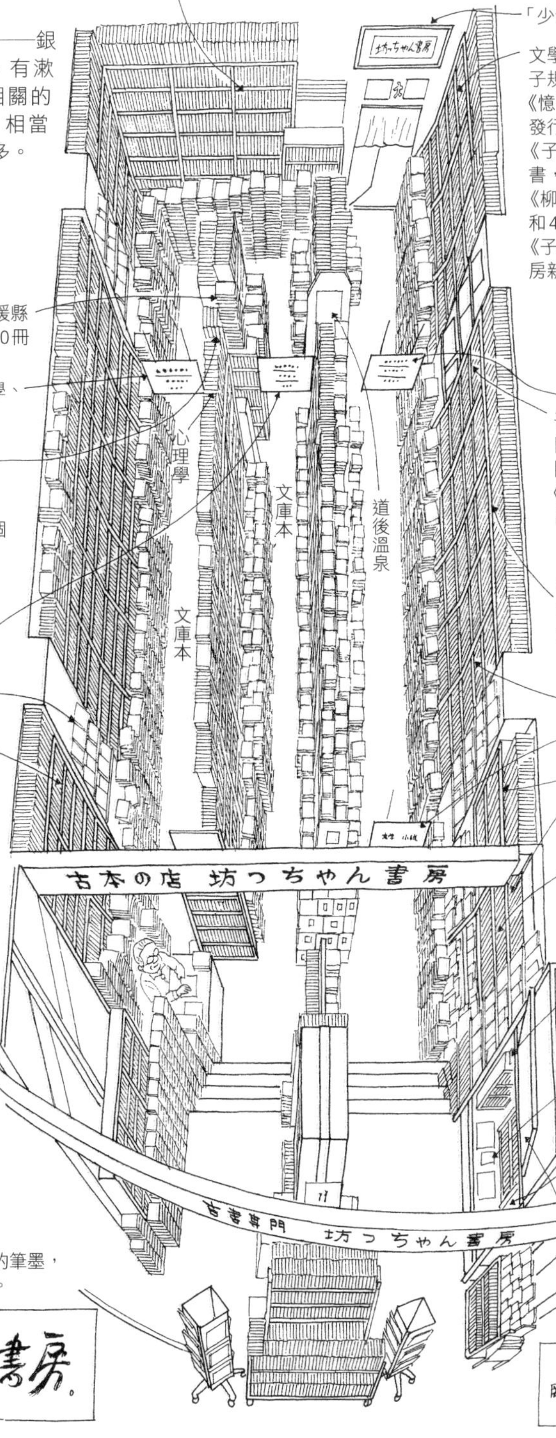
松山地誌《愛媛勞工運動史》、《伊予三島市史》、《松山市體育史》、《愛媛縣經濟連史》、《棒球史》（松山商業高等學校）及其他諸多書籍
「少爺書房」匾額
文學、國文學。《子規敬慕》，松山子規會編，昭和63年，800日圓。《憶子規》，天岸太郎，松山子規會發行，昭和54年，800日圓。《子規素描》，喜田重行，青葉圖書，平成7年，1,600日圓。《柳原極堂書翰集》，極堂會編，昭和42年，2,000日圓。《子規與虛子》，山本健吉，河出書房新社，昭和51年，1,500日圓
《愛媛縣編年史》，愛媛縣史編纂委員會編，全10冊
文學／國文學／漢籍
自然科學／思想、哲學、宗教／經濟
子規、漱石相關書籍。《人間正岡子規》，和田茂樹，關奉仕財團，平成10年，1,000日圓。《友人子規》，柳原極堂，前田出版社，昭和18年
醫學、天文
鄉土相關史料
埋藏文化、遺跡發掘調查報告書占了一整個書架
心理學
文庫本
道後溫泉
文庫本
美術／歷史／鄉土史
現代史。《近代日本戰爭史》，同台經濟懇話會，全4冊，平成7年，12,000日圓
時代小說
攝影集
各種辭典
文學／小說
飲食、食譜
《森鷗外評傳系列》，吉野俊彥，PHP研究所
古本の店 坊っちゃん書房
也有《坂上之雲》，全6冊，5,800日圓
《少爺》各種不同版本，也有近藤浩一路的《漫畫少爺》。
夏目漱石寄給菅虎雄的明信片
中村草田男的紙箋「萬綠之中 吾子初冒牙」
古書専門 坊っちゃん書房
有河東碧梧桐味道的墨寶「集籍散書」

昭和36年開業的「少爺書房」。右邊是第一代店主佐伯晉一先生。左邊是第二代店主佐伯喜朗先生。店內還有一位第三代的「少爺」。

松岡讓親筆寫下店名的筆墨，裱裝成匾額放在店內。

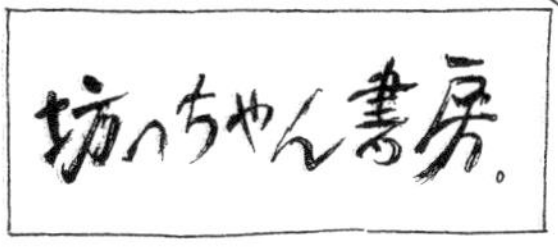
坊っちゃん書房

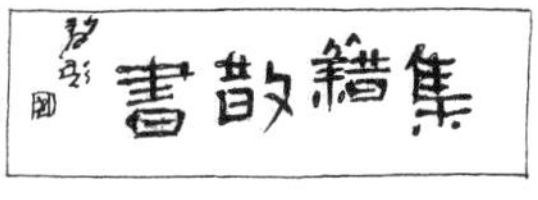
書散籍集

議。到少爺書房採訪那天，不巧下著小雨，但這根本就不是什麼問題，因為我有「採訪之神」隨行。若是下雨，要在店門前素描便有所困難，不過，少爺書房位於拱廊商店街內，一樣可以輕鬆採訪。

隔天前往「東雲書店」採訪。

「我還想到其他地方逛逛，回程不妨搭晚一班的班機吧。」我向K先生如此提議，但似乎沒有轉寰的餘地。

翌晨，我們從道後溫泉車站搭少爺列車前往「上一萬」。搭乘列車，需要印有「整理編號」的特別乘車券。我和K先生在車內一路站到底。

十點多，我們終於抵達東雲書店，它就位在前往松山城的纜車搭乘站附近。

店主原正行先生去年才剛接手這家店。如今他在商品中反映出自己的特色。他似乎是昭和二十一年（一九四六）生的團塊世代，店內擺滿一整排《GARO》的過期雜誌。

「都沒客人來呢。」他笑著如此說道，感覺得出他的一派輕鬆。這應該是開始步上自己喜歡的道路後所呈現出的心境吧。他為人也相當和善。店內有許多地方誌、文學、美術、歷史等書籍。當然也有子規的相關書籍。

「你聽說了嗎？現在全日空的電腦主機故障，飛機好像全部停飛呢。」他說。

在我離開飯店前，完全沒報導這項新聞，我這才得知此事，大為驚訝。

原先生代我們向機場詢問。我聽他那準確的問話方式、對模糊不明的部分進一步確認，感覺「這個人不像是個舊書店老闆」，因為從中感受到商業人士的工作手腕。後來才得知，他原本是名地方公務員，一切就此得到解釋。

雖然不知道飛機會不會起飛，但也只能去那裡等了，於是我們結束採訪，前往機場。

坐上計程車，司機問我們「你們是打哪兒來的？」我回答「東京」。「到這種鄉下地方做什麼？」

東雲書店

松山市西一萬町2-16
平成18年4月店主才整個接下這家店。剛開店一年多，之後慢慢形成自己獨特的店。店主原正行先生之前是地方公務員。

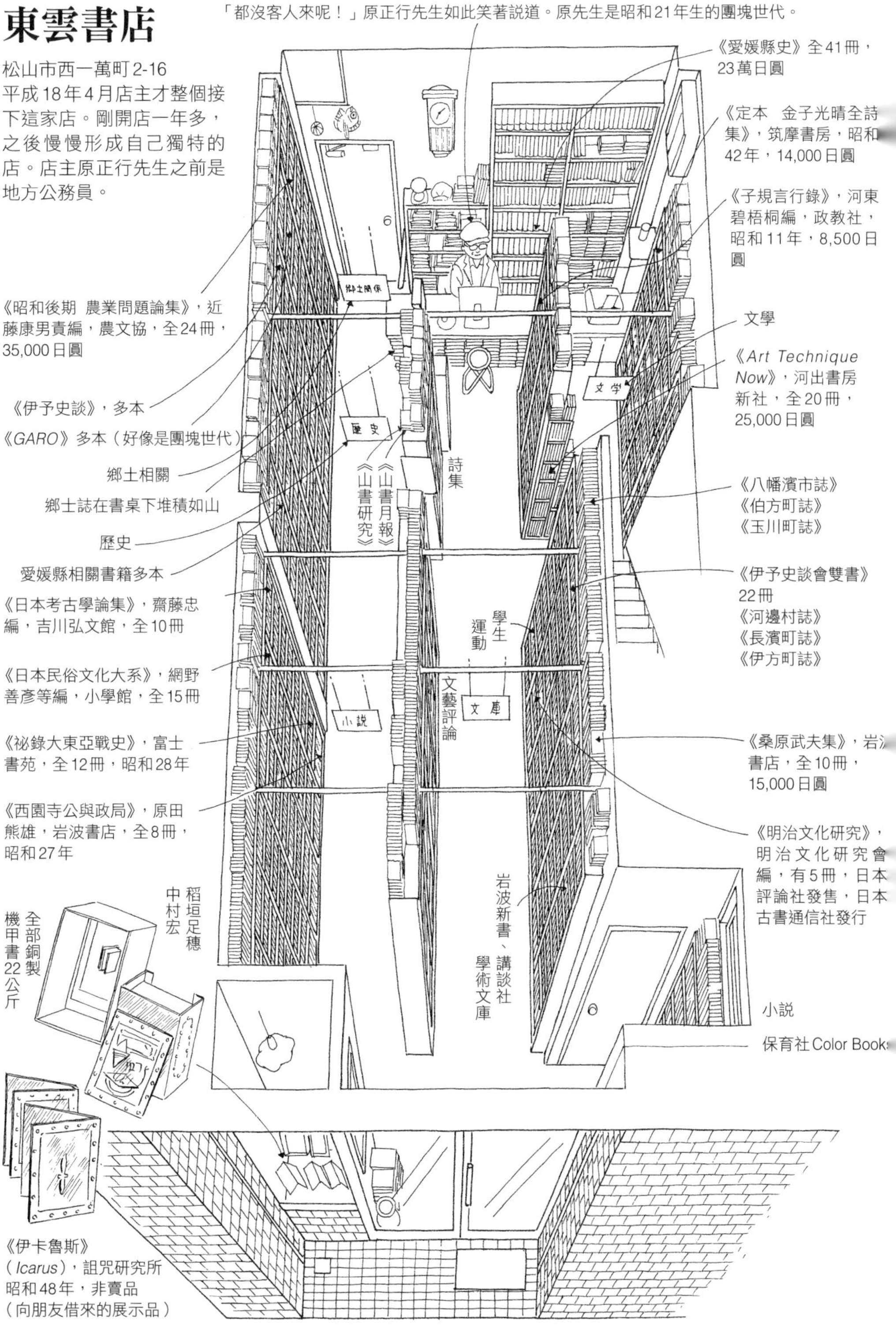

「都沒客人來呢！」原正行先生如此笑著說道。原先生是昭和21年生的團塊世代。
《愛媛縣史》全41冊，23萬日圓
《定本　金子光晴全詩集》，筑摩書房，昭和42年，14,000日圓
《子規言行錄》，河東碧梧桐編，政教社，昭和11年，8,500日圓
文學
《Art Technique Now》，河出書房新社，全20冊，25,000日圓
《八幡濱市誌》
《伯方町誌》
《玉川町誌》
《伊予史談會雙書》22冊
《河邊村誌》
《長濱町誌》
《伊方町誌》
《桑原武夫集》，岩
書店，全10冊，15,000日圓
《明治文化研究》，明治文化研究會編，有5冊，日本評論社發售，日本古書通信社發行
小說
保育社Color Book
《昭和後期　農業問題論集》，近藤康男責編，農文協，全24冊，35,000日圓
《伊予史談》，多本
《GARO》多本（好像是團塊世代）
鄉土相關
鄉土誌在書桌下堆積如山
歷史
愛媛縣相關書籍多本
《日本考古學論集》，齋藤忠編，吉川弘文館，全10冊
《日本民俗文化大系》，網野善彥等編，小學館，全15冊
《祕錄大東亞戰史》，富士書苑，全12冊，昭和28年
《西園寺公與政局》，原田熊雄，岩波書店，全8冊，昭和27年
郷土関係
歴史
文学
《山書月報》
《山書研究》
詩集
學生運動
文藝評論
文庫
小説
岩波新書、講談社學術文庫
稻垣足穗
中村宏
全部銅製機甲書22公斤
《伊卡魯斯》（Icarus），詛咒研究所
昭和48年，非賣品
（向朋友借來的展示品）

在松山的收穫

▶《對談 關於美酒》

SUNTORY博物館文庫。吉行淳之介與開高健談論酒與人生觀的對談集。昭和57年，200日圓（K）

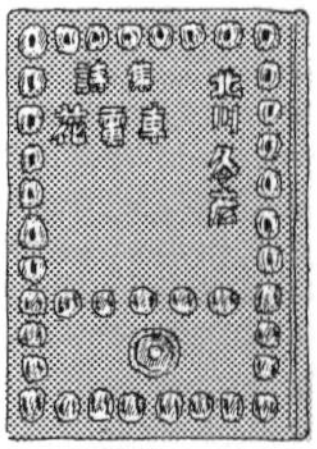

▶《詩集花電車》

北川冬彥，寶文館。從戰前開始活躍的現代主義詩人北川，其戰後第四本詩集。昭和24年，2,000日圓（K）

▶《歐洲黃昏賽馬》

渡邊敬一郎，Mideamu出版社。描繪作者與石川喬司遊歷歐洲各個賽馬場。平成3年，300日圓（K）

▶《非凡人》

國木田獨步，大鐙閣。獨步的短篇集。也收錄其妻治子的小說《破產》。大正5年，2,500日圓（K）

▶《松山導覽》（K）

虛子、碧梧桐冥誕百年祭實行委員會。介紹明治時期的松山。昭和50年（明治42年版，復刻），2,000日圓

▶《之後的少爺》

羽里昌，潮出版社。離開松山的少爺。這次是前往德島的中學任教?!昭和61年，500日圓（K）

▶《伊予路的河東碧梧桐》

鶴村松一，松山鄉土史文學研究會。介紹子規的高徒碧梧桐的交友及五十座文學碑。昭和53年，400日圓（I）

▶《柳原極堂》，鶴村松一

松山鄉土史文學研究會。子規老友極堂的俳句及其一生。昭和55年，500日圓（I）

▶《非法捕魚之海》，本田良一

凱風社。在「國境之海」發生了何事呢？相關人士的記錄文學。平成16年，1,000日圓（K）

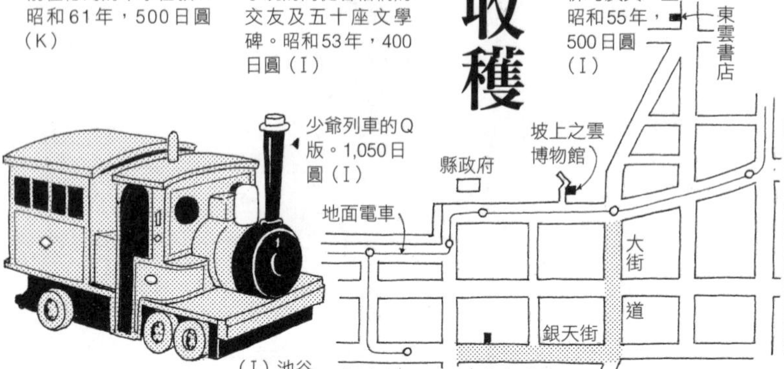

◀少爺列車的Q版。1,050日圓（I）

◀《人間正岡子規》

和田茂樹，關奉仕財團。以俳句、和歌為主，並以豐富的資料歸納子規的生平。一頁只有三句俳句，略嫌鬆散（？）平成10年，1,000日圓（I）

（I）池谷
（K）編輯

◀《伊予路的道後溫泉》

鶴村松一，松山鄉土史文學研究會。介紹道後溫泉的歷史、周邊的神社寺院、人物等。昭和52年，400日圓（I）

◀《梅、馬、鶯》，芥川龍之介，新潮社

芥川龍之介的小論文、生活雜記、往來朋友的人物記等。再版，附書盒。我有初版的裸本，所以這本書出現得正是時候。大正15年，2,500日圓（I）

Taart

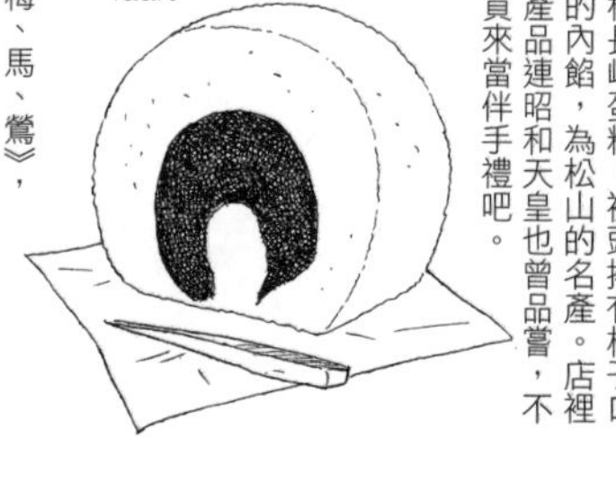

一種長崎蛋糕，裡頭捲有柚子口味的內餡，為松山的名產。店裡的產品連昭和天皇也曾品嘗，不妨買來當伴手禮吧。

「不，這裡有許多文學遺跡，而且道後溫泉也很棒。」「自從南海大地震後，就沒有溫泉了，現在都是從奧道後接熱水過來。因為不是直接從源泉流出的水，所以都是一再循環使用。雖然讓你們失望，有點過意不去，但我已經快退休了，不想老是說好聽話。」這意外的告白，令人心情無比複雜。

飛機延遲約一個小時後，從機場出發。「池谷先生，一切都像你所期待的那樣呢。」K先生說。哪裡，這都是採訪之神的庇佑。不過，倒是白白浪費了一些時間……

27

就算看不懂也一樣有趣的西洋古書故事

據說沒有哪個國家像日本一樣，能以單行本和文庫本來閱讀外國文學、小說、社會人文科學等書籍的翻譯。

但我還是買外文書，雖然這並不表示我就看得懂原文書。我是為了欣賞外文書而買。我都專挑繪本、文學、博物書、漫畫集（單格漫畫）購買。

昔日勝海舟遇見坂本龍馬時，曾遞給他一本寫有世界情勢的外文書。龍馬回答他「我看不懂」，勝海舟對他說：「看圖就好。」

外文書很便宜

我買的第一本外文書叫《英國的蝴蝶與其變化》，十八萬日圓。看我這麼寫，或許有人會認為我手頭闊綽，其實是正好在買書的前一年，我因工作室重新裝潢，得到一筆退稅金，不斷向妻子磕頭拜託，才得以買下這本書。

銀杏書房

東京都國立市中1-16-37
創業於昭和22年（1947）。
可以便宜買到19世紀附插畫的童書、博物書等。書目清單分夏、冬兩次發行。

這個書架有多本童書。查理・羅賓遜（Charles Robinson）畫本
法、英、德等國的舊繪本。華爾德・克倫、凱特・格林威、比里賓（Bilibin）、克萊道夫、R・道爾（R. Doyle）畫的《躲貓貓公主》等
亞瑟・拉克漢（Arthur Rackham）畫《肯辛頓公園的彼得潘》，倫敦，1906年，157,500日圓。底下是格蘭德維爾（Grandville）的《當代變身譚》，199,500日圓，以及《動物的公私生活情景》，147,000日圓
加瓦爾尼（Gavarni）、貝爾塔（Bertall）畫的《巴黎的惡魔》
《笨拙合本》100年份
唐納文（E.Donovan）《英國昆蟲誌》
安德魯・蘭格（A.Lange）《彩色童話集》12冊
《法國革命議會史》40冊
山田先生
高野先生
社會科學
政治、社會、哲學
宏觀理論
金融
多本手工藝、室內裝潢相關書籍
古董品（?）書架
多本外國貓咪繪本
威廉・布雷克的《喬叟之坎特伯雷故事集的開端》，對開版，3萬日圓
CATS
THE PROLOGUE
CHAUCER

說到這本書為何如此昂貴，那是因為書中的插畫全是手工上色而成。一八四一年出版的這本書，一頁當中從蝴蝶的食物，到卵、幼蟲、蛹、成蟲，各種變化都以黑白的石版畫構成輪廓，再以手工精密上色，是相當出色的大開本畫集。而且有四十二張插畫。儘管已有一百六十年之久，它的美仍不見半點失色。此書的古書價格會如此居高不下，也是理所當然，不過，它應該是打從出書就價格不菲。甚至博物書是先召募好預購者才出版。

日本的近代文學書，價格在二十萬日圓以上者比比皆是。若是擺在書架上，便是珍奇書；但若是擺在公園的長椅上，也許就會被誤認為垃圾。

日本古書是憑藉「物以稀為貴」以及「原裝狀態」來決定價格。就算書本稀有，但如果沒人想要，一樣沒有價值。此外，還會有人提出和出版當時同樣狀態的要求。完整保有書盒、書腰、書衣，才有其價值。關於這點，舊外文書的持有者常會依各自的喜好請人裝幀，很少會要求原裝價值。

前頁素描的「銀杏書房」，以可以便宜買到童書和博物書而聞名。

最近，國立車站從原本三角屋頂的漂亮車站，改建為平凡無奇的方形建築。

從國立車站走大路，約數分鐘便可抵達銀杏書房。社長高田和先生於大正六年（一九一七）出生，今年九十高齡。他平時都穿傳統和服，但因為不良於行，這幾年都沒見過他。「如果是XX的話，以一八五七年出的愛丁堡版最好。」他從以前便一直都是這樣的口吻。

荒俣宏先生似乎也常在銀杏書房現身。想起之前慢了一步，有本名叫《天堂鳥自然誌》的珍本被他捷足先登，令我懊悔不已。銀杏書房一年發行兩次書目清單，是採先後順序。不過，我在這家店裡以便宜的價格買到華爾德．克倫、艾莉諾．貝雷．波伊爾、理查．道爾、亞瑟．拉克漢等英國黃金時期的插畫家著作。特別是道爾的《妖精國度》，是內含十六張多色木質木刻版畫的大型書，是我的寶貝。我沒告訴妻子它的價格，不過，它比之前那本蝴蝶的書更貴。我死後，這些書若是被拿去賤賣，我做鬼也不甘心，因此

崇文莊書店

東京都千代田區神田小川町3-3
昭和16年開業。專賣舊外文書的老店。一樓為西洋史、政治、法律、經濟、社會、語言學等，二樓為珍奇書。

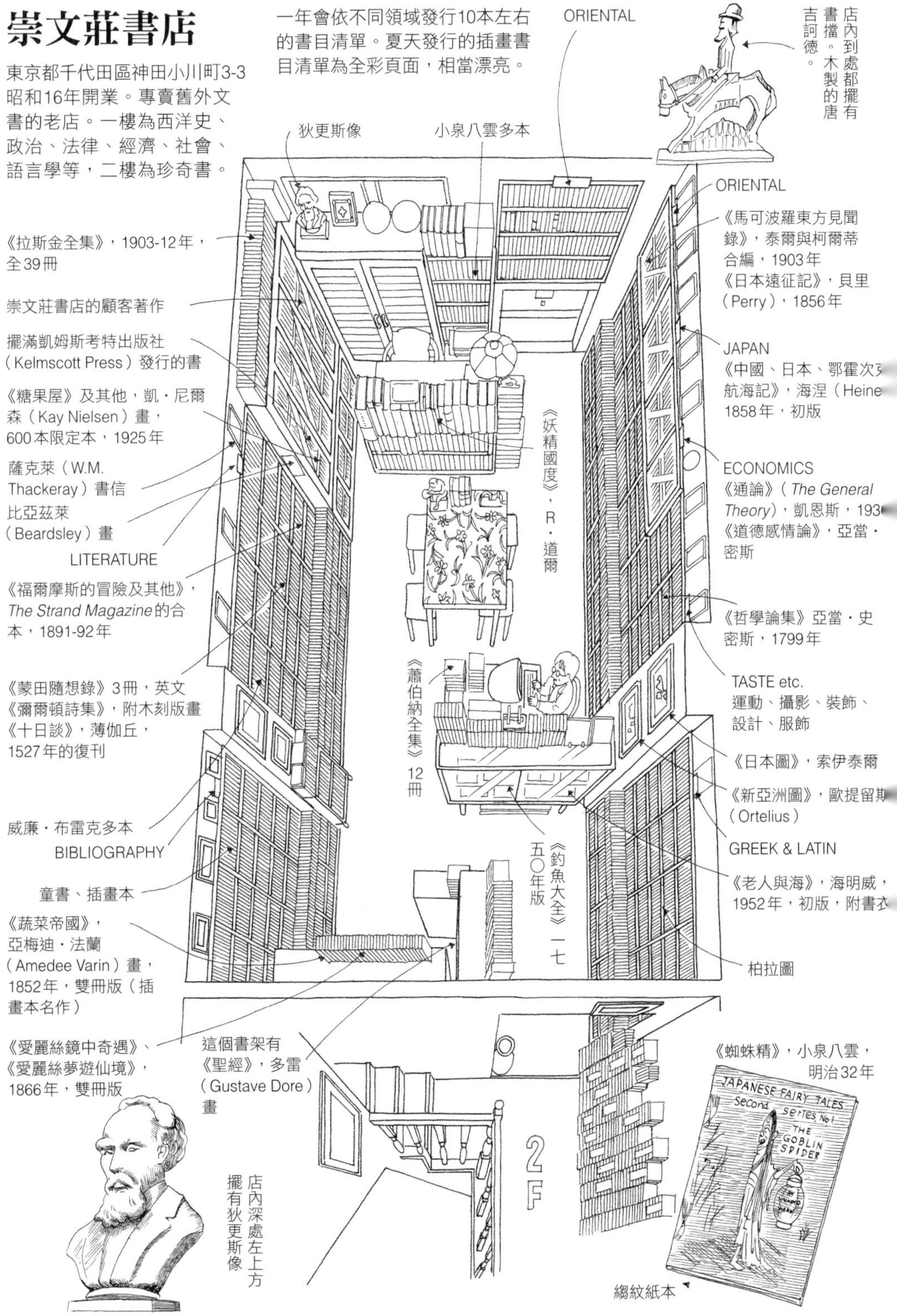

一年會依不同領域發行10本左右的書目清單。夏天發行的插畫書目清單為全彩頁面，相當漂亮。
ORIENTAL
店內到處都擺有書擋。木製的唐吉訶德。
狄更斯像
小泉八雲多本
ORIENTAL
《拉斯金全集》，1903-12年，全39冊
崇文莊書店的顧客著作
擺滿凱姆斯考特出版社（Kelmscott Press）發行的書
《糖果屋》及其他，凱・尼爾森（Kay Nielsen）畫，600本限定本，1925年
薩克萊（W.M. Thackeray）書信
比亞茲萊（Beardsley）畫
LITERATURE
《福爾摩斯的冒險及其他》，The Strand Magazine的合本，1891-92年
《蒙田隨想錄》3冊，英文
《彌爾頓詩集》，附木刻版畫
《十日談》，薄伽丘，1527年的復刊
威廉・布雷克多本
BIBLIOGRAPHY
童書、插畫本
《蔬菜帝國》，亞梅迪・法蘭（Amedee Varin）畫，1852年，雙冊版（插畫本名作）
《愛麗絲鏡中奇遇》、《愛麗絲夢遊仙境》，1866年，雙冊版
這個書架有《聖經》，多雷（Gustave Dore）畫
店內深處左上方擺有狄更斯像
《妖精國度》，R・道爾
《蕭伯納全集》12冊
《釣魚大全》一七五〇年版
《馬可波羅東方見聞錄》，泰爾與柯爾蒂合編，1903年
《日本遠征記》，貝里（Perry），1856年
JAPAN
《中國、日本、鄂霍次克航海記》，海涅（Heine），1858年，初版
ECONOMICS
《通論》（The General Theory），凱恩斯，1936
《道德感情論》，亞當・斯密斯
《哲學論集》亞當・史密斯，1799年
TASTE etc.
運動、攝影、裝飾、設計、服飾
《日本圖》，索伊泰爾
《新亞洲圖》，歐提留斯（Ortelius）
GREEK & LATIN
《老人與海》，海明威，1952年，初版，附書衣
柏拉圖
2F
《蜘蛛精》，小泉八雲，明治32年
JAPANESE FAIRY TALES
Second Series No 1
THE GOBLIN SPIDER
縐紋紙本

已偷偷向二女兒透露這本書的買價。

神保町的舊外文書店

說到舊外文書店，位於神保町邊界的小川町「崇文莊書店」相當有名。店內擺設頗有英國風，一看就很像是外文書店。

我與編輯K先生約好十點在店門前碰面。一樓是歷史、經濟、社會科學等書籍。我們的目標是二樓，那裡收集了各種珍奇書。金箔書背一字排開的模樣著實壯觀。天花板掛有華麗吊燈，正中央的桌子鋪上威廉．莫里斯（William Morris）設計的桌布。連K先生也變得有點緊張。我以前曾上過二樓，但樓梯走到一半便往回走。第二次則是打腫臉充胖子，特地多帶些錢前去。我的心境就像當初勝海舟（又出現了）要與西鄉隆盛針對江戶開城一事展開會談時，抱持著必要時不惜火燒江戶的決心，備好讓市民逃離的船隻和糧食，前來與西鄉談判。

會長佐藤毅先生生於大正四年（一九一五），今年九十三歲高齡。舊外文書店的店主個個都很長壽。教人好生羨慕啊！

某古書店的店主說過：「要得到自己想要的書，就得長壽才行。」不過，資金也一樣得長壽才行。一路上要跨越的障礙可不低呢。

崇文莊的二樓有英美文學、哲學、嗜好等逸品。經濟相關的書架上，擺有亞當．史密斯的《國富論》、《道德感情論》、《哲學論集》等著作。這些也可稱之為古典文獻，但對現代能有多少助益，我這個門外漢不清楚；不過，想要研究經濟學，這是不可或缺的基本文獻。

經這麼一提才想到，我手上有一本慶應大學教授高橋誠一郎先生的著作《西洋經濟古書漫筆》。書中

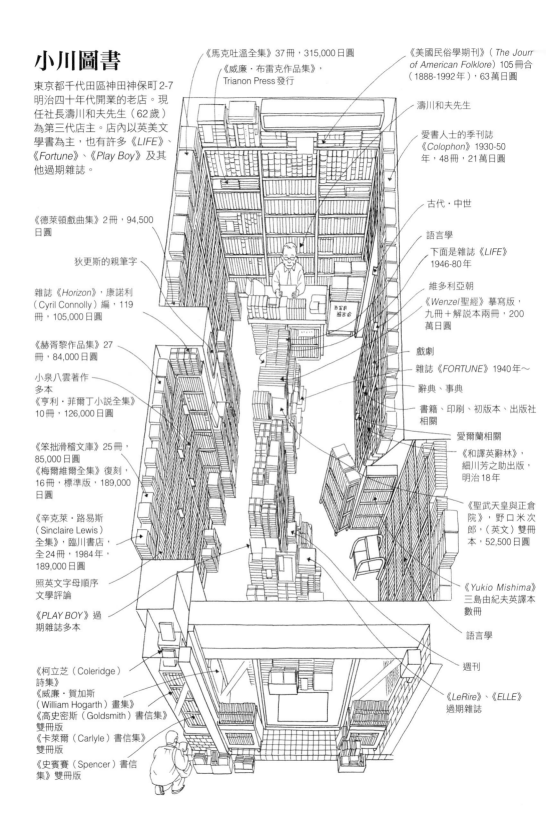

小川圖書

東京都千代田區神田神保町2-7
明治四十年代開業的老店。現任社長濤川和夫先生（62歲）為第三代店主。店內以英美文學書為主，也有許多《*LIFE*》、《*Fortune*》、《*Play Boy*》及其他過期雜誌。

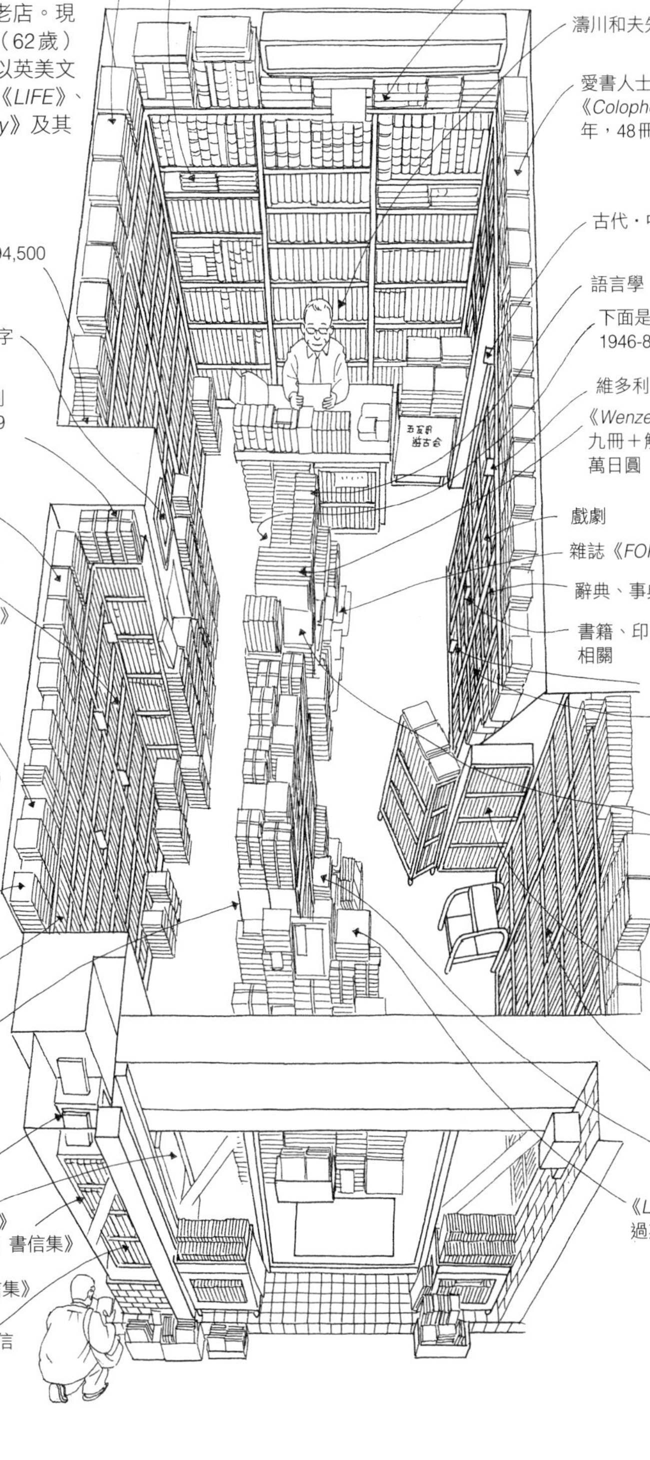

《阿拉丁繪本》。收錄全四話的繪本，內含華爾德・克倫的多色木刻版畫22張，Routledge版，倫敦，1876年，65,000日圓（I）

（I）《印戈耳支比家傳故事集》（*The Ingoldsby Legends*），亞瑟・拉克漢畫，倫敦，有24張彩色畫，1919年（第5版），39,900日圓

搭著雪橇，在空中飛翔的聖誕老公公

《聖誕夜》，現代立體繪本第一人羅伯特・沙伯達（Robert Sabuda）的傑出繪本。2002年，倫敦，印刷製作在中國，3,990日圓（I）

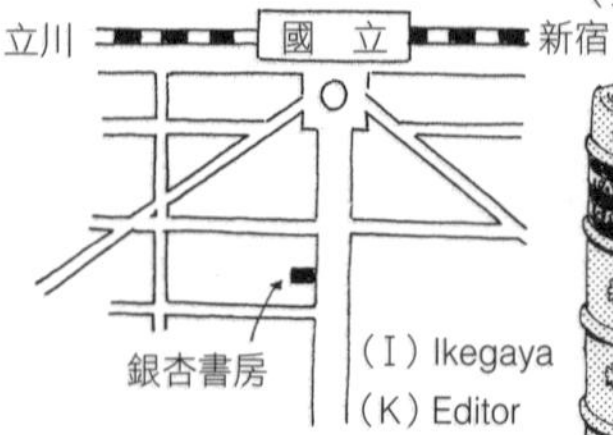
立川
國立
新宿
銀杏書房
（I）Ikegaya
（K）Editor

這次的收穫

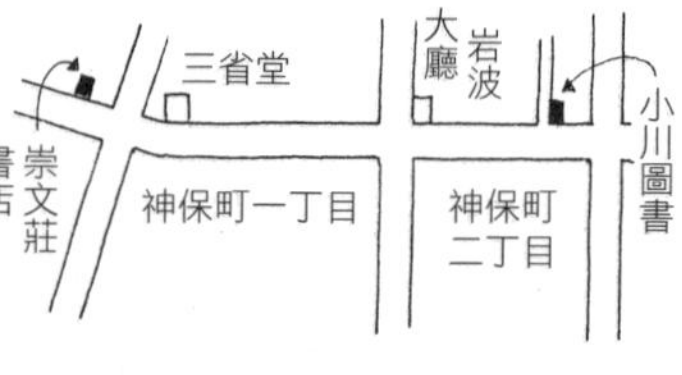
三省堂
大廳
岩波
小川圖書
崇文莊書店
神保町一丁目
神保町二丁目

《水神溫蒂妮》（*Undine*），亞瑟・拉克漢畫，內含15張彩圖。藍色布皮加上金箔外裝，相當美觀。倫敦，1909年，52,500日圓（I）

（I）《凱迪克繪本》。19世紀英國插畫界大師。本書收錄四話。倫敦、紐約，1900年代初出版，王版，18,900日圓

（K）

◀《詩畫集 大鴉》愛倫坡，古斯塔夫・多雷畫，日夏耿之介譯，出帆社，1975年，3,200日圓

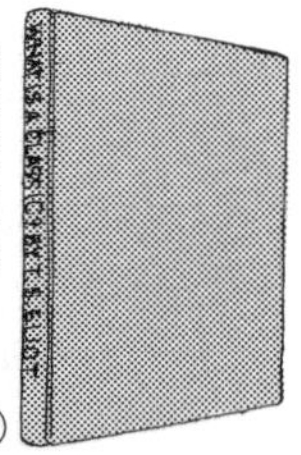

◀T.S.艾略特《何謂古典》，Faber & Faber Limited（倫敦）。以《荒地》聞名的詩人演講集。1945年，2,000日圓（K）

當然也會介紹到亞當・史密斯的著作，但我只是被「古書」這個書名所吸引，所以看不到三頁便夢周公去也。以前我在自己的著作中提到「有誰想要，這本書可以送他」，但都沒人舉手。

《釣魚大全》在店內隨處可見。由於它有許多改版和改變開本大小的出版品，所以多得數不清。此外，牆上到處裝飾拉丁文學、希臘文學、古地圖。店內也有各種書擋，很有舊外文書店的味道。有客人想買，但很遺憾，這是非賣品。

沿著靖國通西行，來到神保町二丁目，這裡有一家「小川圖書」。以英美文學和西洋雜誌為主，商品齊全。在英美文學方面，評論集和研究書比

文學作品還多，聽說常見大學教授和研究生光顧。

小川圖書是創業於明治四十（一九〇七）年代的老店。社長濤川和夫先生為第三代。店裡給人一股輕鬆的氣氛，也常可看到外國客人。以前我曾在小川圖書的分店「Dante」買過幾本《紐約客》的過期雜誌，封面是史坦伯格（Steinberg）和查理．亞當斯（Charles Addams）所畫。雖然現在已無分店，但有各種過期的外文雜誌，特別是《生活》（*LIFE*），還是一樣有豐富的藏書。以一九七〇年代前的雜誌為主，價格從二千一百日圓起。

《生活》雜誌今年已廢刊，所以小川圖書變得相當珍貴。

28

金澤的古書店，要從店內格局欣賞起

造訪文學與工藝品的市鎮

向來便聽說金澤有許多傳統町人的古書店。趁著晚夏時節，我便和編輯K先生一同搭機前往金澤。起飛前，我向空姐詢問我在意的問題。

「前一陣子中華航空的飛機發生事故，這架飛機是同樣的機種嗎？」聽完我的提問後，她笑容滿面，就像誇獎我問了個好問題似的。「不，這架飛機比較大型。」她打開隨附的手冊，為我說明。「而且我們全日空並沒使用那種會引發事故的機種。」

新舊皆有的金澤

以前曾偶爾在電視上看過金澤的古書店「近八書房」，從那之後，我便一直很想前往造訪。由於下午三點才要前去拜訪，所以我先前往「金澤二十一世紀美術館」。金澤市內未曾遭遇空襲，因此各種傳統的町家隨處可見。我決定日後再來仔細觀察。

進入二十一世紀美術館後，旋即有個小游泳池映入眼簾，可以看見來此參觀者往來於水中。構造其實很簡單，他們把看似置身水中的房間塗成藍色，水面部分設一層玻璃板，再微微加上一層水，就形成一幕不可思議的光景。

在企畫展中，正舉辦現代美術家的作品展。現代美術有很多都是難以理解的作品。在約莫十張榻榻米大小的昏暗房間裡，盡頭處的白牆像溜滑梯一樣傾斜，在斜面上可以看見塗成黑色的圓圈。我向坐在角落的一名女性工作人員詢問：「在這種房間待上一整天，會不會累積壓力？」她回答我：「會覺得累。」我想也是。

離開美術館後，我環視周遭地區，發現這一帶有很多店家進行特賣展，展出九谷燒、金箔、加賀蒔繪等傳統工藝品。而以紅磚打造的舊金澤第四高等學校，如今成了「石川近代文學館」。此外，舊石川縣政府的建築也有多年歷史，而且相當堅固。這地方別有情趣。我打算等採訪結束後，買些傳統工藝品回去。

下午三點，我們抵達近八書房。它創業於寬政元年（一七八九）。建材和屋瓦比之前在電視上看到的模樣還新。雖然風味略有不同，但走進店內，屋內的構造讓人想起昔日的江戶。氣氛絕佳。能邂逅這樣的店家，也是我畫古書店的樂趣之一。

據說江戶時代與現今不同，無法隨意把書拿在手中挑選，而是視需要從店內搬出商品，亦即採所謂的封閉式，所以裡頭的房間幾乎占滿整個店內的空間。

除了佛書和日本歌謠本外，還有兵法抄本。不愧是加賀百

從淺野川的「中之橋」望見「淺野川大橋」

萬石下的土地。

「我大學畢業後，在電力相關的公司工作了十年左右，但為了繼承家母留下的店，我到神保町的友愛書房當了四年半的店員。在不知不覺間，成了一名舊書店老闆。或許這就是傳統的重量吧。」店主篠田直隆先生說。

貞享年間（一六八四～一六八七）創立於東京的淺倉屋書店、寶曆元年（一七五一）創立於京都的佐佐木竹苞樓等，都是遠近馳名的老店。近八書房則可說是金澤最具象徵性的古書店。這趟果然沒有白來。

在近八書房採訪完後，我們步行來到淺野川河畔。途中走過擬寶珠和欄干皆為木製的「中之橋」。行人專用的階梯位於兩端。從橋上望向三連式拱橋形的淺野川大橋，拱橋映照在河面上，形成絕佳美景。淺野川的河畔步道名為「鏡花之道」、「秋聲之道」，是以誕生於金澤的文學家之名來命名。他們兩人都是在成人後離開故鄉，所以似乎不曾在這裡邊散步，邊醞釀創作構思。

在金澤，不論在哪裡向人問路，問到的都是旅客，沒完沒了。

電視曾報導某位仁兄在即將退休前主動辭職，就此展開他多年的夢想，經營自己的古書店，店址就在這附近，於是我決定前往拜訪。據說老闆娘在店內提供了輕食與咖啡。到了黃昏時分，我們終於找到這家融合咖啡與古書的「あうん堂本舗」。這是由町家改裝而成的新店面。店內約有一千本書，以新書居多。我告訴老闆娘，我逛了不少舊書店，她聽了之後反問我一句，「那您給我們這家店打幾分？」一時教我不知該如何回答才好。我不是米其林旅遊指南，沒辦法替她評分。就我而言，一家好的古書店得要：①有很多書②有專門領域③價格便宜④店內格局佳，但這裡沒有一項符合。若要刻意加上一個新條件的話，那就是待在裡頭覺得舒服。

近八書房

金澤市安江町1-11
創業於寬政元年（1789），218年屹立不搖的老店。現今的店主篠田直隆先生為第七代。平成4年才從他母親手中接下這家店。正因為是老店，店內有許多佛書、歌謠本等日本書。

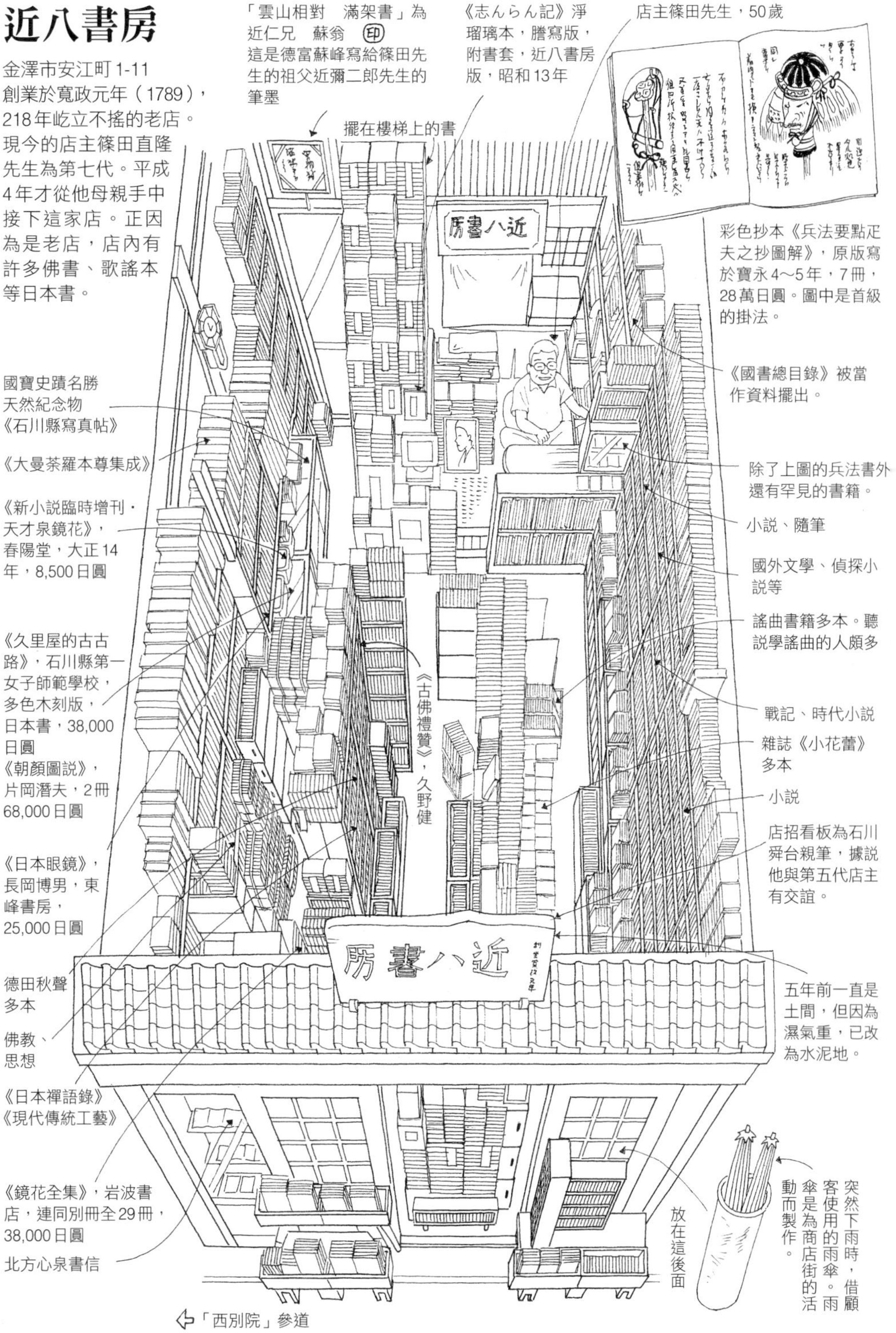
「雲山相對　滿架書」為近仁兄　蘇翁　印
這是德富蘇峰寫給篠田先生的祖父近彌二郎先生的筆墨
《志んらん記》淨瑠璃本，謄寫版，附書套，近八書房版，昭和13年
店主篠田先生，50歲
擺在樓梯上的書
近八書房
彩色抄本《兵法要點疋夫之抄圖解》，原版寫於寶永4～5年，7冊，28萬日圓。圖中是首級的掛法。
國寶史蹟名勝
天然紀念物
《石川縣寫真帖》
《大曼荼羅本尊集成》
《新小說臨時增刊・天才泉鏡花》，春陽堂，大正14年，8,500日圓
《國書總目錄》被當作資料擺出。
除了上圖的兵法書外還有罕見的書籍。
小說、隨筆
國外文學、偵探小說等
謠曲書籍多本。聽說學謠曲的人頗多
《久里屋的古古路》，石川縣第一女子師範學校，多色木刻版，日本書，38,000日圓
《朝顏圖說》，片岡潛夫，2冊
68,000日圓
《古佛禮贊》，久野健
戰記、時代小說
雜誌《小花蕾》多本
小說
店招看板為石川舜台親筆，據說他與第五代店主有交誼。
《日本眼鏡》，長岡博男，東峰書房，25,000日圓
近八書房
德田秋聲多本
佛教、思想
五年前一直是土間，但因為濕氣重，已改為水泥地。
《日本禪語錄》
《現代傳統工藝》
《鏡花全集》，岩波書店，連同別冊全29冊，38,000日圓
北方心泉書信
放在這後面
突然下雨時，借顧客使用的雨傘。雨傘是為商店街的活動而製作。
「西別院」參道

出乎意料的挖寶店，是家咖啡廳

隔天一早，我們便前往百萬石通的「南陽堂書店」採訪。是老舊的町家改建的書店，古色古香的模樣，光看就讓人覺得心情愉快。

「以前前面是市內電車路線，所以學生和大學老師都會來店裡賣書，但如今大學也開始遷移，來賣書的人明顯減少許多。」店主柳川誠先生說。書雖多，但大多是我讀不來的理工類書籍。柳川先生似乎很期待常客上門，他說只要和客人聊天，便能接觸到各種想法，收穫頗多。

橫越大路，走沒幾步便來到「泉鏡花紀念館」。泉鏡花的作品以小村雪岱和橋口五葉的漂亮裝幀本最受歡迎，古書價格也很高。鏡花雖是金澤出身，但書卻是東京出身，所以在金澤也無法輕易買到。我心想，至少拿本紀念館的目錄吧，但沒想到已經銷售一空了，不知何時才會再版。不過，裡頭放有鎌倉文學館的鏡花展目錄，但都來到這裡了，我可不想要這種東西。店內雖擺有鏡花原作的漫畫原稿，但我卻無心細看。

我離開紀念館，造訪武家宅邸遺跡，我預定要參觀「明治堂書店」、「室生犀星紀念館」、工藝品店等，就此動身。

武家宅邸町裡的新住家，也都採配合周遭環境的建築樣式。K先生有感而發地說道：「再過幾年，這裡應該也會變成老舊宅邸的市鎮。」可能得等到我們都離開人世之後吧。

在室生犀星紀念館，我向館內人員說：「請介紹我賣九谷燒的店、漆器的店，以及不同於日式咖啡館，有懷舊氣氛的西洋式咖啡館。」

前一天我找到中意的九谷燒茶碗，我說只要一個就好，但店家卻說非得一次買五個才行。我這個人的

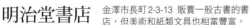

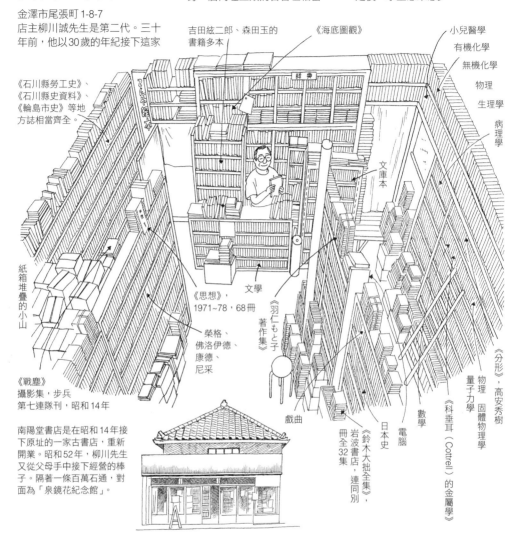

南陽堂書店

金澤市尾張町1-8-7

店主柳川誠先生是第二代。三十年前，他以30歲的年紀接下這家店，也許因為他是理工背景出身，店內理工類的古書也相當多。金澤大學的各學院陸續遷走後，學生愈來愈少。

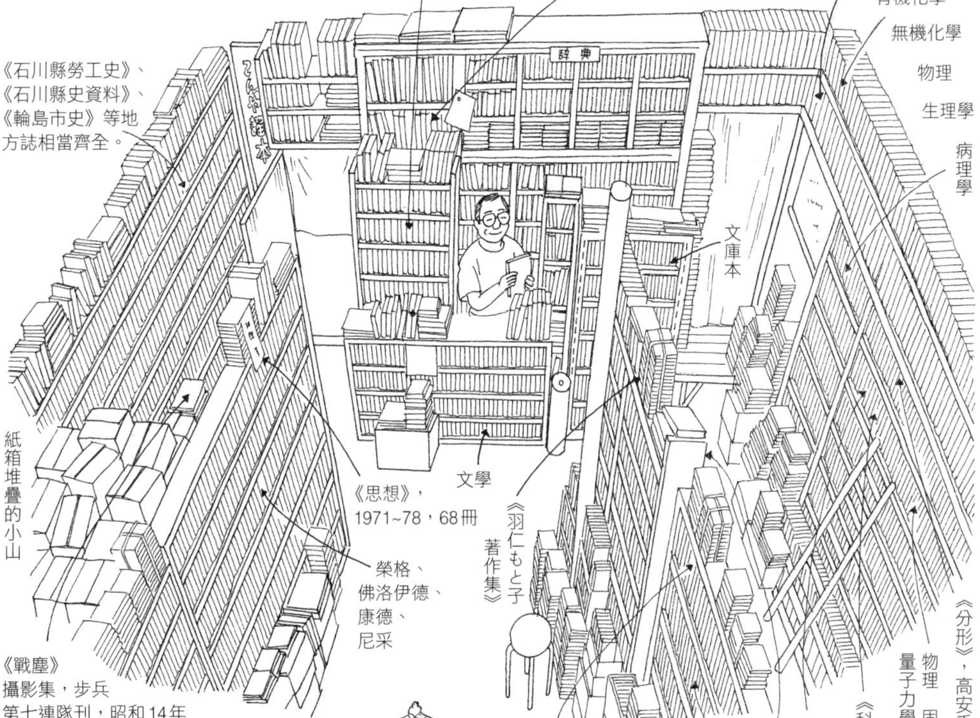
吉田絃二郎、森田玉的書籍多本
《海底圖觀》
小兒醫學
有機化學
無機化學
物理
生理學
病理學
文庫本
《石川縣勞工史》、《石川縣史資料》、《輪島市史》等地方誌相當齊全。
紙箱堆疊的小山
《思想》，1971~78，68冊
文學
《羽仁もと子著作集》
榮格、佛洛伊德、康德、尼采
《戰塵》攝影集，步兵第七連隊刊，昭和14年
戲曲
《鈴木大拙全集》，岩波書店，連同別冊全32集
日本史
電腦
數學
《科垂耳（Cottrell）的金屬學》
量子力學
物理 固體物理學
《分形》，高安秀樹

南陽堂書店是在昭和14年接下原址的一家古書店，重新開業。昭和52年，柳川先生又從父母手中接下經營的棒子。隔著一條百萬石通，對面為「泉鏡花紀念館」。

明治堂書店

金澤市長町2-3-13 販賣一般古書的書店，但美術和紙類文具也相當豐富。

廣坂書房

金澤市廣坂1-2-20 販售一般古書的書店。位於金澤21世紀美術館附近。金澤的古書店大多仍保有昔日町家的樣貌，別有情趣。

金澤值得一看的地方&
收穫
《新詩的作法》，小野十三郎
新しい詩の作り方
小野十三郎著
(K)
平和出版社。為打算寫詩的人所寫的入門書。昭和25年，500日圓
《菜刀軼聞》，辻嘉一
包丁余話
辻嘉一
日本經濟新聞社。
一流廚師公開許多食物的祕密。
昭和49年（1974），2,000日圓（K）
九谷燒茶碗，2400日圓（I）
輪島塗（I）
胸針 一萬零五百日圓
JR金澤車站
富山
福井
中島大橋
彥三大橋
淺野川
本願寺西別院
近八書房
泉鏡花紀念館
泉鏡花
故鄉的文學家小傳《泉鏡花》，16頁的小冊子。紀念館販售。200日圓（I）
あうん堂本舗
中之橋
秋聲之道
警局
鏡花之道
紀念館
德田秋聲
男たちの円居
古井由吉
《男人的聚會》，古井由吉，講談社。芥川賞作家的初期作品集。作者原本是金澤大學助理。昭和45年，500日圓（K）
昭和大通
（I）池谷
（K）編輯
百萬石通
百萬石通
南陽堂書店
武家宅邸遺跡地區
金澤城公園
明治堂書店
Lawrence咖啡廳
109
香林坊
舊縣政府
兼六園
《金澤、町家、汰舊換新》，以24張照片介紹具有金澤特色的町家。金澤21世紀美術館販售。700日圓
金沢、町家、新陳代謝
廣坂書房
買九谷燒的店
犀川
室生犀星紀念館
買漆器的店
金澤21世紀美術館
以容易了解其特徵的名字來介紹
犀川大通
雞冠頭町家
引退出口町家

脾氣，實在不想退而求其次，以此滿足。我到館內人員介紹的店家細看後，發現和前一天一模一樣的茶碗。「絕不輕言放棄」是我的原則（？），我向店員說「我只想買一個」，結果對方很乾脆地回答「可以啊」。還說「因為這是手繪製成，所以每個感覺都略有不同。請挑一個您喜歡的。」有話果然還是要明說。

在搭巴士出發前的這段時間，我們在店家告訴我們的咖啡廳「Lawrence」裡悠哉地度過。店主邑井知香子小姐似乎是美術大學出身，店內到處擺有超現實的鉛筆畫。畫得相當用心，我很喜歡。

此外，這裡還真是一處挖寶的好採訪地點，據說昔日五木寬之先生住在金澤時，總是坐在同樣的位子上寫《看那蒼白的馬》原稿。就坐我隔壁。

不僅如此，他還是在這家店內聽聞自己贏得直木賞的消息。而令人吃驚的是，杉村春子、北村和夫、太田治子、石田步、上野千鶴子、田中邦衛等名人，都曾光顧過這家店。相本裡確實有許多明星的照片。「池谷先生，我在隔壁座替你拍張照吧。」K先生說。這要是能成為此次最大的收穫就好了。

29

要「變身」成舊書蟲，得從這裡開始！

近代的讀書達人內田魯庵，在他的隨筆《紙魚繁昌記》中談到，讀書人想要有書齋，既不是身為文化人的任性，也不是奢侈。此外，書齋裡不需要窗明几淨，也不需要太大的空間，只要有一丈四方的大小、簡樸的擺設，就能讓人心靈沉靜。

他還舉希臘哲學家第歐根尼（Diogenes）住在酒桶中的故事為例。酒桶中的生活，並沒有想像中來得擁擠，住起來的感覺也不見得那麼糟。看來，他對酒桶生活還相當嚮往呢。

理想的書齋為何？

這已是很多年前的事了，我曾在電視上看過某位住在東京西郊的仁兄，從造酒工廠帶回一個巨大酒桶，並在酒桶上加上屋頂，當作庭院的一間別房使用。設有桌子和長椅的酒桶內，可容納六個人。我看了之後羨慕不已。

高2公尺，直徑1.9公尺的酒桶

這或許可說是「回歸木桶內」的一種志向吧。

此外，山梨縣的某家旅館，之前以兩個高兩公尺，直徑一・九公尺的酒桶當浴室使用。若是在庭院角落擺上這樣的東西，似乎就能當作理想的書齋了。想要集中精神，就只有待在狹小的場所裡。書也一樣，不需要太多。

我曾向某位舊書店老闆說：「你店裡井上靖的書可真齊全啊。」他回答我：「才不是齊全呢，是沒賣出去。這裡的書幾乎都是這樣。」換個角度去想，我的藏書平時會拿在手中閱讀的，也只有一小部分。

我的房間是六張榻榻米大的西式房間，但因為四面都被書架包圍，所以騰出的空間不到兩張榻榻米大。藏書量大約有三千

看不到書背的書，都派不上用場

一旦開始在地上堆積，便會不斷增殖

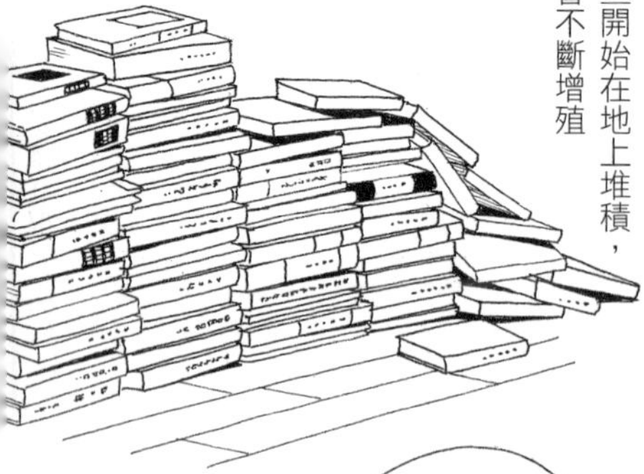

想說總有一天會派上用場而擱置一旁的書，是「過期的藥」

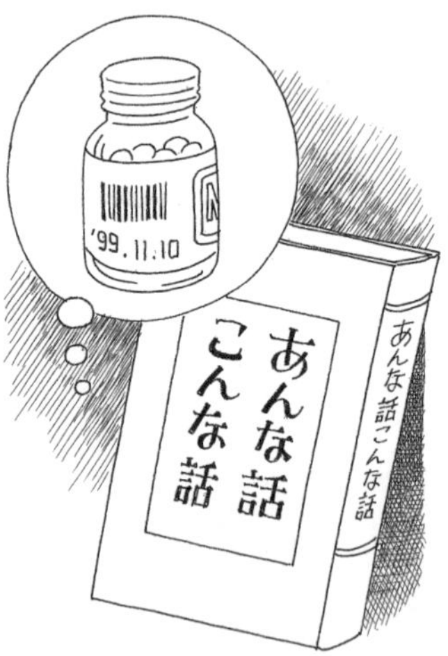
'99.11.10
あんな話こんな話
あんな話こんな話

找到比之前買的時候還要便宜的書，記憶會一直留在腦中

4,000日圓
山居讀書人
35,000日圓

生態

應該有的書，卻一直找不到，那就表示收納空間已快無法負荷！

不斷買書，想等上了年紀後好好欣賞，卻不小心買了太多書，到死都看不完。

同樣層次的文獻不斷增加，但知識的量卻不會增加

「如果書況好的書，價格可以上翻一倍呢。」古書店老闆的話只是藉口

判斷書的價值，空間變得比價格更重要

想放進一本書，就得挪出兩本書

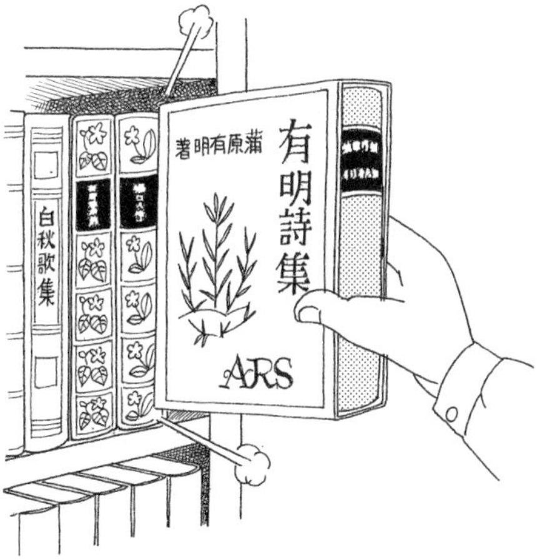

舊書蟲的

蠟紙是為了保護書而包覆，但有時也會用來掩飾髒污和破損

發現價格便宜的珍奇書時，儘管早已經有了，卻還是掏錢買下，為的是不想拱手讓人

本。房內容納不下的東西，只有另行處理一途。看過之後不感興趣的書，以及買回來之後提不起勁閱讀的書，都是另行處理的對象。

買書收藏的人應該都有這樣的經驗。那就是妻子的建言，「為何不到圖書館借書回來看呢？」我太太現在已經不會這樣說了，反倒是我最近開始很積極地利用圖書館。

從家裡走路約一分鐘，就可抵達區立圖書館，而且最近開館時間延長，也能利用其他地區的圖書館，非常方便。雖然只能在館內閱覽，但如果是一般圖書，就連國會圖書館的藏書也能調來。工作所需的文獻，除了年代久遠的古書外，我現在都不花錢買了。

之前房間還有空間時，我毫不猶豫買下的書，若是照目前這樣的情況來看，我的藏書也許只會剩下參考書類、百看不厭的書，以及想擺在手邊保存的書。

「藏書量只要五百本就夠了」，這不知道是誰說過的話，講得不無道理。「木桶書齋」的含意，或許就是要人精簡藏書量。

是否已開始變身成書蟲了呢？

話雖如此，現實的情況下，書還是一直有增無減。世上還有許多我想要和想看的書。要持續和它們奮戰下去，可說是一場體力、財力、占有欲的戰鬥。

舊書蟲不只我一個，應該還有更多活動旺盛的書蟲。雖然有點難為情，但我還是在前一頁介紹了自己的部分生態。若是深有同感的人，表示你也正在變身為書蟲。

每次一有開銷，腦中就會不自主地浮現想買的書

常在買新書時，發現有人會挑選上面數下來的第二本書。雖然有點開心，覺得對方似乎和自己談得來，但我並不會像他這麼做。我都是一次拿出五、六本，挑選書名準確地印在書背中央者。要是印偏了，看了就不舒服。展覽會的圖錄早已裝進袋子裡交到我手中，但我總不忘打開袋子，確認書名是否印在書背中央。倘若印偏了，當然是請對方重換一份給我。

此外，有些書的書衣和書本不合。我也會挑選吻合的書。這些是我在買新書時的獨門「儀式」。買古書時的儀式和規矩，就不像買新書那麼簡單了。因為取得的方式很多樣，諸如古書店、書目清單、特賣展（舊書市場）、網路等。不過，如果可以，最好是「見過實物後再買」，這是最不會後悔的作法。接下來，我將補充前面插圖所展現的書蟲生態，介紹我的其他堅持。

● 一萬日圓以下的書，要毫不猶豫地買下。明明不是什麼有錢人，卻說這種大話，但因為不買而後悔的經驗告訴我，失去的書，就算花一萬日圓也買不回。

● 想擁有的書，不同於想看的書。想看的書，要利用文庫本或圖書館，至於能感受出技巧的書，能實際擁有，具有不同的意義。書並非單純只是文字，它也具有物品的另一面，深受美麗和獨特的事物所吸引的我，當然對書也會抱持同樣的看法。

● 書要是不能清楚看到它的書名，便會忘卻它的存在。一旦進入紙箱，便成了死收藏品。

● 一本一百日圓的書要是一輩子保存，保管費用將超過一千日圓以上（以我的情況來說）。

● 常有古書店老闆會拿出書況差的古書對我說：「如果書況好的書，價格可以上翻一倍呢。」一點說服力也沒有。之後就算花再多錢，也恢復不了它原本的狀態。

● 想放進一本書，就得挪出兩本書。儘管依照作家和領域來分類，想把書放進書架裡，但書的大小和厚度皆有所不同。儘管只是多厚那麼一點，但還是放不進去，最後多出來的一本書，會為了找尋新的落腳處，而在書架間流浪。

●房間的空隙全被書所占領。這表示已完全變身成書蟲。

●明明已有這本書，但還是買了。有時是因為忘了以前買過。儘管知道自己已有，但卻嫌找書麻煩，或是因為比之前買的書多了書衣、書腰、書盒，因而想讓書升級，這些都證明變身書蟲的程度已相當高。發現自己以前歷盡千辛萬苦才得到的書，這時以便宜的價格出售，為了不拱手讓給別人而買下，這表示收藏的心理已開始扭曲，可說是已到病態的程度。

●包覆蠟紙（其實是玻璃紙）販售的書，感覺好像頗受珍惜，不過，若是包覆在裸本外頭時，幾乎都是用來掩飾書的髒污。絕不能上當受騙。

●地板傾斜。我的房間四面都被書架包圍，只留中央的空間，周圍都被書的重量壓得下陷。以前曾經因隔壁洗手間的洗衣機漏水，水流進我的房間裡。六張榻榻米大的地板，只有中央像聖米歇爾山島般孤立，周遭全浸泡在水中。所以就像插圖所畫一般，只要把圓形的東西放在地板上，便會向四周滾去。我猜有許多藏書的宅邸，地板應該都會變得傾斜。

●有許多贈書。我不寫書評，但有時幫雜誌寫文章，或是替書本畫插畫，所以常收到不少書。這些書我一定會看完，寫下感想文寄回給對方。這是頗花時間的工作。有時甚至會寄來在同人雜誌上發表的大部頭小說，或是分成上下本的美術論集。別人贈送的書不好處理，所以占去了場地和時間。

舊書蟲今後該怎麼走？

我一天大部分時間都是在房裡度過，除了出外工作、前往展覽會、神保町之外，幾乎都足不出戶。就像整年都在冬眠一樣。

不過，我外出時一定會買些什麼回來。我喜歡購物，房裡並非只有舊書，也有許多雜貨和莫名其妙的東西。

已故的植草甚一先生曾說：「我散步時，如果不買點什麼回家，感覺就不像散步。」聽了這句話，讓人理直氣壯了不少。

以前我曾在自己的著作中提出這樣的問題，以了解人們書痴的程度。

●一想到自己死後，藏書的去向，便擔心得睡不著覺。我在舊書世界裡買到的書，希望能重回這個業界，至於其他書則是送去資源回收。死也不要捐給圖書館。不過，我收藏品之一的「昆蟲標本」會有何下落，我實在有點擔心。

房間的地板傾斜

倫敦古書店、古書市巡禮

海外篇

我愛用的圓頂禮帽……
在倫敦都沒人戴。

英語完全不行的我，也曾到倫敦的古書店和書展進行採訪，而且是獨自前往喔。

首先，我買了一台有母語人士發音功能的電子辭典，反覆練習幾個可能必須具備的句子。我自己也很清楚，用這種臨陣磨槍的方式不可能解決得了問題，但總比什麼也沒做來得好。一個月後，我就此出發。

我馬上以電子辭典確認如何搭乘電車。「這班列車是要前往亞特蘭大嗎？」什麼啊？這根本就是美國的版本嘛！

先從倫敦的老古書店著手

「我是來自日本的插畫家，名叫池谷伊佐夫。」在不安與緊張的包圍下，我隔著對講機用生硬的英語如此說完後，對方似乎有所回應，大門就此開啟。效果就像「芝麻開門」一樣。不久，一名笑容可掬的青年前來迎接。

平成十九年（二〇〇七）十月三十一日上午十點，我來到倫敦數一數二的老店「博納．夸瑞奇」

（Bernard Quaritch）。

英國的大型舊書店和日本不一樣，顧客不能擅自走進店內，得先在玄關告知來意才行。

「事先告知想要找的書是何種領域，或是告知特定的書名，這樣找起書來比較有效率。當然了，客人突然來訪也沒關係。」

如此回覆我的，是剛才那名青年，賽門．比堤。他負責英國語文學的部分，此次我寫電子郵件請他們接受採訪，回覆我的人就是他。我遞上一本自己的著作，生硬地說明採訪的事項後，便著手進行店內的素描。椅子和咖啡都不小心被我拒絕了。

出發前，《諸君！》的前任總編S先生相當擔心，特地請住在倫敦近郊的年輕地政學者奧山真司先生前來幫忙，第一天他替我擔任口譯。約莫一個小時後，他抵達書店，之後交談便順暢許多，也得以提出許多深入的問題。

雖說是古書店，但裡頭就像圖書館一樣。外觀看起來年代悠久、頗具威嚴，光是店的正面寬度，似乎就有日本古書店的七、八倍大。書架全都沿著牆壁打造，寬廣的樓層為辦公室。這樣的格局，與之後造訪的「博納．J．夏佩洛」（Bernard J. Shapero）、「麥格斯兄弟」（Maggs Bros. Rare Books）等老古書店一樣。也許是因為書庫位於其他場所的緣故，與店內到處擺滿書的日本古書店截然不同。

樓層裡有形狀罕見的展示櫃，裡頭有像是聖經的書籍。不是羊皮紙，而是紙本印刷。一時間，我還把它看作是古騰堡聖經加上美麗裝飾做成的逸品呢。

正面可以望見創始人博納．夸瑞奇（Bernard Quaritch）的肖像。底下收放在玻璃櫃裡的東西，看起來像是皮革裝全集，但似乎又有點不太一樣。

「那是仿照夸瑞奇發行過的目錄所做的蛋糕，作為創業紀念。」難道夸瑞奇先生喜歡蛋糕？

我問對方「可有什麼稀奇的書？」他們回答我，有一本名叫《*Shelley's Lost Poetical Essay*》的書。雖

博納・夸瑞奇

Bernard Quaritch Ltd.
8 Lower John Street Golden Square
星期一～五 9:00～18:00
TEL +44(0)20 7734 2983
http://www.quaritch.com

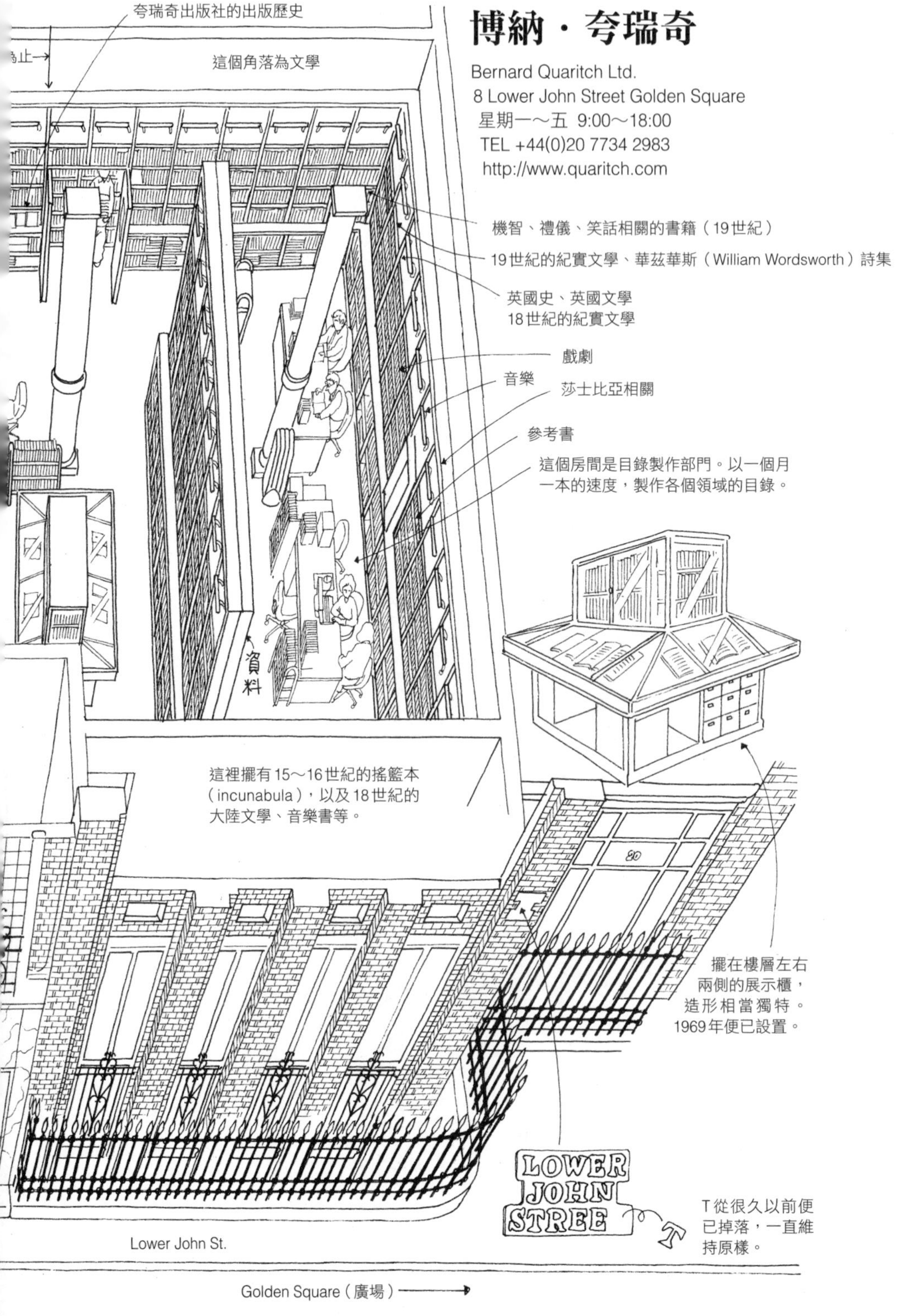

夸瑞奇出版社的出版歷史
為止→
這個角落為文學
機智、禮儀、笑話相關的書籍（19世紀）
19世紀的紀實文學、華茲華斯（William Wordsworth）詩集
英國史、英國文學
18世紀的紀實文學
戲劇
音樂
莎士比亞相關
參考書
這個房間是目錄製作部門。以一個月一本的速度，製作各個領域的目錄。
資料
這裡擺有15～16世紀的搖籃本（incunabula），以及18世紀的大陸文學、音樂書等。
80
擺在樓層左右兩側的展示櫃，造形相當獨特。1969年便已設置。
LOWER
JOHN
STREE
T從很久以前便已掉落，一直維持原樣。
Lower John St.
Golden Square（廣場）→

創業於1847年，位於倫敦市中心的大型書店。可以看到涵蓋各領域的藏書，但還是以15～16世紀的搖籃本、手抄本、博物學、科學、醫學、遊記、人文科學、私人出版品、書誌學等古書為主。
拜訪時，只要能事先與他們聯絡，便可順利進行。是倫敦數一數二的老店。

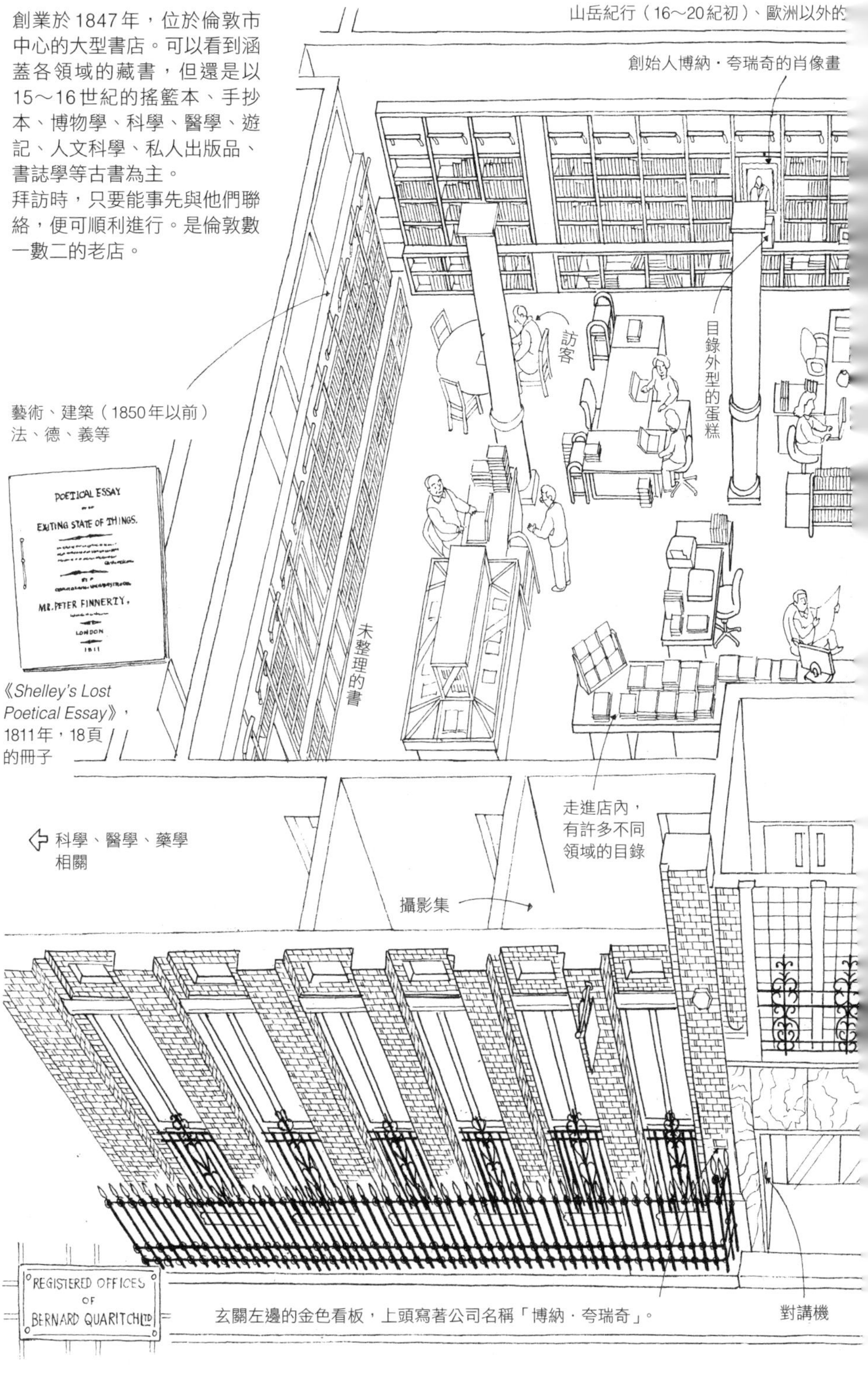
山岳紀行（16～20紀初）、歐洲以外的
創始人博納・夸瑞奇的肖像畫
訪客
目錄外型的蛋糕
藝術、建築（1850年以前）
法、德、義等
POETICAL ESSAY
EXITING STATE OF THINGS.
MR. PETER FINNERTY,
LONDON
1811
未整理的書
《Shelley's Lost Poetical Essay》，1811年，18頁的冊子
走進店內，有許多不同領域的目錄
科學、醫學、藥學相關
攝影集
REGISTERED OFFICES
OF
BERNARD QUARITCH LTD
玄關左邊的金色看板，上頭寫著公司名稱「博納・夸瑞奇」。
對講機

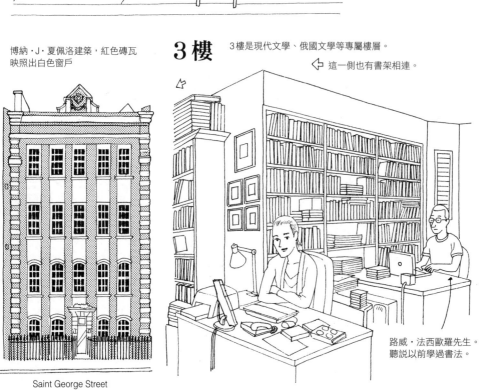

2樓

《伏爾泰全集》
亨利・梭特（Henry Salt）的埃及和阿比西尼亞，1809年，41,300英鎊
勒維蘭（F. Levaillant）的非洲鳥類，6冊，40,000英鎊
類語辭典（拉丁語）10冊
《倫敦縮影》（*Microcosm of London*）3冊
綠色書架很美觀
H.BS 政治素描9冊 36,000英鎊

博納・J・夏佩洛建築，紅色磚瓦映照出白色窗戶

Saint George Street

3樓

3樓是現代文學、俄國文學等專屬樓層。

這一側也有書架相連。
路威・法西歐羅先生。
聽說以前學過書法。

博納・J・夏佩洛

Bernard J Shapero Rare Books
32 Saint George Street
星期一～五 9:30-18:30　星期六 11:00-17:00
TEL +44(0)20 7493 0876
http://www.shapero.com

創立於1979年，相當新的一家珍奇書店。
地下1層，地上4層，美觀的紅磚建築。1樓擺有遊記、旅遊文學等造訪世界各地的珍奇書本。
位於倫敦市中心，從Regent Street略往西走便可到達。

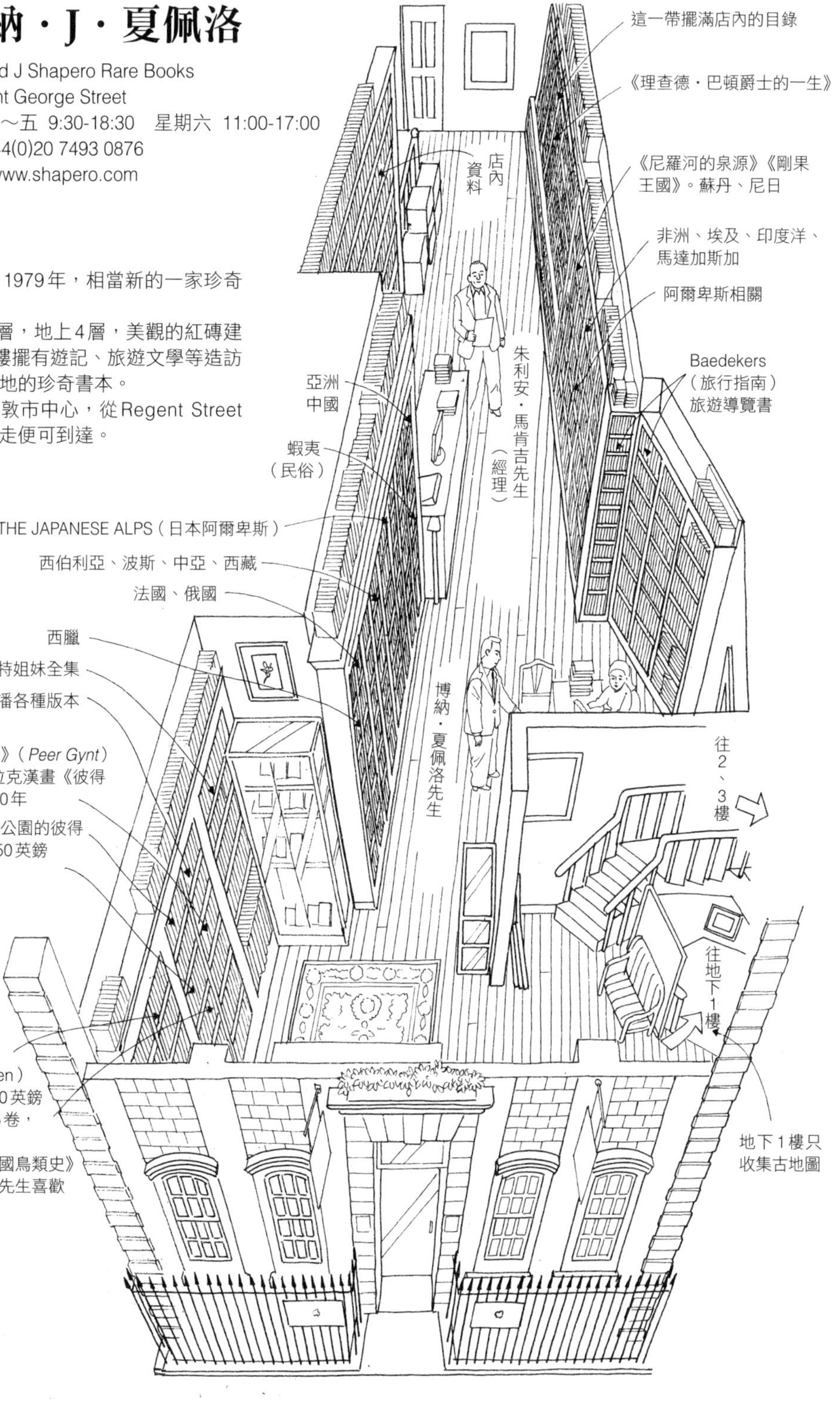

這一帶擺滿店內的目錄
《理查德・巴頓爵士的一生》
《尼羅河的泉源》《剛果王國》。蘇丹、尼日
非洲、埃及、印度洋、馬達加斯加
阿爾卑斯相關
Baedekers（旅行指南）旅遊導覽書
店內資料
朱利安・馬肯吉先生（經理）
亞洲 中國
蝦夷（民俗）
THE JAPANESE ALPS（日本阿爾卑斯）
西伯利亞、波斯、中亞、西藏
法國、俄國
西臘
勃朗特姐妹全集
彼得潘各種版本
《皮爾金》（*Peer Gynt*）亞瑟・拉克漢畫《彼得兔》1910年
《肯辛頓公園的彼得潘》1,150英鎊
博納・夏佩洛先生
往2、3樓
往地下1樓
珍・奧斯汀（Jane Austen）12卷，1,500英鎊
馬克吐溫25卷，7,250英鎊
莫里斯《英國鳥類史》聽說夏佩洛先生喜歡鳥。
地下1樓只收集古地圖

然我只看到這本書的目錄，但這本書過去未曾在Shelley的書誌中出現，甚至沒人知道它的存在。上面記載於一八一一年發行，但沒有封面，是本只有扉頁和內文的冊子。價格無法估算。若真要開價的話，值一億日圓。以日本的例子來說，這或許就像漱石暗中發行《少爺續集》，卻未公諸於世一樣。

我採訪夸瑞奇時，來了一位客人。也許是事先已談過，他一拿到想要的書，便就此離去。

花了約兩個小時的時間，我完成素描，打算離去時，對方說道：「明天我們老闆會來，我想讓他看這幅畫。可以讓我影印一份嗎？」我開心地應好，之後離開了夸瑞奇。

我和奧山先生來到倫敦數一數二的鬧街皮卡迪利圓環（Piccadilly Circus），選了一家日本料理餐廳用餐，裡頭的米飯又硬又難吃。我可不希望英國人以為日本料理就是這種水準。

用完午餐後，改為前往造訪博納．J．夏佩洛。這是地上四層、地下一層，紅磚搭配白色窗戶的美麗建築。

我聽說英國人很喜歡遊記，這家店正是擺滿遊記和旅行文學的大型古書店。它創立於一九七九年，看來夏佩洛先生是個厲害人物。他就像是擁有馬拉度納體型的濟科[1]。

我立刻上前與他交換名片。我從夏佩洛先生手中接過一張日文寫成的名片。

「珍奇書　博納．夏佩洛　最高經營負責人」。這樣的名片我還是第一次見識。

一樓為遊記，二樓大多為大型的珍奇書。奧山先生取出一本大型書說道：「池谷先生，這本書可真貴。兩千五百萬日圓，都足以買一輛車了。」

「我告訴你吧，像這麼貴的書啊……」「哇，這本要三千萬日圓，都可以買一棟房子了。」看到這些價格昂貴的書，我也很吃驚，但奧山先生的舉動也很令我緊張。事後我向工作人員詢問：「這裡擺了這麼昂貴的書，要是沒人在此看管，不是很危險嗎？」對方回答道：「我們都用螢幕監控。」哎呀呀……

不過，滿屋子都是兩千萬、三千萬的書，看過之後，就算有一億日圓的書，也不足為奇了。當然了，店主在收購時似乎花了不少錢。問過之後才明白，他不是在倫敦古書市場收購，而是利用蘇富比和佳士得等拍賣會。蘇富比離這裡不遠。

博納・J・夏佩洛的樓層本身並不大，但共分成五層。素描畫的只有一樓（英國稱為地面樓，二樓則稱為一樓）的俯瞰圖，其他部分則是拍照當插圖用。夏佩洛的建築也很美，各樓的書架都是特別訂作，顏色鮮豔。整座樓層就像是個漂亮的大書櫃。

夏佩洛先生很喜歡鳥。入口附近有莫里斯的《英國鳥類史》全集。奧山先生說：「要是你猜得中價格，就送你。」它運用了大量的石版手繪彩圖，少說也有數百張。「應該是兩百五十萬日圓左右，但這裡比較貴，所以我猜是五百萬日圓。」我如此說道，但結果竟然是兩百五十萬日圓，真可惜。不過話說回來，就算我真的收下，家裡也沒地方擺，還是婉謝的好。

倫敦的晚秋日落得早。我已完成該辦的工作，於是便請奧山先生帶我上英國有名的酒吧。

皮卡迪利圓環附近有許多酒吧，從傍晚時分便擠滿了人。我們找了又找，最後才選定一家酒吧餐廳。酒吧到處都有一股甘甜的香味。「現在到處都禁菸，但這裡卻有一股昔日煙斗用的菸草香味呢。」奧山先生說。我住宿的飯店，也同樣瀰漫著一股不知打哪兒來的甘甜氣味。

享受完略帶甘甜的蘋果酒後，九點左右，我們回到皮卡迪利圓環。在走進地鐵驗票口時，我正想插入一日券，奧山先生卻急忙向我喚道：「池谷先生，你那是健保卡啦。」或許我有點醉了。

謝過奧山先生後，我們就此道別，我順著電扶梯往下時，對面扶梯上來一位額頭插著根釘子的男子，還流著血，嚇了我一大跳。

「哦，今天是萬聖節啊。」我這才恍然大悟。當時血壓肯定升高了二十多。

---

1 Zico，巴西足球國腳。

日語流利的波達博士

要逛倫敦，搭地鐵最為方便。只要過了早上九點半的上班時間，一日券便會便宜許多。市內地鐵有條名叫 Circle Line 的路線，會行經像山手線上半部分般大的區域。售票機上印有英國、法國、義大利、德國、西班牙等歐洲各國的國旗，一按下按鈕，便可利用該國的語言系統來購票。令人高興的是，日本也在其中，是歐洲以外唯一的國家。真是謝天謝地。

我所住的飯店，若以東京來說，相當於在代代木一帶。連日來我都是從最近的車站 Earls Court 搭乘 Picadilly Line，前往市中心。車廂比東京地鐵還小。「This is Picadilly Line service」的車內廣播我也已經聽慣了。

今日將前往拜訪麥格斯兄弟書店，只要搭 Picadilly Line 過五站，在 Green Park 站下車，走數分鐘便可到達。走上車站，壯觀的麗池飯店立即迎面直逼而來。

來到一處名叫 Berkeley Square，像是隨處可見的廣場，我一時搞不清楚是哪棟建築，於是便打電話給麥格斯兄弟書店，請波達先生來帶路。波達先生說得一口流利的日語，所以我早先從東京打電話和他說好訪談的事。他看起來就像是戴夫・史貝特[2]所扮的紳士。他同時也是名博士，在東京的古書業界頗有名氣。

麥格斯兄弟書店規模雖不如夸瑞奇來得大，但歷史悠久，自然史、遊記、英國文學、大陸本、簽名原稿、裝飾手寫本等，商品齊全，令人讚嘆。

在波達先生的帶領下，我參觀了各樓層。二樓的古伊萬里大壺、查爾斯・狄更斯用過的書桌等，也混在古書中，綻放著光彩。

此外，《小熊維尼》初版四冊全，價格換算成日幣為三百七十五萬日圓，令人吃驚。聽說書況好的書，全部都是像這種水準，因為有不少收藏家。

不時會有客人前來，但與日本古書店的客人不同，他們很少會看書架上的書。應該是從地下室的書庫裡取來客人想要的書，直接送到他們面前吧。這裡的書庫頗深，全部擺滿了舊書。聽說這裡向來不讓客人參觀，但今日特地破例帶我前往一觀。

波達先生邀我一起吃午餐，但我素描花了不少時間，畫完時已過下午兩點。雖然很遺憾，但也只好就此告辭，到附近用餐。當我想上廁所而走進洗手間時，發現門無法打開。我試了幾次後，敲了敲門，傳來女性尖銳的嗓音。我心中暗叫「糟糕」，這時剛好走來一名年輕男性。「您先吧。」我說。「可以嗎？那你等我一下。」他如此應道，走到我前面，這時廁所裡走出一名年輕女性，瞪了男子一眼，就此走進店內，消失蹤影。似乎是因為馬桶沖水不良，令她感到急躁。

戴圓頂禮帽就像頂著日本傳統髮髻

吃完午餐後，我步行前往Bond Street車站，搭地鐵往下一站Baker Street車站。前往我期待已久的「夏洛克．福爾摩斯博物館」。來到地面後，我不知該往哪兒走，決定向人問路。但我問了不少人，都沒人知道。可能他們都是旅客吧。這次我改問一名在公車站牌處等車的中年男子，得知我好像走反了。雖然我操著一口生硬的英語，但當地人說起話來卻還是一樣快。我請他在地圖上指出我目前的所在地，這才好不容易抵達福爾摩斯博物館。

可能是裡頭狹窄的緣故，似乎要在入口處等裡頭的人出來。等了一會兒，終於能進博物館內了。裡頭

2 Dave Spector，出身美國、赴日發展多年的資深媒體人。

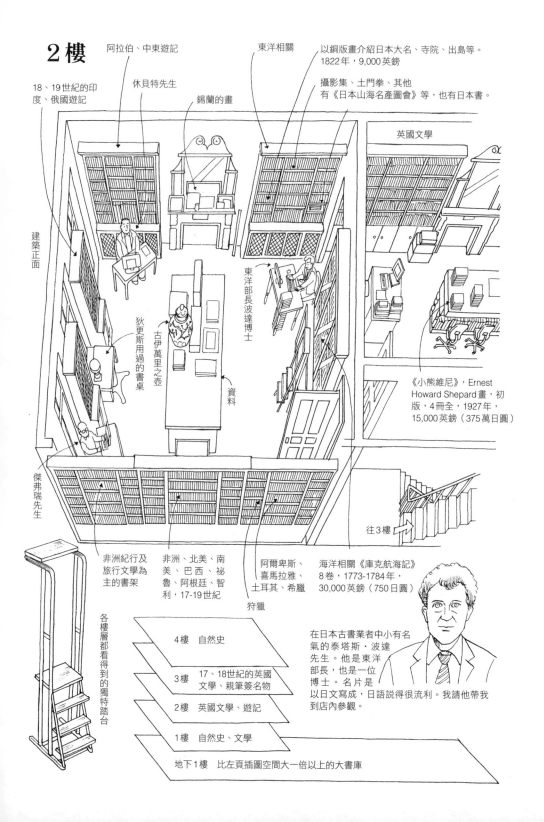

2樓

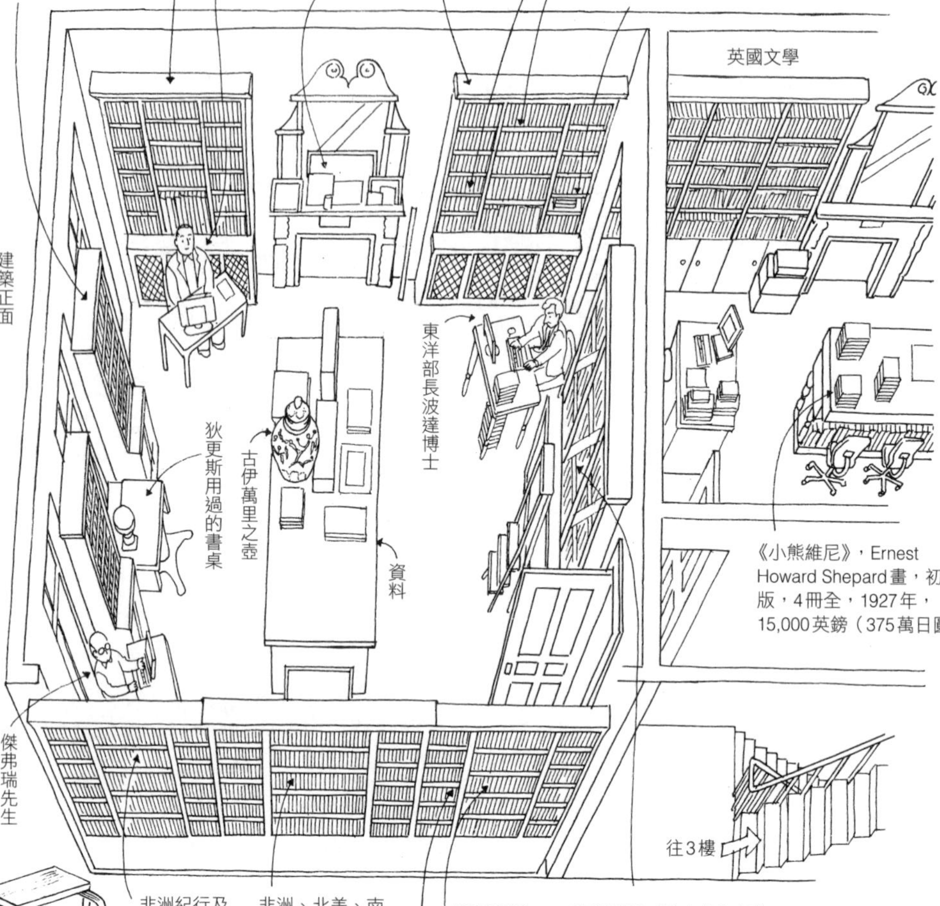

阿拉伯、中東遊記
東洋相關
以銅版畫介紹日本大名、寺院、出島等。1822年，9,000英鎊
攝影集、土門拳、其他
有《日本山海名產圖會》等，也有日本書。
18、19世紀的印度、俄國遊記
休貝特先生
錫蘭的畫
英國文學
建築正面
東洋部長波達博士
狄更斯用過的書桌
古伊萬里之壺
資料
《小熊維尼》，Ernest Howard Shepard畫，初版，4冊全，1927年，15,000英鎊（375萬日圓）
傑弗瑞先生
往3樓
非洲紀行及旅行文學為主的書架
非洲、北美、南美、巴西、祕魯、阿根廷、智利，17-19世紀
阿爾卑斯、喜馬拉雅、土耳其、希臘
狩獵
海洋相關《庫克航海記》8卷，1773-1784年，30,000英鎊（750日圓）

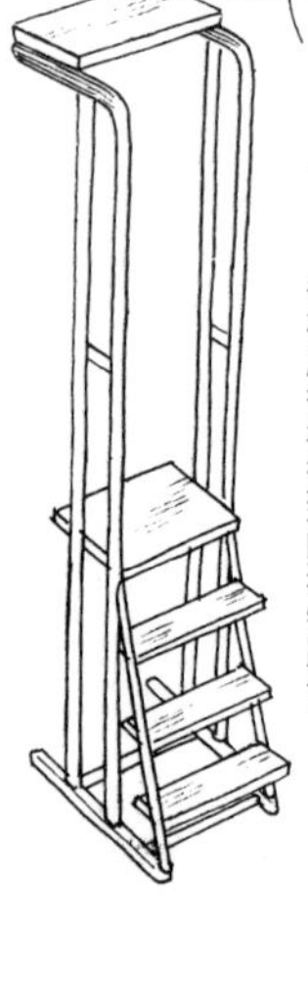
各樓層都看得到的獨特踏台

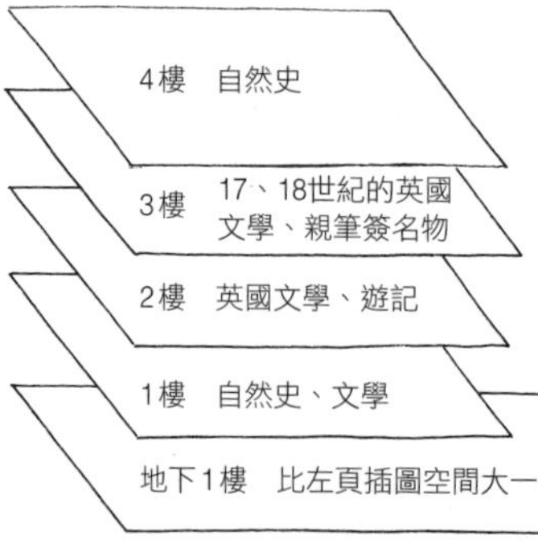

4樓　自然史
3樓　17、18世紀的英國文學、親筆簽名物
2樓　英國文學、遊記
1樓　自然史、文學
地下1樓　比左頁插圖空間大一倍以上的大書庫

在日本古書業者中小有名氣的泰塔斯・波達先生。他是東洋部長，也是一位博士。名片是以日文寫成，日語說得很流利。我請他帶我到店內參觀。

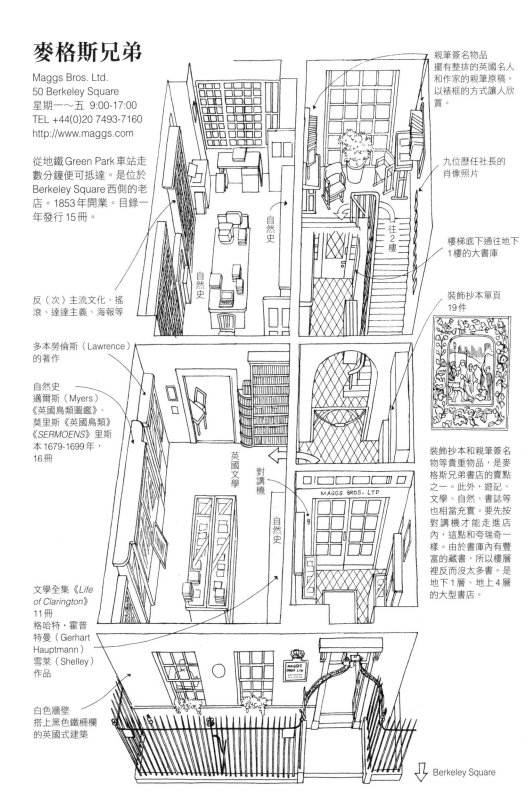

麥格斯兄弟

Maggs Bros. Ltd.
50 Berkeley Square
星期一～五 9:00-17:00
TEL +44(0)20 7493-7160
http://www.maggs.com

從地鐵Green Park車站走數分鐘便可抵達。是位於Berkeley Square西側的老店。1853年開業。目錄一年發行15冊。

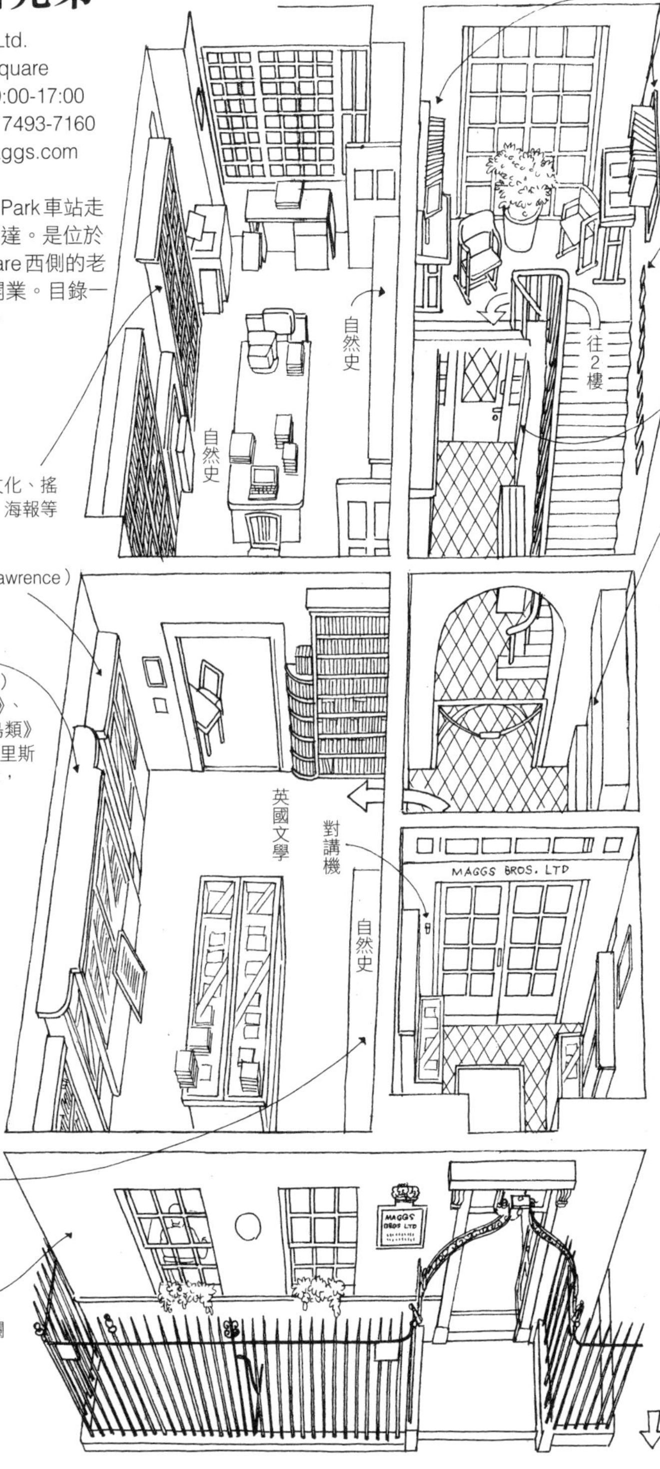

自然史
自然史
往2樓
英國文學
對講機
自然史
MAGGS BROS. LTD

親筆簽名物品
擺有整排的英國名人和作家的親筆原稿。以裱框的方式讓人欣賞。

九位歷任社長的肖像照片

樓梯底下通往地下1樓的大書庫

反（次）主流文化、搖滾、達達主義、海報等

裝飾抄本單頁
19件

多本勞倫斯（Lawrence）的著作

自然史
邁爾斯（Myers）《英國鳥類圖鑑》、莫里斯《英國鳥類》
《*SERMOENS*》里斯本1679-1699年，16冊

裝飾抄本和親筆簽名物等貴重物品，是麥格斯兄弟書店的賣點之一。此外，遊記、文學、自然、書誌等也相當充實。要先按對講機才能走進店內，這點和夸瑞奇一樣。由於書庫內有豐富的藏書，所以樓層裡反而沒太多書。是地下1層、地上4層的大型書店。

文學全集《*Life of Clarington*》
11冊
格哈特・霍普特曼（Gerhart Hauptmann）
雪萊（Shelley）作品

白色牆壁
搭上黑色鐵柵欄
的英國式建築

⇩ Berkeley Square

的房間打造得相當考究，讓人很難想像這是個虛構的人物。

談個題外話，根據UKTV的輿論調查，在英國有高達分之五十八的人相信夏洛克．福爾摩斯是真實存在的人物。

沙發上放有福爾摩斯的獵鹿帽與華生的圓頂禮帽，訪客都會戴上帽子拍照留念。我雖然戴著自己的圓頂禮帽，但這不就像是日本觀光景點常有的那種讓旅客露臉拍攝武士照片的道具嗎？這麼一提才想到，我到倫敦後，沒發現半個戴帽子的人。只看到道路施工的工人戴著安全帽。也許看在周遭人們眼中，全當我是個搞錯時代的東洋人。

博物館最上層是廁所，展示沖水式馬桶。這當然不能使用，但維多利亞時代就有沖水式馬桶了嗎？真令人懷疑。

隔壁是博物館商店，我在這裡打發了一些時間，購買紀念品。此外，櫃檯處一身女僕打扮的小姐長得清新可人，我也請她讓我拍照。

附帶一提，店內擺有圓頂禮帽當禮物商品，一頂售價四十五英鎊（我的帽子比較貴）。回程時，我在騎士橋車站下車，在哈洛德百貨採買不少紅茶。

肯辛頓公園與查令十字路

今天預定到切爾西（Chelsea）書展採訪，順便淘書。之前寫電子郵件前去要求採訪，對方回覆「第一天是從兩點開始，但因為人多擁擠，所以請您四點左右再來」。但要是太陽西下，可就拍不到建築的照片了，所以我決定三點前往拜訪。在那之前，還有幾處我想逛的地方。

早上九點三十分，我抵達Earls Court。接著我在Notting Hill Gate車站轉乘，在Lancaster Gate車站下

車。僅坐了四站。再過去是遼闊的肯辛頓公園。從月台來到地面後，公園入口就在眼前。等綠燈的時間讓人很不耐煩，我急忙往公園內奔去。開闊的綠色原野，左手邊可望見細長的池子。

這裡是一百年前，J. M.巴里（James Matthew Barrie）在《肯辛頓公園的彼得潘》一書中所描寫的場景所在。負責插畫的，是我很喜歡的插畫家亞瑟・拉克漢。在開頭的場景中，可以看見左手邊寬闊的池子遠處，那座半圓形橋墩相連的石橋，前方的水池邊有一群妖精在嬉戲。

如今架起護岸的堤防，橋的對面看到的是難看的高樓大廈，但其他部分則保留畫的原貌。置身在拉克漢探尋想像的空間中，享受這無上幸福的片刻。清澈的秋日晴空，以及剛由綠轉紅的楓葉，映照在池面上，讓人暫時望卻時間的流逝。

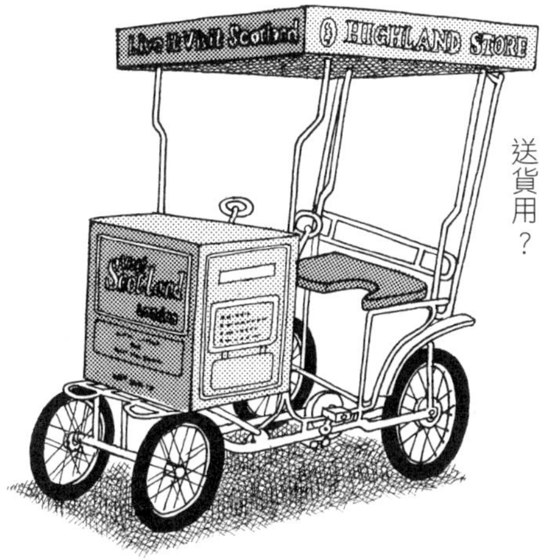

擺在大英博物館附近店家的門前。送貨用？

附近有座聞名的「彼得潘像」。教人有點難以置信，在這都會中心竟然有如此美麗的公園。有名年約十歲左右的少年，獨自一人坐在長椅上。這幅景象，讓人心中產生聯想：「莫非他就是彼得潘？」

離開肯辛頓公園，我前往Holborn車站。雖然時間不多，但我還是想到大英博物館參觀。博物館的入口處，有個捐款用的圓形大容器，但都沒人投錢。我投了三枚一英鎊的硬幣，發出一陣清響（很諷刺吧）。

聽說裡頭空間頗大，無法在短時間內看完。有不少觀光客很沒規矩，讓孩子站在石像上拍照。

我快步參觀展示品。並以館內的自助式午餐解決一餐，三明治、沙拉、咖啡，合計兩千四百日圓。看來，我來的時候正

Jarndyce

46 Great Russell St.
Bloomsbury
TEL +44(0)20 7631 4220
位於大英博物館前，18、19世紀的書籍專賣店。

入口左手邊的圓板，寫著「倫道夫・凱迪克，1846-1886，藝術家、插畫家，居住於此」。凱迪克（Randolph Caldecott）是英國19世紀的大插畫家。凱迪克大獎在繪本世界裡是無人不曉的權威性大獎。

法蘭西斯愛德華
Francis Edwards

13 Great Newport St. Charing Cross Rd. TEL +44(0)20 7240 7279
創業於1855年，歷史悠久。位於查令十字路（Charing Cross）48號街角隔壁。在古書鎮Hay on Wye也有分店。有古文學、自然史、軍事、武器等各種充滿特色的商品。也會發行目錄。

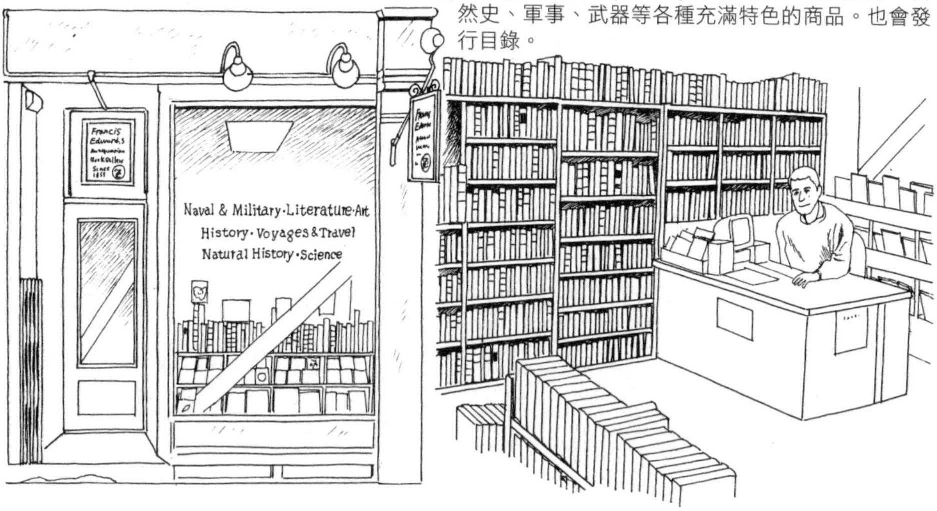

好是英鎊最高的時候。

離開大英博物館後，我從Tottenham Court Road順著查令十字路南下。據說這裡以前是古書店街，不過現在已少了許多。但還是保留了幾家古書店。倫敦的古書店，可分為老店、參加切爾西書展的古書商和二手書店，以及專賣打折書的書店。

江藤淳先生翻譯的《查令十字路84號》（中公文庫），是真實的故事，描寫一名美國女性劇作家與馬克斯商會的古書店店員間的交流。很棒的故事，希望各位也能閱讀此書。如今馬克斯商會已不在了。我在不知不覺間走過八十四號，竟渾然未覺。

這一帶的古書店不同於那

些老店，可以輕鬆走進店內。甚至有人在走進店門時，會高喊一聲「嗨」。有些店頗有特色，我向店家請託「可否讓我拍張照？」他們也很乾脆地回答我「好啊，請」。每家店都是如此。

「我是來自日本的插畫家，我對古書店進行素描，就像這樣。」我如此介紹，並出示我的素描本，他們很感興趣地看過後，有些店家甚至會給我名片，對我說「也幫我們畫一張吧」。

我在插圖中所畫的Murder One這家店，是推理小說、犯罪小說的專賣店。我在這裡找到兩本阿嘉莎．克莉絲蒂的著作，是女兒託我代為尋找。英國是推理小說的大本營，我早料到會有這種書店。此外還有以文學和美術書籍為主的「亨利波迪斯書店」，以藝術、建築、軍事書籍為主的「法蘭西斯愛德華」（Francis Edwards，參照插圖），也都是大方讓我欣賞古書的店家。

我東看西瞧，轉眼間三點將近。我急忙趕往切爾西書展會場。從Leicester Square到會場所在處的Sloane Square，一路轉乘，六站便可到達。

切爾西書展

說到切爾西，我只知道切爾西足球隊，以及以前常吃某個牌子的糖果，就叫這個名字。這個首次造訪的市街，不顯一絲喧鬧，街上各種典雅的高級名牌店林立，感覺彷如置身古老的銀座街頭。

十一月的二、三日兩天，舉辦書展的舊市政廳（Old Town Hall），從地鐵車站走十分鐘左右便可抵達。這是一座氣派華麗的建築，就算是拿來充當某個小國的國會議事堂也不足為奇。似乎也常在這裡舉辦古董市場。

我在入口處出示申請採訪的回覆信後，一名像是代表人的老先生帶我入內。我領取識別證，一手拿著相機，就此步入會場。入內要寄放行李，也和日本古書特賣展一樣。不過，這裡沒有一本數百日圓的書，

Murder One

76-78 Charing Cross Rd.
（查令十字路）
http://www.murderone.co.uk

對面也是販售處
也有新書
後面的展示窗有福爾摩斯的人偶

地下室是過期書報雜誌、福爾摩斯、舊書、犯罪實錄、資料等。

也有國內犯罪、推理、驚悚、浪漫等小說。

murder one
76-78
福爾摩斯人偶
隔壁也是書店，Koenig Books
偵探白羅（Poirot）的照片
柯南・道爾評傳

在Murder One買到的兩本書

AGATHA CHRISTIE
Ten Little Niggers
FONTANA BOOKS
AGATHA CHRISTIE
FONTANA BOOKS

（左）《十個小黑人》，沒有版權頁。
（右）《破鏡謀殺案》，1970。兩本都是阿嘉莎・克莉絲蒂的作品，各2英鎊

附40張拉克漢畫的全頁彩色插畫。一九〇八年初版。二八〇英鎊（約七萬日圓），購於切爾西書展。

莎士比亞《仲夏夜之夢》

▸這兩本是在塞西爾巷買的

THE CHRISTIE COLLECTION
AGATHA CHRISTIE
WHY DIDN'T THEY ASK EVANS?

阿嘉莎・克莉絲蒂，一九九三，H・柯林斯，二・五英鎊

《為什麼不找伊文斯？》

AGATHA CHRISTIE
Evil under the sun
FONTANA BOOKS

阿嘉莎・克莉絲蒂，一九七二，Fontana. Books（上述也是），三・五英鎊

《豔陽下的謀殺案》

切爾西書展

The Antiquarian Book Fair
Chelsea 2007

一年一度在切爾西由ABA（Antiquarian Book Sellers Association）主辦的舊書市場。以英國為主，共有70家店參加。會場一路綿延至主大廳周圍的迴廊以及兩側。

別館
小大廳
44
迴廊也有10個店家攤位
主會場有33個店家攤位

個個都價格不菲。大廳內宛如宮殿般，吊燈閃閃生輝，充滿華麗與莊嚴的氣氛。我馬上四處拍照。

由於有七十家店在此擺攤，所以規模不小。走在倫敦街頭，本以為英國人個個都人高馬大，其實不然。但不知為何，這個會場的客人和古書店老闆，卻個個都是高個子。剛才帶路的那名老先生，似乎也有一百九十公分高。

會場擺滿自然史、歷史、文學、藝術等各種領域的珍奇書。大致逛過一遍後，得開始找自己的戰利品才行。一名像是古書店老闆的男子問我：「您在找什麼書嗎？」我回答他「繪本」，他便馬上替我在冊子上的會場平面圖中指出專門領域和攤位的編號。

十一號的攤位似乎是童書專賣店，在英國和國外都極受歡迎的凱特．格林威和亞瑟．拉克漢的書，這裡相當多。也有我想找的《肯辛頓公園的彼得潘》。售價四百八十英鎊，折合日幣約十二萬日圓。比日本便宜，但書況並不好，所以我選擇同樣是拉克漢畫的《仲夏夜之夢》。這本售價二百八十英鎊，約七萬日圓。我說了一句「I'll take it」，老闆高興得幾乎要抱住我，他對我說：「這本很便宜，你買到好東西了。」一邊開心地替我打包。的確，這本書在日本價值十幾萬日圓。全頁大的圖版插畫多達四十張，為初版。

由於喉嚨乾渴，於是我便到休息室買飲料喝，找位子坐。這時，幾位參展的舊書店老闆向我招手，要我過去，我便和他們聊了一會兒。當時我深深覺得，自己的英語要是能再好一點就好了。

塞西爾巷的古書店街

今天是最後一天的採訪日。我還是老樣子，坐上皮卡迪利圓環線，前往Leicester Square車站。這裡到處都是劇場，售票間特別顯眼。

塞西爾巷（Cecil Court）是一條應該稱之為舊書街的街道，近年來聚集了許多從查令十字路搬遷而來的古書店，包含古地圖專賣店在內，有十多家店相連。

我造訪一家剛開店不久的「Nigel Williams」，結果發現昨天才在切爾西書展攤位上認識的詹姆斯．迪克先生就在店內。一陣寒暄後，走來另一名年輕店員。他是塞雷斯先生，個子相當高。

迪克先生負責地下室的二十世紀文學、推理小說等古書，塞雷斯先生則是主要負責一樓的十九世紀文學。這家店是ILAB（國際古書商聯盟）的會員，所以看板上寫有「珍奇書」（Rare Books）這幾個字。此外，店頭放有便宜的書籍，有不少客人都一派輕鬆地走進店內。他們兩位都很豪爽地接待我，不論我問什麼也都仔細回答。

中午過後，我畫完素描。離去時，我向塞雷斯先生詢問：「這附近可有日本餐廳？」他立刻上網幫我搜尋，告知我一家名叫「東京晚餐」的店。因為我來倫敦這幾天瘦了不少，褲腰帶得調緊兩格才行，所以在這裡吃了已有多年沒吃過的豬排飯。或許我得靠熱量稍微高一點的食物來進補才行。

用完午餐，我到童書專賣店「Marchpane」採訪。店主凱涅斯．弗拉先生，年約五旬。他很沉迷科幻劇「超時空博士」（Doctor Who），以及路易斯．卡羅、亞瑟．拉克漢，帶有一點宅男的味道。他還會寫上「請別硬將書往裡塞」的警告標語，或是在機器人身上寫下「別碰」的紙條，似乎有點神經質。

客人從年輕人到老太太都有，年齡層相當廣。不知是因為童書專賣店少，還是這個領域的書迷多，這家店相當受歡迎。離開時，我告訴店主「等出書後，我寄來給你」，他卻應我一句「ＮＯ」。他似乎只要影本就夠了。這家店不論是藏書還是店主，都很有個性。

在酒吧道別

結束所有預定的行程，從車站返回飯店的途中有家酒吧，於是我便順道進去看看。因為我想來一杯之前在皮卡迪利圓環喝過的「蘋果酒」。

雖然不知道正式的酒名，不過，只要說一句蘋果酒，對方就能明白。正當我準備付賬時，酒保告訴我「那個人已經付了」。仔細一看，一名體格壯碩的男子朝我微微一笑。好像是他請的客。大家稱這種人為倫敦佬，聽說他們很愛招待旅客。

他請我和他的同伴同坐，我們天南地北地閒聊。「我是一名插畫家」，我如此介紹自己，並替他畫了一張人像畫，他非常開心。他給人的感覺就像演員布魯斯．威利，比他再年輕一些，而且多點肌肉。他的同

Nigel Williams Rare Books

25 Cecil Court（塞西爾巷）
10:00-18:00（週日公休）
http://www.nigelwilliams.com
1989創業。專營英國近代文學、童書、犯罪小說、偵探小說等初版書、限定本、簽名書及其他。1樓為19世紀的書，地下室為20世紀作家的書。

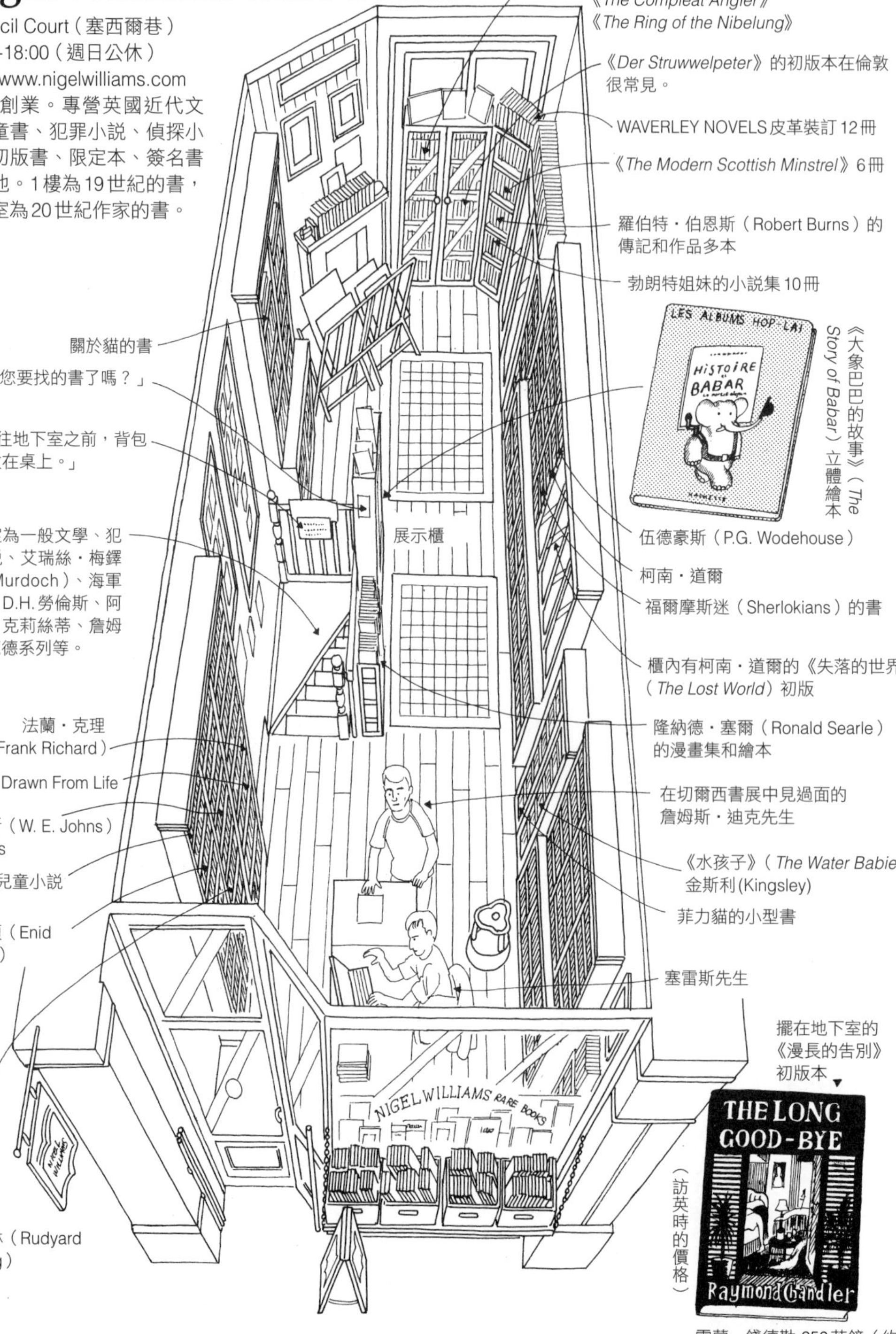

亞瑟・拉克漢的插畫本
《The Compleat Angler》
《The Ring of the Nibelung》
《Der Struwwelpeter》的初版本在倫敦很常見。
WAVERLEY NOVELS皮革裝訂12冊
《The Modern Scottish Minstrel》6冊
羅伯特・伯恩斯（Robert Burns）的傳記和作品多本
勃朗特姐妹的小說集10冊
LES ALBUMS HOP-LA!
HISTOIRE DE BABAR
《大象巴巴的故事》（The Story of Babar）立體繪本
伍德豪斯（P.G. Wodehouse）
柯南・道爾
福爾摩斯迷（Sherlokians）的書
櫃內有柯南・道爾的《失落的世界》（The Lost World）初版
隆納德・塞爾（Ronald Searle）的漫畫集和繪本
在切爾西書展中見過面的詹姆斯・迪克先生
《水孩子》（The Water Babies），金斯利(Kingsley)
菲力貓的小型書
塞雷斯先生
擺在地下室的《漫長的告別》初版本
THE LONG GOOD-BYE
Raymond Chandler
（訪英時的價格）
雷蒙・錢德勒 250英鎊（約62,500日圓）
關於貓的書
「找到您要找的書了嗎？」
「在前往地下室之前，背包類請放在桌上。」
展示櫃
地下室為一般文學、犯罪小說、艾瑞絲・梅鐸（Iris Murdoch）、海軍小說、D.H.勞倫斯、阿嘉莎・克莉絲蒂、詹姆斯・龐德系列等。
法蘭・克理（Frank Richard）
Drawn From Life
約翰斯（W. E. Johns）Biggles
兒童小說
布萊頓（Enid Blyton）
NIGEL WILLIAMS RARE BOOKS
吉卜林（Rudyard Kipling）
← 塞西爾巷 → 直直走，便可走到查令十字路

Marchpane

16 Cecil Court
星期一～六 10:30-18:00
TEL +44(0)20 7836 8661
http://www.marchpane.com
備有童書初版本、簽名本、珍奇書的專賣店。不只是書，也有許多收藏品和愛好者的物品。

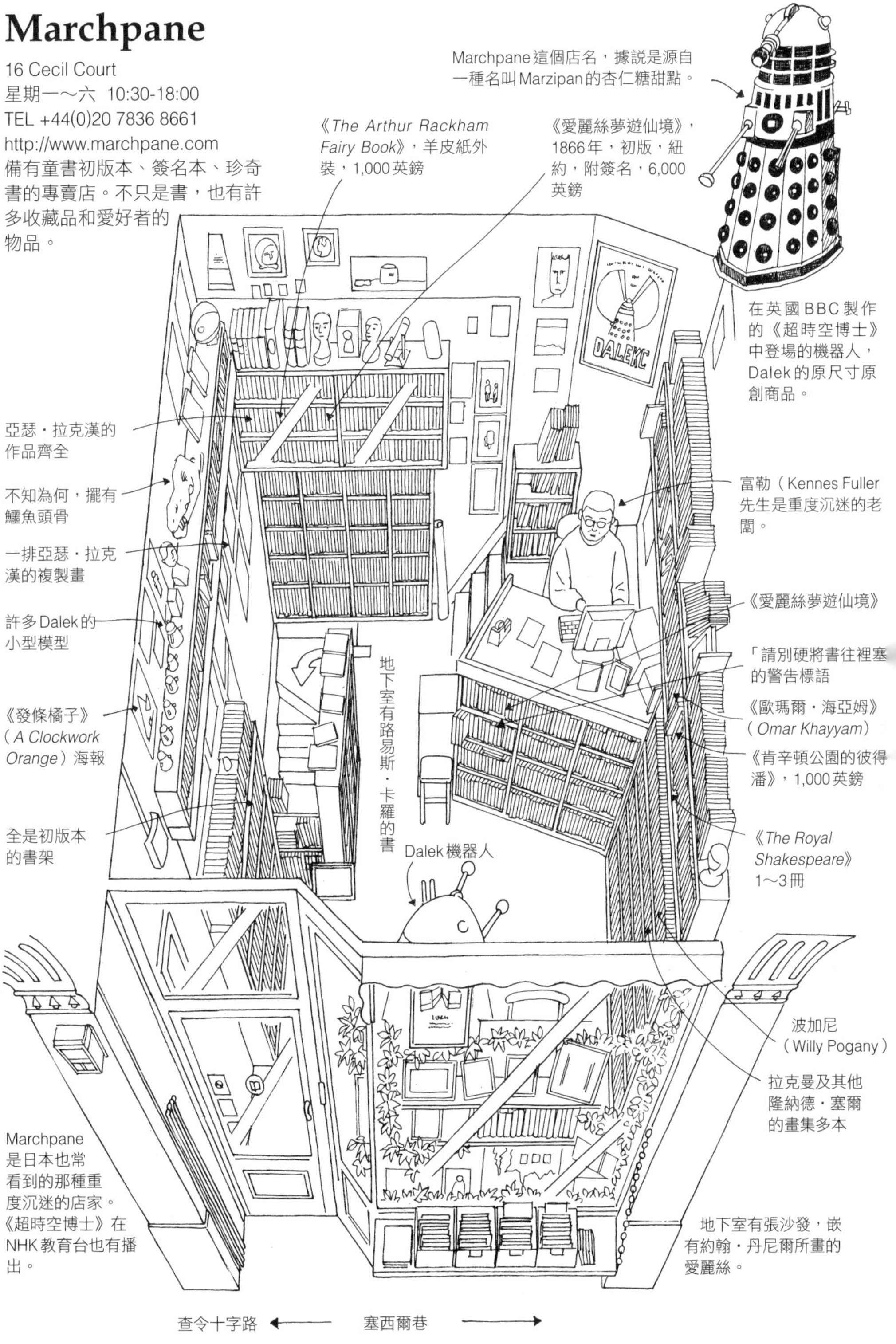
Marchpane這個店名，據說是源自一種名叫Marzipan的杏仁糖甜點。
《The Arthur Rackham Fairy Book》，羊皮紙外裝，1,000英鎊
《愛麗絲夢遊仙境》，1866年，初版，紐約，附簽名，6,000英鎊
在英國BBC製作的《超時空博士》中登場的機器人，Dalek的原尺寸原創商品。
DALEKS
亞瑟・拉克漢的作品齊全
不知為何，擺有鱷魚頭骨
一排亞瑟・拉克漢的複製畫
許多Dalek的小型模型
《發條橘子》（A Clockwork Orange）海報
全是初版本的書架
富勒（Kennes Fuller先生是重度沉迷的老闆。
《愛麗絲夢遊仙境》
「請別硬將書往裡塞」的警告標語
《歐瑪爾・海亞姆》（Omar Khayyam）
《肯辛頓公園的彼得潘》，1,000英鎊
《The Royal Shakespeare》1～3冊
地下室有路易斯・卡羅的書
Dalek機器人
波加尼（Willy Pogany）
拉克曼及其他隆納德・塞爾的畫集多本
Marchpane是日本也常看到的那種重度沉迷的店家。《超時空博士》在NHK教育台也有播出。
地下室有張沙發，嵌有約翰・丹尼爾所畫的愛麗絲。
查令十字路 ←— 塞西爾巷 —→

伴也嚷著「替我畫一張」，所以我替這位看起來像中東人的男子畫了張人像畫，採三船敏郎在電影《保鑣》中的古裝造型。

他似乎也知道武士，但不認識三船敏郎、黑澤明、谷亮子。當時正好電視在轉播足球賽，於是我問他們，是否知道曾待在樸茨茅斯足球會（Portsmouth Football Club）的守門員川口能活，但他們卻回答「I don't know」。這也難怪，誰叫他很少在比賽中登場呢……

在這段時間裡，我愛戴的圓頂禮帽不知去向。好像是在酒吧裡，每個人爭相戴帽子玩樂，輪了一圈。想必是真的很罕見。

我想回請同桌的夥伴喝酒，在吧台點了幾杯啤酒，正打算付錢時，對方跟我搶著付賬，結果還是那位倫敦佬（名叫傑米）搶先付了酒錢。他們甚至還陪同喝醉酒的我回到飯店。他們應該是認為我這傢伙很特別，遠從東洋渡海而來，很喜歡英國，所以才如此款待我。我和酒吧的朋友們拍下合照，今後可以連同古書店的素描一起欣賞，懷念這段美妙的經歷。很想謝謝他們為我留下如此美好的回憶。

Earls Court附近的酒吧「威爾斯親王」

倫敦散步地圖
•只標記主要地鐵及車站
Which way to……
夏洛克·福爾摩斯博物館
攝政公園
Korston
大英博物館
Holborn
Baker Street
Paddington
Baker Street
Bond Street
Oxford Circus
博納·夸瑞奇
Tottenham Court Road
查令十字路
Golden Square
Murder One及其他古書店
Leicester Square
塞西爾巷古書店街
博納·J·夏佩洛
Lancaster Gate
麥格斯兄弟書店
Berkeley Square
肯辛頓公園
彼得潘像
海德公園
Notting Hill Gate
皮卡迪利圓環
查令十字
Embankment
Green Park
皮卡迪利線
街角的郵筒
西敏寺
Circle Line
High Street Kensington
Gloucester Road
騎士橋
維多利亞
哈洛德百貨
國會議事堂
泰晤士河
Sloane Square
Earls Court
切爾西舊市政廳
West Brompton
飯店

後記

舊書蟲向前衝

這本書的日文標題構想《舊書蟲向前衝》（古本蟲がゆく），是源自於司馬遼太郎先生的名作《坂本龍馬》（竜馬がゆく）。

如此龐大的企畫當然不是出自我的構思。是編輯部的點子。

司馬先生曾經向神保町的高山本店收集著作資料，這故事相當有名，因此，就遊蕩在神保町的舊書蟲來說，這樣的標題也算是一種緣分，因而戰戰兢兢地展開連載。責任編輯每次都與我同行，所以不同於以往的採訪，我能專心地作畫。

以過去的例子來說，有些古書店的老闆太愛講話，一聊就聊個沒完，明明素描已經畫完，卻還遲遲無法脫身。有些老闆則是少言寡語，始終問不出話來。現在我都不需要擔心這些問題了。因為需要的題材，編輯會主動向前詢問。能全心投入其中，將每次造訪店家所得到的收穫，陳列在插畫中，也是很棒的一件工作。

正因為《諸君！》是本意見領袖雜誌，所以責編看得上眼的古書及其知性，程度都相當高，內容增色了不少。不像我，毫無舊書蟲本色，老是說「哇，全都是字，連張圖也沒有」，只會注意插畫書、繪本、偵探小說、版畫，要不就是陶鈴、墜子、人偶、昆蟲標本。

持續展開連載後，我才明白自己「幾乎都沒看書」。講到收穫，都是像前面提到的那些個人嗜好，為了心靈的慰藉而購買。

不過，當初我心想，一本討論內憂外患的雜誌，這樣的連載會不會不太恰當呢？向責編M先生坦言心中的顧慮後，他回答道：「不，它將成為本雜誌的心靈綠洲。」嗯，不愧是經驗老道的編輯。這麼一來，我就能心情愉快地全神投入工作中了。絕妙的救援。

不過，我那超乎自己想像的任性，給編輯帶來不少困擾。就拿吃飯這件事來說好了，「我很好打發。因為我不會吵著要吃這個、吃那個。不過，我有很多東西不能吃。」

「就是這種人最難搞。」M先生說。

M先生很愛吃烏龍麵，但有一次我卻對他說：「烏龍麵這種東西是感冒的時候才吃的吧？」因而快步從烏龍麵店前通過，改為走進蕎麥麵店。

我原本就是個不重吃的人。說起《諸君！》的風格，我希望各位能緬懷已故的土光敏夫先生（話雖如此，烤沙丁魚串我還是不能接受）。

而且我很怕坐飛機。若要下鄉採訪，就非得坐飛機不可。天寒時往北，天熱時往南，真教人吃不消。規畫這項連載的總編，是個重度舊書迷。「專程前往天寒地凍的北海道、酷熱難當的沖繩，找尋舊書，你不覺得這樣很有趣嗎？」一點都不有趣。我裝沒聽見。我討厭熱、討厭冷，怕痛又怕癢，更不喜歡忙啊。

像我這麼任性的執筆者，編輯部的各位同仁還要與我周旋，心中真是不勝感激。另外，爽快答應接受我採訪的古書店老闆們，我也想向他們致上由衷的謝意。

每家店我幾乎都會花上兩個小時的時間進行素描。回來後，插畫會再另外仔細修正，但素描要畫得很精細，幾乎和完成的插畫同樣水準。否則便會搞不清楚哪個書架放什麼書。特別是店門正面，我總會多花一些時間，小心翼翼地準確描繪。這部分若是稍有馬虎，店內的深度、書架的大小、書本數量，便都無法兜攏。

店內的插畫，從素描階段便是採俯瞰圖的方式來描繪，這我早已習慣，所以做起來駕輕就熟。問題在於店面空間屬橫長形的店家，或是明明有許多想呈現的部分，但就是被擋住看不到，諸如此類。有時我這樣不行，那樣不對地苦思良久，連店主看了都有點擔心，而向M先生詢問：「是不是畫不出來？」

「他現在是一位園藝師，正在思考松樹該往哪兒種，石頭該往哪兒擺。」又是一次絕妙的救援。編輯就應該像他這樣。

打從第一回連載便一直和我同行的M先生，以及從第二十四回接手負責的年輕K先生，總是請我像希區考克的電影那樣，讓他們不經意地在插圖畫面中登場。時而向店主問話，時而在店內淘書。

有些店家會以咖啡或茶來款待，甚至有的還會端出茶點。這麼一來，往往會聊個沒完。或許有人會笑我是個肉麻的傢伙，瞧不起我，不過，店家招待的東西，我一定會畫進素描的某個角落裡。這麼做，便能想起當時的狀況和談話的內容，非常神奇，所以這件事相當重要。

回到家中，對插圖進行修飾時，有時會突然產生疑問，所以也常打電話去追加採訪。當中也會談到一些趣事，但大多沒記錄其中，相當遺憾。

「要是經你介紹，我變得太忙，那可就麻煩了！」一家十年來一直拒絕接受採訪的店家，最後終於被我說服，而得以在連載中介紹。此外，也有很多店家，光是知道我千里迢迢前往採訪，便很開心。人生百態，古書店也何嘗不是呢。

連載結束後，又追加了倫敦篇，因為當初便預訂最後一站是英國。當時甚至還預定要前往古書鎮「Hay on Wye」，但仔細調查後發現，它離倫敦相當遠，光一個禮拜的時間無法採訪。於是才改為以倫敦市內的老店以及查令十字路的古書店為主。

不過，那是我第一次造訪英國，而且是單槍匹馬前去。我英語奇菜無比，很擔心自己一個人是否真能完成任務，還事先找出一些推測可能會用到的英文句子，臨時惡補了一番。不過，當地人明知我只會一些生硬的英語，說起話來卻絲毫沒放慢速度。搞得我苦K英文的成果和期待就此折半。這令我更加羨慕那些英語達人。

儘管如此，還是平安結束這趟旅程，留下快樂的回憶。不過，長時間搭機還是一樣苦不堪言。不會想再去第二次……

此趟的英國之行，受不少人關照。寫英文書信向採訪對象提出申請時，《諸君！》文章〈大家關心的美國書〉執筆者，同時也是時事通信社倫敦特派員的草野徹先生，他幫了我一個大忙。而在倫敦，於當地修習地政學的奧山真司先生，為我擔任一天的口譯員。後半段連載的責編K先生（蔦田岳史先生），為我四處奔走，與倫敦的採訪對象聯繫。總編內田博人先生、從連載一開始就擔任責編的M先生（前島篤志先生），以及書籍設計關口信介先生、中川真吾先生、攝影部的釜谷洋史先生，謝謝你們為本書的裝幀和封面攝影如此盡心。

而最需要感謝的，是從連載企畫到成書，對我多所關照的前總編仙頭壽顯先生，有各位的努力，才能完成此書。

在此向各位獻上深深的感謝。

池谷伊佐夫

於蒸騰夏日親筆

內文及插圖中的各古書店相關資料，原則上是依據採訪當時的情況。
有時店家會有搬遷或歇業的情形。
近來，有不少古書店架設網站或部落格，讀者最好能利用搜尋網站「日本の古本屋」，在造訪前先以網路確認其開店時間及公休日。

首次刊載紀錄
「舊書蟲向前衝」
《諸君！》二〇〇五年八月號～〇七年十二月號
海外篇〈倫敦古書店、古書市巡禮〉是針對《文藝春秋》二〇〇八年二月號刊載的文章，大幅增加內容和插圖後，重新編寫而成。

作　　者　池谷伊佐夫
譯　　者　高詹燦
特約編輯　曾淑芳
封面設計　王春子
內文設計　黃子欽
責任編輯　巫維珍

副總編輯　陳瀅如
編輯總監　劉麗真
總 經 理　陳逸瑛
發 行 人　凃玉雲
出　　版　麥田出版
地址：10483 台北市中山區民生東路二段 141 號 5 樓
電話：(02)2500-7696
傳真：(02)2500-1967
發　　行　英屬蓋曼群島商家庭傳媒股份有限公司城邦分公司
地址：10483 台北市中山區民生東路二段 141 號 11 樓
網址：http://www.cite.com.tw
客服專線：(02)2500-7718 ｜ 2500-7719
24 小時傳真專線：(02)2500-1990 ｜ 2500-1991
服務時間：週一至週五 09:30-12:00 ｜ 13:30-17:00
劃撥帳號：19863813　　戶名：書虫股份有限公司
讀者服務信箱：service@readingclub.com.tw
香港發行所　城邦（香港）出版集團有限公司
地址：香港灣仔駱克道 193 號東超商業中心 1 樓
電話：+852-2508-6231
傳真：+852-2578-9337
電郵：hkcite@biznetvigator.com
馬新發行所　城邦（馬新）出版集團 Cite (M) Sdn Bhd
地址：41, Jalan Radin Anum, Bandar Baru Sri Petaling,
57000 Kuala Lumpur, Malaysia.
電話：+603-9056-3833
傳真：+603-9057-6622
電郵：services@cite.my
麥田部落格　http://ryefield.pixnet.net

印　　刷　前進彩藝有限公司
初　　版　2012 年 10 月
初版五刷　2020 年 10 月

售　　價　360 元
I S B N　978-986-173-814-7

Printed in Taiwan.

日本古書店的手繪旅行

05 讀趣味

個性書店×經典老書×重度書迷的癡狂記事

國家圖書館出版品預行編目資料

日本古書店的手繪旅行：個性書店×經典老書×重度書迷的癡狂記事／池谷伊佐夫著；高詹燦譯. -- 初版. -- 台北市：麥田出版：家庭傳媒城邦分公司發行，2012.10
面；　公分. --（讀趣味；5）
譯自：古本虫がゆく
ISBN 978-986-173-814-7（平裝）
1. 書業　2. 日本
487.631　　101016018

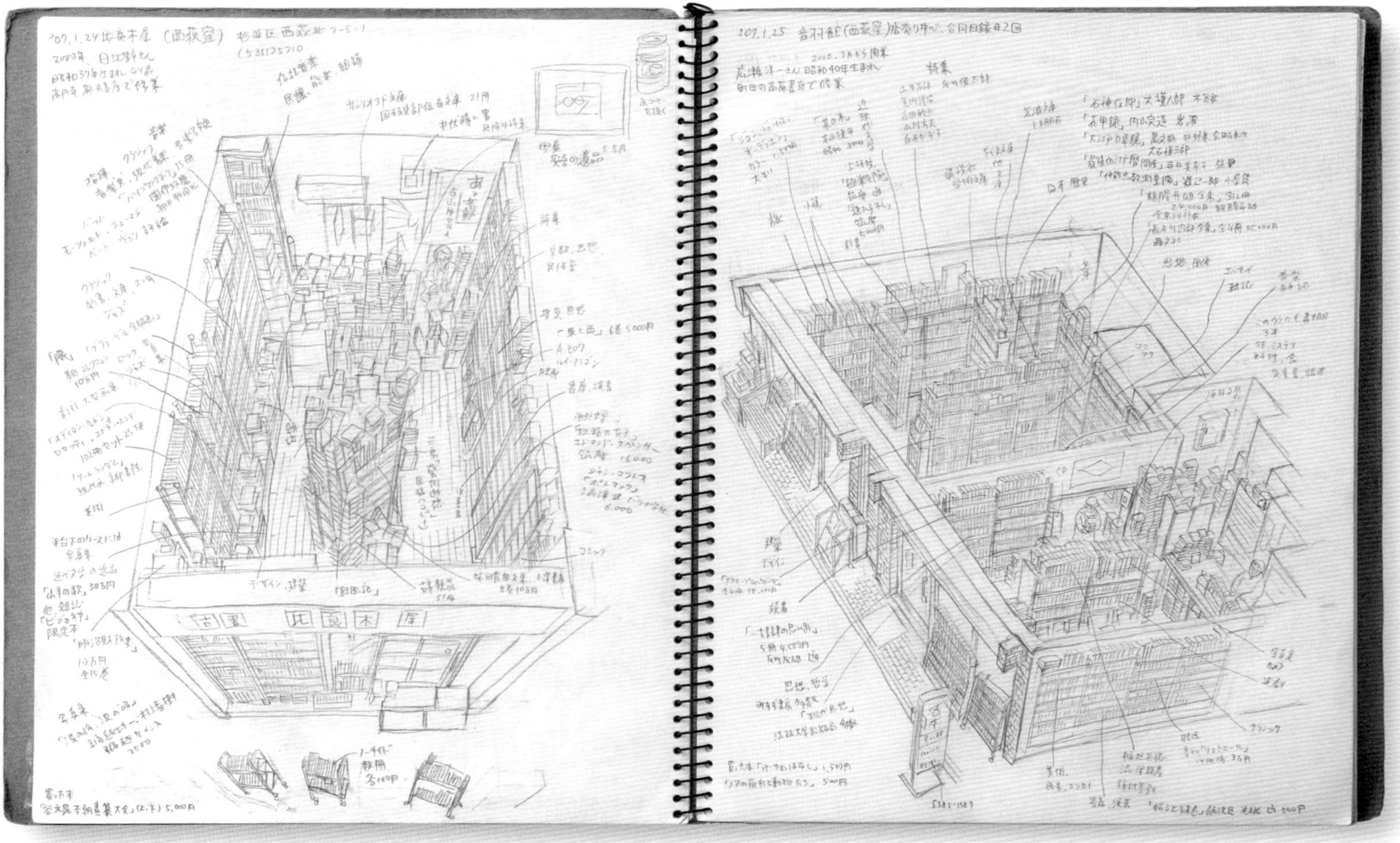
'07.1.24 比良木屋（西荻窪）杉並区西荻北2-5-1
'07.1.25 音羽館（西荻窪）店売り中心、合同目録年2回
古書 比良木屋